乡村70载 振兴跨百年系列丛书

# 中国乡村振兴

## ——稻农病虫害防治外包行为及其效应研究

王鹏程　王玉斌○著



中国农业大学出版社
China Agricultural University Press
·北京·

## 内 容 简 介

本书是“乡村七十载　振兴跨百年系列丛书”第六册。本书通过构建稻农病虫害防治外包行为及其效应的理论分析框架，运用安徽、江苏两省稻农的微观调研数据，重点分析稻农病虫害防治外包行为的影响因素，并在此基础上评估其对农药减量增效技术采纳、农药施用行为、农业生产技术效率和家庭收入的影响，为提升我国水稻病虫害防治外包市场发育程度、推进农业绿色发展和改善农户家庭福利水平提供参考。

**图书在版编目（CIP）数据**

中国乡村振兴：稻农病虫害防治外包行为及其效应研究 / 王鹏程，王玉斌著. --北京：中国农业大学出版社，2023.6（2024.11 重印）

ISBN 978-7-5655-2963-4

Ⅰ.①中…　Ⅱ.①王…②王…　Ⅲ.①水稻－病虫害－防治－对外承包－研究－中国　Ⅳ.①S435.11

中国国家版本馆 CIP 数据核字（2023）第 041599 号

**书　　名**　中国乡村振兴
——稻农病虫害防治外包行为及其效应研究
ZHONGGUO XIANGCUN ZHENXING
——DAONONG BINGCHONGHAI FANGZHI WAIBAO XINGWEI JIQI XIAOYING YANJIU

**作　　者**　王鹏程　王玉斌　著

**策划编辑**　童　云　张　玉　　　**责任编辑**　何志勇
**封面设计**　郑　川　李尘工作室
**出版发行**　中国农业大学出版社
**社　　址**　北京市海淀区圆明园西路 2 号　　　**邮政编码**　100193
**电　　话**　发行部 010-62733489，1190　　　读者服务部 010-62732336
编辑部 010-62732617，2618　　　出　版　部 010-62733440
**网　　址**　http://www.caupress.cn　　　**E-mail** cbsszs @ cau.edu.cn
**经　　销**　新华书店
**印　　刷**　运河(唐山)印务有限公司
**版　　次**　2023 年 6 月第 1 版　　2024 年 11 月第 2 次印刷
**规　　格**　170 mm×240 mm　　16 开本　　16.75 印张　　265 千字
**定　　价**　50.00 元

## 丛书编审指导委员会

# 出版说明

“乡村七十载　振兴跨百年系列丛书”立足新中国成立70周年、中国共产党成立100周年、决胜全面建成小康社会冲刺之年和“两个一百年”关键历史交汇期，紧扣乡村振兴战略这一新时代“三农”工作总抓手，围绕产业兴旺、生态宜居、乡风文明、治理有效、生活富裕等方向，组织专家学者参与到本系列图书的创作与出版工作中来。

本系列丛书主要汇集有关学者从决胜脱贫攻坚到实施乡村振兴战略这一伟大时期，其服务“三农”、开展乡村振兴研究和实践的回顾与总结，更有对未来一段时期中国乡村振兴的思考和探究。

这套丛书的选题策划与出版缘起于中国农业大学经济管理学院王玉斌教授的激情提议，也正好契合中国农业大学出版社服务“三农”的办社宗旨。为此，中国农业大学出版社组织实力编辑团队与王玉斌教授一起组织作者团队编写“乡村七十载　振兴跨百年系列丛书”，体现“三农”学者的所思、所想及所得，体现了出版者对“三农”的深厚情怀与责任担当。

除了王玉斌教授之外，还有中国农业大学原校长柯炳生教授、北京工商大学原校长谭向勇教授、全国畜牧总站党委书记时建忠研究员、中国农业电影电视中心时任党委书记兼主任刘天金先生、中国畜牧业协会会长李希荣先生、中国农业大学原副校长傅泽田教授、中国农业大学经济管理学院院长司伟教授等多年来带领团队积极投身于我国乡村振兴研究，深入农业农村实践的学术界领导者。同时，也汇聚了中国农业大学规划设计院张德林院长、中国畜牧业协会刘强德副秘书长、中国畜牧业协会驴业分会赵飞副会长、中国畜牧业协会驴业分会王春洪秘书长、北京工商大学李乾老师以及中国农业大学赵培芳博士、李杰博士、鹿傲飞博士等近百位深耕“三农”实践，全力践行乡村振兴战略的实战派研究人员。

我们计划用3～5年甚至更长一段时间，以丛书形式出版多部有关乡村振兴方面论著，打造一批高水平出版物，力求做到选题的针对性、作者的专业性、内容的科学性、案例的可借鉴性。希望本系列书的出版能为我国的“三农”事业和乡村振兴战略的实施做出应有的贡献。

**中国农业大学出版社**

**2021年春**

# 序　言

近年来，中国农业大学王玉斌教授团队致力于农业社会化服务相关研究，发表了较多具有代表性的学术成果，撰写过多项相关政策咨询报告。《中国乡村振兴——稻农病虫害防治外包行为及其效应研究》是王玉斌教授团队与中国农业大学出版社精心策划的“乡村七十载　振兴跨百年系列丛书”的第六部著作，相关研究对于促进水稻病虫害防治外包服务市场健康发展和助力推进农业现代化都具有重要的现实意义。

五谷者，万民之命，国之重宝。粮食是人类社会存在的基础，对促进国民经济发展和维护社会稳定具有重要作用。然而，当前在我国粮食生产过程中，过量施用农药等农化产品的问题仍比较普遍，给城乡居民的食物安全和生活环境造成一定威胁。水稻是我国播种面积最大、产量最高的粮食作物之一，也是对农业生态影响最大的粮食作物。水稻生产施用农药，极易通过田间径流、地下渗透等方式对农地、农用水源等造成污染，水稻生产过程的特殊性及其对水系的依赖性决定了其潜在危害的严重性。病虫害防治外包服务组织作为重要的服务组织形式和现代防治技术采纳的关键主体，在病虫害类型识别、药械科学使用和农药品种选择等方面具备明显优势。实践表明，水稻病虫害防治外包服务有助于规范稻农施药行为，有助于提升病虫害防治效果，是解决当前水稻种植中过量施药、药效不佳等问题的有效途径，既促进了农地流转、带动了农地规模经营，也降低了农业生产成本、推动了劳动力转移增收，还实现了粮食增产增效。

但是，水稻病虫害防治外包服务在推动农业绿色发展和提升稻农生产绩效中的表现与期望之间还存在较大差距：一是水稻病虫害防治环节相较于其他环节的外包服务，发展相对滞后，水稻病虫害防治外包服务购买率不高的基本格局尚未明显改观，市场发育程度的稳步提升仍然任重道远；二是在资源要素约束趋紧的背景下，我国农地规模呈现出递减趋势，且农地质量不容乐观，能否实现水稻病虫害防治外包服务市场发育程度提升和农地质量提高的协同推进仍有待观察；三是在土地政策环境不断优化的背景下，虽然水稻病虫害防治外包服务市场发育程度有所提升，但是其能否切实提升农业生产绩效仍有待于进一步探讨。

基于此，《中国乡村振兴——稻农病虫害防治外包行为及其效应研究》聚焦稻农病虫害防治外包服务影响因素及其效应，着力回答三个问题：一是哪些因素影响稻农采纳病虫害防治外包服务？二是基于资源环境硬约束背景，稻农病虫害防治外包服务环境效应如何？三是基于收益最大化诉求，稻农病虫害防治外包服务经济效应如何？王鹏程老师、王玉斌教授研究围绕“农户禀赋—病虫害防治外包行为—影响效应”这一逻辑主线，基于微观调研数据，梳理了水稻病虫害防治外包服务的发展历程及基本特征，剖析了稻农病虫害防治外包服务的影响因素及其逻辑关系，厘清了稻农病虫害防治外包服务的环境效应和经济效应，提出了提升我国水稻病虫害防治外包服务市场发育程度、推进农业高质量发展和改善农户家庭福利水平的对策建议。

祝贺《中国乡村振兴——稻农病虫害防治外包行为及其效应研究》在中国农业大学出版社出版！为研究团队严谨高效的研究点赞！期待呈献更多更好的成果！

十三届全国人大农业与农村委员会副主任委员

2023 年 3 月 6 日

# 前　言

水稻是世界上最重要的粮食作物之一，提升稻谷产量对保障我国粮食安全和稳定农户收入意义重大。病虫害防治是水稻生产过程中风险最大、技术要求最高的环节，对提升稻谷产量起着至关重要的作用。然而，当前我国水稻生产的施药过程中设备落后、操作不规范等现象普遍存在，农药施用强度大、利用率低等问题凸显，并逐步成为生态环境面临的一大难题，病虫害防治外包是解决上述难题的有效途径，也是促进传统农业向现代农业转型的重要方式。近年来，我国水稻病虫害防治外包发展迅速，但市场发育程度仍存在较大提升空间，且其在推动农业绿色发展和提升农户生产绩效中，与被寄予的期望也尚有差距。首先，水稻病虫害防治外包的发展程度仍滞后于其他环节，外包购买率不高的基本格局尚未出现明显改观，市场发育程度稳步提升仍然任重道远；其次，在资源要素约束趋紧背景下，我国农地规模呈现递减趋势，且农地质量不容乐观，能否实现病虫害防治外包市场发育程度提升和农地质量提高的协同推进仍有待商榷；最后，在土地政策环境不断优化背景下，虽然病虫害防治外包市场发育程度有所提升，但是其能否提升农业生产绩效仍有待进一步探讨。

基于以上背景，本书聚焦稻农病虫害防治外包行为影响因素及其效应，集中回答以下三个问题：第一，哪些因素影响稻农病虫害防治外包行为？不同影响因素之间的层级关系如何？第二，基于资源环境硬约束背景，稻农病虫害防治外包的环境效应如何？包括：能否带动农户采纳农药减量增效技术？是否有助于规范农户农药施用行为？第三，基于家庭收益最大化追求，稻农病虫害防治外包的经济效应如何？包括：能否提高农业生产技术效率？是否有助于提升农户家庭收入？

本书在理论分析的基础上，以安徽和江苏 2 省 4 市稻农为研究对象，采用 OLS 方法、Probit 模型、多元 Probit 模型、结构解释模型、随机前沿分析方法、中介效应模型、工具变量分位数回归模型、内生处理效应泊松回归模型、内生处理效应回归模型、内生转换模型、倾向得分匹配方法、逆概率加权法、回归调整法和逆概率加权回归调整法等计量回归方法对上述问题展开实证研究，得出结论如下：

第一，稻农病虫害防治外包行为影响因素的研究表明：一是村庄距县城距离、非农就业人口比例、受灾情况、人均水稻经营面积、邻里关系、病虫害防治外包交流频繁程度和本村病虫害防治外包服务供给对稻农病虫害防治外包具有显著正向影响。二是层级结构方面，稻农病虫害防治外包行为影响因素可归为一条路径和三个直接驱动因素。一条路径，即年龄、邻里关系、村庄距县城距离、受灾情况→非农就业人口比例→人均水稻经营面积→病虫害防治外包。三个直接驱动因素，即病虫害防治外包交流频繁程度、本村病虫害防治外包服务供给和地块质量。

第二，病虫害防治外包对农户农药减量增效技术采纳影响的研究表明：一是当前各项农药减量增效技术的采纳比例不高，且差异性强。此外，技术的采纳强度也不高，且与农户数量基本呈现反方向变动趋势。二是农户农药减量增效技术采纳不是独立的决策过程，而是相互关联的，不同的农药减量增效技术之间存在互补或者替代效应。三是病虫害防治外包对农药减量增效技术采纳有显著正向影响，购买病虫害防治外包农户的农药减量增效技术采纳强度是未购买病虫害防治外包农户的 1.296 倍。

第三，病虫害防治外包对农户农药施用行为影响的研究表明：一是病虫害防治外包有助于降低农户农药施用强度和施用频次。二是病虫害防治外包对农户农药施用行为的影响存在异质性。具体来说，病虫害防治外包对受教育年限较低农户的促进作用更强，对人均水稻经营面积较高农户的促进作用更强。

第四，病虫害防治外包对农业生产技术效率影响的研究表明：一是病虫害防治外包有助于促进农业生产技术效率提升。具体来看，实际购买病虫害防治外包的农户若未购买，效率将下降 2%，而实际未购买病虫害防治外包的农户若购买，效率将上升 1.5%。二是作用路径分析方面，专业分工路径和要素替代路径在病虫害防治外包影响农业生产技术效率时表现为完全中介效应，而规模经营路径为部分中介效应。

第五，病虫害防治外包对农户家庭收入影响的研究表明：一是病虫害防治外包有助于提高农户家庭纯收入。二是病虫害防治外包有助于提高农户家庭纯工资性收入，但对农户家庭种植业净收入影响不显著。三是病虫害防治外包增收效应具有异质性。具体来说，病虫害防治外包对低分位点影响高于高分位点，即病虫害防治外包对低收入水平农户增收效应大于高收入水平农户。

基于上述结论，提出相关的对策建议：一是多渠道协同推进，提升农户外包服务认知水平。二是注重政策引导支持，推进外包服务市场发育。三是加强服务组织建设，全面提升服务供给能力。四是鼓励农户土地流转，促进农业生产规模经营。

本书作为王鹏程老师、王玉斌教授乡村振兴与农业生产性服务、病虫害防治外包及其效应等系列研究成果之一，希望能对相关国家政策制定和理论研究探讨等提供有益借鉴。

尽管本书是长期跟踪研究的学术成果，但限于时间及水平，可能会存在不足之处，恳请学界同仁和读者朋友批评指正。

**作　者**

**2022 年 9 月**

# 目　录

# 第一章

# 导 论

**引言：**近年来，随着国家对农业生产环节外包重视程度的不断提升，水稻病虫害防治外包得到快速发展，但不可否认的是，水稻病虫害防治外包的市场发育程度仍存在较大提升空间。此外，水稻病虫害防治外包在推动农业绿色发展和提升农户生产绩效等方面被寄予的期望尚不尽如人意。基于此，本书聚焦稻农病虫害防治外包影响因素及其效应，集中回答以下三个问题：第一，哪些因素影响稻农病虫害防治外包服务？第二，基于资源环境硬约束背景，稻农病虫害防治外包的环境效应如何？第三，基于家庭收益最大化追求，稻农病虫害防治外包的经济效应如何？在此基础上，为提升我国水稻病虫害防治外包市场发育程度、推进农业高质量发展和改善农户家庭福利水平提供对策建议。

# 第一节 研究背景与研究意义

## 一、研究背景

在农业生产过程中过量施药问题普遍存在，给城乡居民的生活环境造成威胁。水稻是我国播种面积最大、产量最高的粮食作物，也是对农业生态影响最大的粮食作物，水稻生产过程的特殊性决定了过量施药危害的严重性。水稻生产需要充足水源，相较于其他作物，过量的农药更容易借助田间径流、地下渗透等方式对农地、农用水源造成污染。为此，国家出台一系列政策推进农药减量化行动，2020 年底，我国“三大主粮”的农药利用率比 2015 年提高 4%，达到 40.60%①，但是相较于世界水平，仍存在较大提升空间。此外，我国农药施用量也远高于世界水平，2017 年，农作物的单位施药量约为同期世界水平的 3.83 倍②。可见，即使各级政府频频发力推进农药减量行动，过量施药的问题仍未从根本上得到遏制，调整优化农药减量行动推进方式的必要性和迫切性凸显。

病虫害防治外包服务组织在病虫害类型识别、药械使用方式和农药品种选择等方面具备优势，有助规范农户施药行为，提升病虫害防治效果，作为一种重要的组织形式和防治方式，稻农病虫害防治外包服务是解决当前我国水稻种植过程中所面临过量施药问题的有效途径。此外，在农村劳动力老龄化、兼业化现象不断加剧的背景下，相对于机械技术水平和土地资源条件，农业劳动力供给水平对农业生产成本和农户家庭资源要素配置的作用越来越突出。同时，由于农业生产具有较强的时间约束性，农户更倾向于波动性低、确定性强的机械服务，也进一步催生了农户对水稻病虫害防治外包服务的需求。病虫害防治外包服务不仅有助于规范农户施药行为，推进农药减量行动，

① 数据来源：农业农村部网站. http://www.moa.gov.cn/xw/zwdt/202101/t20210117_6360031.htm.2022.11.21

② 数据来源：联合国粮农组织(FAO)数据库. http://www.fao.org/faostat.2022.11.21

而且可以通过机械服务对劳动力的替代，缓解农业劳动力供给趋紧问题。

水稻病虫害防治外包服务的确促进了农地流转（陈超和唐若迪，2020；王玉斌和赵培芳，2021）、带动了农地规模经营（戚迪明等，2015；杨子等，2019a），也降低了农业生产成本（董欢，2017；Tang 等，2018）、推动了劳动力非农转移（杨思雨和蔡海龙，2020；郑旭媛和林庆林，2021）、实现了粮食增产（Sun 等，2018；王玉斌和李乾，2019），但是其在推动农业绿色发展和提升农户生产绩效中被寄予的期望尚不尽如人意。首先，水稻病虫害防治外包服务发展程度仍滞后于其他环节，水稻病虫害防治外包服务购买率不高的基本格局尚未出现明显改观，市场发育程度的稳步提升仍然任重道远。根据农业农村部公布数据，2020 年我国“三大主粮”的统防统治服务覆盖率为 41.9%，比 2015 年增加了 8.9%[①]，但是同年水稻、小麦和玉米的耕种收综合机械化率分别高达 85%、95%和 90%以上[②]，可见，即使水稻病虫害防治外包服务购买率有所提升，但是相较于其他农业生产环节，水稻病虫害防治外包服务的发展水平仍然较低。其次，在资源要素约束趋紧的背景下，我国农地规模呈现出递减趋势，且农地质量不容乐观，能否实现水稻病虫害防治外包服务市场发育程度提升和农地质量提高的协同推进仍有待商榷。徐涵等（2022）指出，1957—1996 年、1996—2008 年和 2009—2019 年 3 个区间内，我国耕地的总面积年均净减少分别超过 600 万亩、1 000 万亩和 1 100 万亩；人均耕地面积方面，三次全国土地调查测算结果分别是 1.59 亩、1.52 亩和 1.36 亩，可见，我国农地数量呈现递减趋势，且减少速度不断加快。此外，农地质量也有所下降，2019 年，全国耕地质量等级情况公报数据显示，当前我国耕地质量的平均等级仅为 4.76 等。其中一等质量至三等质量的区间之内的耕地仅有 6.32 亿亩，约占 31.24%，农地质量不容乐观。水稻病虫害防治外包服务的深入推进会带动农地流转和提升经营规模，然而经营权的不稳定和经营规模的不断扩大会降低农户进行绿色生产行为的可能性（俞海等，

---

① 数据来源：农业农村部网站. http://www.moa.gov.cn/govpublic/ZZYGLS/202107/t20210728_6372984.htm

② 数据来源：农业农村部网站. http://www.njhs.moa.gov.cn/gzdt/202012/t20201215_6358168.htm

2003；曹慧和赵凯，2019；钱龙等，2021），导致农地质量进一步降低，如何实现水稻病虫害防治外包服务市场发育程度提升和农地质量提高的协同推进，对推动农业绿色发展具有非常重要的意义。

最后，在土地政策环境不断优化的背景下，虽然水稻病虫害防治外包服务市场发育程度有所提升，但是其能否提升农业生产绩效仍然有待进一步探讨。直观上看，水稻病虫害防治外包服务可通过降低劳动力投入，提升农业生产技术效率。但是农业生产与其他生产部门存在显著差异，农业的自身特征决定了水稻病虫害防治外包服务必然面临严重的监督成本问题，进而导致农业生产技术效率的降低，可见，水稻病虫害防治外包服务对农业生产技术效率的提升作用仍然缺乏充足证据。除此之外，虽然大量研究证实了水稻生产环节外包服务的增收效应，但是与其他农业生产环节不同，水稻病虫害防治外包服务的产出效应具有一定的不确定性，因此，水稻病虫害防治外包服务是否及多大程度上有助提升农户家庭收入仍然有待进一步探讨。

已有文献关于水稻生产环节外包服务的影响因素（蔡荣和蔡书凯，2014；赵培芳和王玉斌，2020）以及水稻生产环节外包服务对绿色生产技术采纳（孙小燕和刘雍，2019；卢华等，2021）、农户施药行为（闫阿倩等，2022；郑纪刚和张日新，2021）、农业生产技术效率（Sun 等，2018；陈哲等，2021）和农户家庭收入（孙晓燕和苏昕，2012；王玉斌和李乾，2019）的影响展开了丰富探讨，但仅在进一步讨论部分提及水稻病虫害防治外包服务，抑或笼统地将病虫害防治环节划分到技术密集型环节进行分析，进而导致以下两类问题：一是由于研究内容缺乏针对性，无法深入分析稻农病虫害防治外包服务影响因素及其效应的内在机理；二是已有文献多选取农户购买农业生产环节外包服务的环节数表示农业生产环节外包服务程度，并以此为基础分析农业生产环节外包服务的影响因素及其效应，这种处理方式的潜在假设是环节同质性，该处理方式下，购买任意相同环节数目的生产环节外包服务的农户均属同一群体，不符合农业生产实际。可见，稻农病虫害防治外包服务影响因素及其效应的针对性研究，不仅是一个值得深入探讨的理论问题，而且对于引导水稻病虫害防治外包服务市场健康发展和促进农业现代化均具有重要现实意义。

基于此，本书聚焦稻农病虫害防治外包服务影响因素及其效应，集中回答以下三个问题：第一，哪些因素影响稻农病虫害防治外包服务？不同影响因素之间的层级关系如何？第二，基于资源环境硬约束背景，稻农病虫害防治外包服务的环境效应如何？包括：稻农病虫害防治外包服务能否带动农户采纳农药减量增效技术？是否有助于规范农户农药施用行为？第三，基于家庭收益最大化追求，稻农病虫害防治外包服务的经济效应如何？包括：稻农病虫害防治外包服务能否提高农业生产技术效率？是否有助于提升农户家庭收入？在此基础上，为提升我国水稻病虫害防治外包服务市场发育程度、推进农业高质量发展和改善农户家庭福利水平提供对策建议。

## 二、研究意义

现有稻农病虫害防治外包服务影响因素及其效应的研究仍存在较多争议，为此，本书基于微观调研数据，梳理水稻病虫害防治外包服务的发展历程和调研区域内稻农病虫害防治外包服务的基本特征，剖析稻农病虫害防治外包服务的影响因素及其逻辑关系，并评估水稻病虫害防治外包服务对农户农药减量增效技术采纳、农户农药施用行为、农业生产技术效率和农户家庭收入的影响，厘清稻农病虫害防治外包服务的环境效应和经济效应，因此具有重要的理论和实际意义。

### 1. 理论意义

本书对稻农病虫害防治外包服务的影响因素及其效应展开了系统性分析，是对相关研究的丰富与拓展。第一，已有文献大多聚焦于农业生产环节外包服务的影响因素及其效应，选取农户购买农业生产环节外包服务的环节数表示农业生产环节外包服务程度，并以此为基础，分析农业生产环节外包服务的影响因素及其效应，这种处理方式的潜在假设是环节同质性，该处理方式下，购买任意相同环节数目的农户均属同一群体，不符合农业生产实际，这也是已有研究最常见问题之一，笼统分析农业生产环节外包服务，忽略外包服务的品种差异性和环节异质性，不利于相关研究和理论的进一步推进和拓展；第二，基于农户行为理论、分工理论、委托代理理论、规模经营理论和技术扩散理论等，构建了稻农病虫害防治外包服务影响因素及其效应研究的理论框架，为调整优化稻农病虫害防治外包服务的推进方式和重新审视稻农病虫害防治外包服务对农业生产和农户收入的影响提供理论支撑。

2. 现实意义

本书对相关政策的制定与落实具有重要参考价值。第一，近年来，随着国家对农业生产环节外包服务重视程度不断提升，水稻病虫害防治外包服务也得到快速发展，但是其市场发育进程依旧缓慢。在传统小农经营模式弊端不断凸显的背景下，探讨稻农病虫害防治外包服务的影响因素，对深入推进水稻病虫害防治外包服务市场发育程度稳步提升的相关政策制定具有重要参考意义；第二，考虑到资源环境约束与日益严峻的生态环境问题，在系统性分析稻农病虫害防治外包服务影响因素的基础上，探究水稻病虫害防治外包服务的环境效应，厘清水稻病虫害防治外包服务对农药减量增效技术采纳和农药施用行为的影响，可以为我国农业绿色发展的相关政策落实提供参考依据；第三，考虑到市场经济改革的不断深入与土地政策环境的不断优化，在系统性分析稻农病虫害防治外包服务影响因素及其环境效应的基础上，进一步分析水稻病虫害防治外包服务的经济效应，评估水稻病虫害防治外包服务对农业生产技术效率和家庭收入的影响，对于实现农业现代化和提升农户家庭经营绩效具有现实指导意义。

## 第二节 文献回顾及评述

病虫害防治外包行为是农户家庭的要素配置优化过程，这一行为的实现是诸多因素共同作用的结果，也会对农户家庭的农业生产经营方式、劳动力配置和收入水平等带来影响。据此逻辑，本书将已有水稻病虫害防治外包服务行为的相关研究概括为两大类：第一类重点分析病虫害防治外包服务行为的影响因素，这一类研究的核心目标是如何消除水稻病虫害防治外包服务市场发育的现实困境，识别病虫害防治外包服务行为的驱动机制，进而推动水稻病虫害防治外包服务快速发展；第二类注重评估病虫害防治外包服务行为的影响效应，且聚焦于其经济效应，少数研究关注到其环境效应，这一类研究的核心目标是探讨病虫害防治外包服务行为对农业生产经营方式、生产效率及家庭收入的影响，旨在评估病虫害防治外包服务行为对农户农药减量增效技术采纳、农户农药施用行为、农业生产技术效率和农户家庭收入的影响，明确农户病虫害防治外包服务行为是否推动实现了不同维度的农户期望目标。

已有文献对病虫害防治外包服务行为及其效应进行深入探讨，但是针对性研究并不多，多数研究仅在农业生产环节外包服务影响因素或其效应的环节异质性中提及，对其中一些问题，如水稻病虫害防治外包服务能否带动农药减量增效技术采纳、是否有助规范农药施用行为、对农业生产技术效率提升的推动作用怎样、对农户家庭收入提高的促进作用如何等问题，学术界仍然存在不同的声音，未形成定论，抑或较少涉及。结合本书的研究主题需要，本节从稻农病虫害防治外包行为的影响因素、水稻病虫害防治外包服务对农户农药减量增效技术采纳的影响、水稻病虫害防治外包服务对农户农药施用行为的影响、水稻病虫害防治外包服务对农业生产技术效率的影响以及水稻病虫害防治外包服务对农户家庭收入的影响 5 个方面对已有文献进行梳理总结，并在此基础上，展开文献述评，总结研究现状以及可能存在的不足之处。

## 一、病虫害防治外包行为的影响因素

大力推进水稻病虫害防治外包服务是适应病虫害发生规律，规范农户施药行为，推动我国农业现代化发展的有效途径，也是保障农业生产安全、保护农业生态环境的重要举措（危朝安，2011；Zhang 等，2017）。已有病虫害防治外包行为影响因素的针对性研究仍然较为薄弱，鲜有研究将病虫害防治外包行为看作核心研究对象，并系统分析其影响因素，大多数文献主要围绕农业生产环节外包行为的影响因素展开，但是这些研究对病虫害防治外包行为影响因素的分析具有重要参考意义，因此，本节重点归纳总结农户农业生产环节外包行为的影响因素，总体来说，已有研究主要从农户个体特征、家庭特征、土地禀赋特征、农业生产环节外包的供需关系和其他因素 5 个方面来展开，具体来看，如表 1-1 所示。

**表 1-1 农业生产环节外包行为的影响因素**

| 影响因素 | 变量 | 作者及出刊年份 |
|---|---|---|
| 农户个体特征 | 年龄、性别、受教育程度、社会网络、非农就业、风险偏好 | 蔡荣和蔡书凯，2014；申红芳等，2015；陈江华等，2016；陆岐楠等，2017；段培等，2017；孙顶强等，2019；赵培芳和王玉斌，2020；刘家成和徐志刚，2021 |
| 农户家庭特征 | 在外务工人数、老年/女性人口比例、收入、农业收入占比 | 谈存峰等，2010；蔡荣和蔡书凯，2014；陈江华等，2016；段培等，2017；陈欢等，2018；徐建玲等，2019；赵培芳，2021 |
| 土地禀赋特征 | 经营规模、耕地细碎化、种植目标、地形条件 | 王志刚等，2011；申红芳等，2015；展进涛等，2016；许秀川等，2017；段培等，2017；洪炜杰等，2017；孙顶强等，2019；梁杰等，2021 |
| 外包供需关系 | 供需矛盾、服务价格、服务可得性、服务满意度、补贴 | 谈存峰等，2010；庄丽娟等，2011；李俏和张波，2011；蔡荣和蔡书凯，2014；申红芳等，2015；李显戈和姜长云，2015；韩青等，2021 |
| 其他因素 | 区域特征、农村基础设施、技术培训/指导、科技、进步、国家政策 | 张晓敏和姜长云，2015；申红芳等，2015；陈昭玖和胡雯，2016；陈江华和罗明忠，2018；杨志海，2018；谢琳等，2020 |

资料来源：文献整理所得。

1. 农户个体特征方面

蔡荣和蔡书凯（2014）运用安徽省稻农的实地调研数据，实证分析了农业生产环节外包的影响因素，指出水稻种植不同环节的外包服务程度存在较大差异，其中，育秧环节、移栽环节和病虫害防治环节的外包服务程度较低。申红芳等（2015）基于我国 7 个水稻主产省的实地调研数据，同样分析了稻农购买农业生产环节外包服务的影响机制，认为村庄专业化服务社队、家庭劳动力要素、农技员技术指导和农业生产性补贴政策对稻农的农业生产环节外包行为有显著影响。陆岐楠等（2017）则重点分析了农业劳动力老龄化、非农劳动力兼业化对稻农的农业生产环节外包行为的影响，指出农业劳动力老龄化对农户购买农业生产环节外包服务的影响在不同环节存在差异，具体来看，在低劳动强度环节，农业劳动力老龄化降低了农户购买农业生产环节外包服务的概率，而在高劳动强度环节，农业劳动力老龄化增加了农户购买生产环节外包服务的概率。段培等（2017）运用多元 Probit（Multivariate Probit，MVP）模型和泊松（Poisson）分布模型实证分析了种植业技术密集环节外包的影响因素，认为户主年龄、户主受教育程度、外出务工工资、小麦种植规模、种植年限和技术培训等因素均对农业生产的技术密集环节外包行为产生重要影响。赵培芳和王玉斌（2020）从劳动力兼业化和收入兼业化水平两个层面出发，着重分析兼业对农户购买农业生产环节外包服务的影响，指出农户劳动力兼业化和收入兼业化水平均对农户购买农业生产环节外包服务产生显著影响。此外，不同农户在技术密集型环节外包中呈现出不同特征，其中，规模户倾向于技术密集型环节外包，而低兼业户并不倾向于技术密集型环节外包。

2. 农户家庭特征方面

谈存峰等（2010）主要分析了农户对农业社会化服务的供给现状与需求意愿，指出农户生产经营特征、户主个人特征、家庭特征、地理位置、交通通信、市场体系等因素对其农业社会化服务服务需求产生重要影响。陈江华等（2016）则指出户主年龄与其农业生产环节外包存在倒“U”形曲线关系，即随着户主年龄的增加，农户购买农业生产环节外包服务的可能性及其程度呈现先上升再下降的趋势。此外，在农业生产的劳动密集型环节，兼业化农户比纯农户的外包可能性更高。而农户对补贴政策和最低收购价格政策的满意度分别对病虫害防治环节与栽插环节的外包有显著正向影响。陈欢等（2018）运用嵌套 Logit 模型，重点分析了农户采纳包药防治服务与全承包防治服务的影响因素，指出防治效果认知对病虫害防治模式（统防统治与自防自治）采纳产生重要影响，而户主年龄、用工补贴、宣传引导、雇工价格变异系数、服务价格、与农技员联系强度等因素对包药防治服务决策有显著影响，户主年龄、用工补贴、雇工价格变异系数、留守劳动力人数、家庭收入水平和稻田规模等因素对农户全承包防治服务决策有显著影响。徐建玲等（2019）认为农户年龄、家庭收入、非农收入占比、土地质量均对农户的生产环节外包程度产生显著正向影响，且不同地区间外包程度的影响因素存在明显差异。

3. 土地禀赋特征方面

王志刚等（2011）指出从劳动力密集型环节到技术密集型环节，再到全生产环节外包是我国农业规模经营必然路径。展进涛等（2016）运用二元Probit模型（MVP），实证分析土地细碎化对农户购买农业生产环节外包服务的影响，并在此基础上，分析土地细碎化对农业生产的劳动密集型和技术密集型这两类外包服务行为的差异，认为土地细碎化程度越高，农户购买农业生产环节外包服务程度越低，且相较于农业生产的技术密集型环节，土地细碎化对劳动密集型环节外包的阻碍程度更高。洪炜杰等（2017）基于新结构经济学视角，分析了农户的自购农机和服务外包选择，指出水稻种植面积越高，农户购买农业生产环节外包服务的倾向性越高，而自购农机行为并不会显著增加。孙顶强等（2019）重点分析了作业质量监督和风险偏好等因素对农业生产环节外包服务需求环节异质性的影响，指出风险规避程度较高的农户家庭，越倾向于减少农业生产环节外包服务支出。此外，风险偏好程度显著影响农户对植保环节、施肥环节和收割环节的农业生产环节外包服务需求。梁杰等（2021）运用结构方程模型（Structural Equation Modeling，SEM），实证分析了交易成本、隐性生产成本对农户购买农业生产环节外包服务的影响，指出市场容量、资产专用性、交易不确定性和交易频率是农业生产环节外包服务交易成本的重要表现。市场容量越大，单位面积的农业生产环节外包服务交易成本越低，促进了农业生产环节外包服务程度的提升，而资产专用性、交易不确定性和交易频率越大，单位面积的农业生产环节外包服务交易成本越高，阻碍了农业生产环节外包服务程度的提升。

4. 农业生产环节外包供需关系方面

庄丽娟等（2011）运用多元Logit（Multivariate Logit，MVL）模型实证分析了农户购买农业生产环节外包服务的意愿及其影响因素，指出农户自身特征、服务信息来源、种植面积、种植年限、荔枝收入比重、非农收入比重等因素均对农户购买农业生产环节外包服务的意愿产生重要影响。李俏和张波（2011）利用陕西省的农户调研数据，实证分析了农户购买农业生产环节外包服务的影响因素，指出农户年龄、人均纯收入、经营规模、是否从事农业生产、家庭劳动力人数、区域位置等因素均对农户的农业生产环节外包服务需求具有显著影响。李显戈和姜长云（2015）重点分析农业生产性服务的农户可得性及影响因素，指出经营类型对灌溉服务和技术服务产生显著影响，地区特征对灌溉服务和施肥撒药服务产生显著影响，家庭劳动力人数和家庭离乡镇政府距离对农业生产性服务产生负向影响，家庭总收入对灌溉服务和技术服务可得性有显著正向影响，此外，农业生产决策者个人特征对农业生产性服务的影响存在较大差异。韩青等（2021）基于病虫害防治托管补贴试点区的实地调研数据，探讨农业生产环节外包服务薄弱环节补贴是否会提高农户购买全程生产性服务的意愿，指出农业生产环节外包服务薄弱环节补贴对农户购买全程生产性服务的意愿具有正向激励作用。

5. 其他因素方面

张晓敏和姜长云（2015）对农户类型进行重新分类，并重点分析了农场类户、以农为主和以农为辅 3 类农户的外包服务需求状况，指出农户分化是影响农户外包服务需求意愿的关键因素，此外，反映交易费用和农户禀赋的相关因素对农户的农业生产环节外包服务需求意愿也产生重要影响。陈昭玖和胡雯（2016）运用威廉姆森分析范式分析了农地确权、交易装置对农业纵向分工“生产环节外包”的决策机理及其影响因素，指出农地确权对农户购买农业生产环节外包服务产生重要影响。陈江华和罗明忠（2018）指出水稻种植户的经营规模与整地环节外包行为呈显著“U”形曲线关系，与收割环节外包行为呈显著“U”形曲线关系，土地破碎度对劳动密集型生产环节外包有显著负向影响，务农劳动力人数对收割环节外包有显著抑制作用，农机服务价格对稻农收割环节生产外包有显著负向影响。谢琳等（2020）指出特殊信任有利降低监督成本，使农业家庭经营具有更强的成本优势。但是随着规模的不断扩张，农户将更倾向于购买农业生产环节外包服务，即更高的普遍信任水平有利于推动农户的农业生产环节外包服务行为。

## 二、病虫害防治外包对农户农药减量增效技术采纳的影响

农户农药减量增效技术采纳是推动农业提质增效、实现农业绿色转型的重要保障，然而农业生产实践中，农药减量增效技术推广仍是一项长期而艰巨的任务。现有文献尚未形成水稻病虫害防治外包服务影响农户农药减量增效技术采纳的针对性研究，因此，本节主要归纳总结农户农药减量增效技术采纳的影响因素。

已有文献主要从以下四方面展开：第一，国家政策层面。针对不同技术的差异性，政策层面主要通过开展培训或者给予补贴等激励措施和加强监测监管或者制定法律法规等约束措施 2 种路径促进农户的农药减量增效技术采纳。具体来看，王学婷等（2021）基于农户家庭禀赋影响其农业技术培训参与，进而导致农户的农药减量增效技术采纳行为的分析思路，运用内生转换（Endogenous Switching Regression，ESR）模型，在构建反事实场景和考虑样本选择性偏误的基础上，考察了培训或者给予补贴等激励措施对农药减量增效技术采纳的影响，指出参与农业技术培训农户的技术实施程度显著高于未参与农业技术培训的农户。佟大建等（2018）运用倾向得分匹配法（Propensity Score Matching，PSM），实证分析了制定法律法规等约束措施对农户采纳农药减量增效技术的影响，指出基层公共农技推广有助于提升农户的技术采纳水平，具有部分溢出效应，且不同经营规模的农户受益程度不同，此外，经营规模细分后的结果显示，基层公共农技推广对小规模经营农户的技术采纳有显著的正向影响，对大规模经营农户的技术采纳无显著影响。

第二，产业化组织方面。产业化组织的标准化、专业化程度较高，农户加入合作社、农业龙头企业等产业化组织，有助于提升农户的农药减量增效技术认知水平，进而增强农药减量增效技术采纳意愿。具体来看，蔡荣等（2019）重点分析合作社参与对家庭农场采纳农药减量增效技术的影响效应，指出合作社参与对家庭农场选择环境友好型生产方式起促进作用。吴比等（2016）基于 11 省 1 022 个的农户微观调研数据，分别从农户加入合作社和与龙头企业合作的角度出发，利用双变量 Probit（Biprobit）模型实证分析了农户组织化对农户的农药减量增效技术采纳行为的影响，指出农户无论是加入专业合作社还是与龙头企业合作，都会对其农药减量增效技术采纳具有正向推动作用，此外，与龙头企业合作比加入合作社对农药减量增效技术采纳的影响作用更大。孙小燕和刘雍（2019）基于实地调研数据，运用倾向得分匹配法（PSM），实证检验农户加入土地托管组织对农药减量增效技术采纳的带动效果，指出生产环节外包服务不仅可以提高有绿色生产意愿托管农户从事绿色生产的可能性，而且还可以向有生产环节外包服务需求但无明确绿色生产意愿的托管农户导入绿色生产要素，带动无绿色生产意愿农户转变农业生产方式。

第三，社会网络方面。杨志海等（2018）基于四川省、湖北省、湖南省、江西省、安徽省、江苏省 6 个长江流域粮食主产省份 1 027 户农户的微观调研数据，利用有序 Probit（Ordered Probit）模型，实证分析了老龄化、社会网络对农户农药减量增效技术采纳行为的影响，指出社会网络对农户农药减量增效技术采纳行为具有显著正向促进作用，社会网络的拓展能显著提升农户农药减量增效技术的采纳程度，此外，从不同维度社会网络的影响来看，不论是宗族性网络还是朋友圈网络，两者均对农户农药减量增效技术采纳行为具有显著正向促进作用。耿宇宁等（2017）基于陕西省猕猴桃主产区 603 户农户的实地调研数据，采用有序 Logit（Ordered Logit）模型，实证分析了经济激励与社会网络对农户农药减量增效技术采纳的影响，指出社会网络通过信息获取机制和社会学习机制促进农户对农药减量增效技术采纳，但是由于绿色防控技术兼具科学性、系统性和复杂性，使得异质性社会网络在促进农户技术采纳方面的作用明显大于同质性社会网络。

第四，农户技术认知方面。学者们指出农户的农药减量增效技术效益认知对其采纳决策有重要影响。例如，黄炎忠等（2018）基于湖北省 632 个农户的实地调研数据，在考虑绿色农业生产外部环境的情况下，结合农户对农药减量增效技术的认知和农户的基本特征因素，利用二元 Logit 模型，探析农药减量增效技术采纳意愿的影响因素，证实了农药减量增效技术效益认知对农户农药减量增效技术采纳具有正向促进作用。杨彩艳等（2021）基于数理推导构建了农户绿色生产技术效益认知与采纳行为之间的理论分析框架，并运用实地调研数据，通过构建 Heckman 样本选择模型和二元 Probit 模型，实证分析了效益认知对农药减量增效技术采纳行为的影响效应，指出农户对农药减量增效技术的采纳行为受社会效益认知和生态效益认知的显著正向影响，采纳程度受经济效益认知和社会效益认知的显著正向影响。

## 三、病虫害防治外包对农户农药施用行为的影响

作为农药直接施用主体，农户是实现减量施药的微观基础，农药减量化目标的实现必然要落脚在农户层面。已有文献多单独分析农户病虫害防治外包行为和农户农药施用行为，并对农药施用行为的衡量指标和影响因素展开

深入分析。关于农药施用行为衡量指标的研究主要从绝对量和相对量 2 个方面展开：一是绝对量方面，学者们主要通过测算农药投入费用、农药施用量和农药施用次数等指标中的一个或多个来表示农户农药施用行为。二是相对量方面，学者们运用类比方式分析农户农药施用行为，即通过对比样本农户与周边农户/往年/农药施用说明书的农药施用量以及是否减量施用等分析农户农药施用行为，具体来看，如表 1-2 所示。

**表 1-2 农户农药施用行为的衡量标准**

| 衡量标准类型 | 衡量标准 | 作者及出刊年份 |
| --- | --- | --- |
| 绝对量 | 农药投入费用 | Huang 等，2002；周曙东和张宗毅，2013；朱淀等，2014；陈欢等，2017；张倩等，2019；庄天慧等，2021；王成利和刘同山，2021；Feng 等，2021a；郑淋议等，2021 |
| | 农药施用量 | 黄季焜等，2008；Schreinemachers 和 Tipraqsa，2012；Liu 和 Huang，2013；高晶晶和史清华，2019；郑淋议等，2021 |
| | 农药施用次数 | Huang 等，2005；Goodhue 等，2010；Guo 等，2015；王绪龙等，2016；应瑞瑶和徐斌，2017；Schreinemachers 等，2017；陈欢等，2017；张倩等，2019 |
| 相对量 | 与周边农户/往年的农药施用量相比 | 蔡荣等，2019；赵秋倩和夏显力，2020；Liu 和 Gang，2021 |
| | 与农药施用说明书的农药施用量相比 | 王常伟和顾海英，2013；田云等，2015；张慧仪，2020；秦诗乐，2020 |
| | 是否减量施用 | 赵秋倩，2021 |

资料来源：文献整理所得。

关于农户农药施用行为影响因素的研究主要从三方面展开。

第一，从农户自身及家庭特征视角出发，重点关注农户认知水平、经营规模、风险偏好程度和土壤质量等因素对农户施药行为的影响，并在此基础上，探究农户特征如何影响减量施药行为。一是农户认知水平方面，黄季焜等（2008）以转基因抗虫棉为研究对象，运用 2006 年河南省、山东省和河北省 3 省的实地调查数据，实证分析了农户过量施用农药的影响因素，指出农户认知水平对农户的农药施用产生显著影响。童霞等（2014）的研究也得出类似结论。二是经营规模方面，张倩等（2019）的研究将施药派生的劳动力与机械成本从总成本中剥离出来，利用江苏省 318 户稻农的实地调研数据，实证分析了不同规模农户施药行为差异的原因，指出施药引致成本差异下的不同约束效应，是小农户施药次数与亩均农药支出明显高于规模种植户的主要原因之一，Schreinemachers 等（2017）的研究也得出类似结论。三是风险偏好程度方面，齐琦等（2020）运用结构方程模型（SEM），实证分析了农户风险感知与施药行为的响应关系，指出农户风险感知潜变量正向影响农户的施药行为。王成利和刘同山（2021）的研究也得出类似结论。四是土壤质量方面，高晶晶和史清华（2019）基于损害控制（Damage-abatement）生产函数的一般形式，梳理了农户生产性特征对农药施用行为产生影响的机制，并运用 1995—2016 年全国农村固定观察点农户数据进行实证检验，指出土壤质量对农户的施药强度产生重要作用，余威震等（2019）的研究也得出类似结论。

第二，从施药过程中农户收益的直接影响因素视角出发，着重分析非农就业、农产品价格、组织化程度和社会规范等因素对农药减量施用行为的影响，考察农户收益影响因素的异质性对农户施药行为的影响。一是非农就业方面，Ma 等（2017）运用农户实地调查数据，实证分析了非农就业对农户农药支出的影响，指出参与非农工作对农户的农药施用行为产生积极的、有统计意义的影响，Chang 等（2012）的研究也得出类似结论。二是农产品价格方面，王常伟和顾海英（2013）基于江苏省蔬菜种植户的实地调研数据，通过建立损害控制生产函数及计量回归模型，实证分析了菜农农药用量差异的主要影响因素，指出农产品价格对农户的农药施用行为产生显著影响。三是组织化程度方面，应瑞瑶和徐斌（2017）运用 7 省水稻病虫害专业化防治服务的农户调查数据，剔除样本选择性偏误等内生性问题的影响，分析参与“统防统治”户与“自防自治”户相比，使用农药的种类和施用次数的差异，指出植保专业服务显著减少农户的农药施用强度，同时，还提高了无公害低毒农药的采用比例。Liu 和 Gang（2021）的研究也得出类似结论。四是社会规范方面，赵秋倩和夏显力（2020）基于山东省、陕西省 624 户蔬菜种植户的实地调研数据，采用 Logit 二元模型、中介效应与调节效应检验方法，考察社会规范对农户农药减量化施用行为的影响及其作用机制，指出社会规范可有效促进农户农药减量化施用，发挥提升生态效益、保障食品安全的重要作用。

第三，从政府干预视角出发，深入分析政府监管、农业补贴、技术指导与施药培训等因素对农户施药行为的规范作用。一是政府监管方面，黄祖辉等（2016）基于全国 986 个农户的实地调研数据，运用有序 Logit 模型，实证分析了不同政策对农户过量施用农药行为的影响，指出强令禁止高毒农药、对违反农产品安全生产进行处罚及对收购的农产品进行检测等命令控制政策对农户是否过量施用农药行为具有较强的规范效应，沈昱雯等（2020）的研究也得出类似结论。二是农业补贴方面，童霞等（2011）基于江苏省 3 个不同地区的 237 户分散农户的调研数据，采用偏最小二乘法分析了分散农户农药施用的行为特征，指出农户的受教育年限、是否参加政府培训和农户家庭总收入等因素显著影响其在农药施用各阶段的行为，而家庭种植面积、家庭人口、性别和年龄等因素在其农药施用不同阶段的影响各不相同，Tang 和 Luo（2021）的研究也得出类似结论。三是技术指导与施药培训方面，王建华等（2014）基于河南省、山东省、江苏省、浙江省和黑龙江省 5 个典型农业生产省份 986 个农户的实地调研数据，采用倾向得分匹配法（PSM），实证检验农户农药施用知识与技能培训对其农产品安全生产的影响效果，指出政府、农技人员、农业合作组织等开展的多种类型的农药施用知识与技能培训对减少农户农药施用量均具有正向影响，Goodhue 等（2010）的研究也得出类似结论。

## 四、病虫害防治外包对农业生产技术效率的影响

已有文献对农业生产技术效率的影响因素开展了比较丰富的研究，总体来看，可以归为农户个人特征、农户家庭的土地要素特征和农户家庭的劳动要素特征 3 个方面。

第一，从农户个人特征来看，学者们普遍认为农户年龄、受教育程度、农业生产技术采纳、合作社身份、道路设施、作物结构和地形条件等因素对农业生产技术效率产生重要影响。杨志海等（2014）基于粮食主产区的农户调查数据，运用数据包络分析法（Data Envelopment Analysis，DEA）和 Tobit 模型，实证分析了农村劳动力老龄化以及其他环境变量对农业生产技术效率的影响，指出劳动力老龄化对农户综合技术效率以及规模效率均具有显著

的负向作用，对纯技术效率却具有显著的正向作用，此外，在其他环境变量中，是否租入土地、受教育程度、是否拥有农用机械、道路设施状况、地形条件等因素均对农业生产技术效率产生不同程度的正向作用，而是否存在兼业、工作经验、贷款难易程度以及气候条件则带来不同程度的负向作用。胡逸文和霍学喜（2016）以及 Zhang 等（2016）的研究也得到类似的结论。李后建和张宗益（2013）采用随机前沿生产函数（Stochastic Frontier Analysis，SFA）模型和分位数回归（Quantile Regression，QR）模型及分解方法，实证分析了农业生产技术采纳对农业生产技术效率的影响，指出农业生产技术采纳对农业生产技术效率有一定的改善，且农业生产技术采纳所带来的农业生产技术效率提升作用会随着农业生产技术效率增加而逐渐被耗散，即农业产出与农业生产技术采纳之间具有“刺猬效应”，彭超和张琛（2020）的研究也得到类似的结论。

第二，从农户家庭的土地要素特征来看，已有文献主要从土地流转、经营规模和耕地细碎化 3 个方面进行分析。一是土地流转方面。学者们普遍认为土地流转可通过提升投入要素的产出率，促进农业生产技术效率的提升。例如，曾雅婷等（2018）基于我国粮食主产区 346 个农户的实地调查数据，采用超越对数形式的随机前沿生产函数（SFA）模型和 Tobit 模型，实证检验了农地流转对粮食生产技术效率的影响，指出土地流转提高了粮食生产技术效率，从具体投入要素的产出弹性来看，土地流转提高了劳动力、农具和农资等要素的产出率，但是降低了土地要素的产出率。陈海磊等（2014）、杨钢桥等（2018）以及史常亮等（2020）的研究也得到类似的结论。

二是经营规模方面。已有研究尚未形成定论，部分学者认为经营规模扩大会提高农业生产监督成本，进而导致农业生产技术效率的降低（Manjunatha 等，2013），然而也有学者指出随着机械化水平的提升，经营规模扩大可以通过农业规模效应，提升农业生产技术效率（刘天军和蔡起华，2013；Yamauchi，2016）。需要指出的是，多数学者认为经营规模与农业生产技术效率之间并非简单的线性关系，例如，张超等（2018）基于 2012—2013 年广东省、江西省与河北省 142 个农户的跟踪调查数据，估算农户层面生产效率，并在此基础上，运用 Tobit 模型分析农业耕地规模对农户层面生产效率的影响，指出农户层面技术效率和分配效率均与农业耕地面积呈现显著的“U”形曲线关系，张忠明和钱文荣（2010）的研究也得出类似结论。而刘颖等（2016）基于江汉平原347户稻农的实地调研数据，采用超越对数随机前沿生产函数（SFA）模型实证分析了不同经营规模下农户的生产技术效率及其影响因素，指出农业生产技术效率与经营规模呈现倒“U”形曲线关系，冀县卿等（2019）的研究也得出类似结论。

三是耕地细碎化方面。学者们普遍认为细碎化导致农地难以集中形成规模经营，既削弱了规模效应，又带来效率损失。魏娟等（2017）基于山东省、陕西省2省265个苹果种植户的实地调研数据，采用随机前沿生产函数（SFA）模型，系统分析了土地细碎化与劳动力结构对苹果种植户生产技术效率的影响，指出土地细碎化对苹果种植户的农业生产技术效率有显著负向影响，王秀清和苏旭霞（2002）的研究也得出类似结论。宋浩楠等（2021）基于安徽省农村固定观察点2013—2017年农户层面的面板数据，使用效率变形随机前沿生产函数（SFA）模型和中介效应模型，实证分析了土地细碎化对农业生产技术效率的直接效应及影响机制，指出土地细碎化对农业生产技术效率存在倒“U”形曲线的直接效应，卢华等（2015）的研究也得出类似结论。

第三，从农户家庭的劳动要素特征来看，已有文献主要从劳动力结构变化和非农转移2个方面进行分析。一是劳动力结构变化方面。学者们普遍认为劳动力老龄化问题、女性化问题均会影响农业劳动力的有效供给，导致农业生产技术效率的降低。彭代彦和文乐（2016）基于2000—2010年省级面板数据，采用超越对数随机前沿生产函数（SFA）模型，实证分析了我国农村劳动力老龄化和女性化对粮食生产技术效率的影响及其南北差异，指出我国粮食生产存在技术非效率性，从全国来看，农村劳动力老龄化没有显著降低粮食生产技术效率，而女性化显著提高了粮食生产的技术效率，但是这种影响存在明显的南北地区差异，李旻和赵连阁（2009）以及彭魏倬加（2021）的研究也得出类似结论。二是劳动力非农转移方面。学者们普遍认为青壮年劳动力的非农就业转移，会降低农业劳动力的供给质量，导致效率损失。钱龙和洪名勇（2016）基于中国家庭追踪调查（CFPS）数据，实证分析了农户家庭非农就业和土地流转对农业劳动生产率和土地产出率的影响，指出农户家庭非农就业不利于其农业劳动生产率和土地产出率的提高，黄宗智（1992）、陈素琼和张广胜（2012）以及孙学涛（2021）的研究也得出类似结论。

聚焦到水稻病虫害防治外包服务，直观上看，水稻病虫害防治外包服务可通过降低劳动力投入，提升农业生产技术效率。然而，农业生产与其他部门生产存在显著差异，农业自身特征决定了水稻病虫害防治外包服务必然面临严重的劳动监督问题，进而导致农业生产技术效率的降低。已有农业生产环节外包服务影响农业生产技术效率的研究较为丰富，但是水稻病虫害防治外包服务对农业生产技术效率影响的针对性研究仍较为鲜见，多数研究仅在环节异质性中提及，并形成两种截然相反的研究结论。

第一种研究观点肯定了水稻病虫害防治外包服务对农业生产技术效率的正向影响（陈超等，2012；汪紫钰和蔡荣，2019；Deng 等，2019；赵培芳，2021；陈哲等，2021）。这种观点主要基于规模经营理论和农户分工理论，持该观点学者们普遍认为，小农户家庭生产经营是当前及未来较长时间内我国农业生产经营的基本形态，但小农户的技术能力和知识水平不足，而相对于水稻生产的其他环节，病虫害防治环节又是技术能力和知识水平的要求更高的环节，将该环节外包服务给具有更强技术能力和操作水平的水稻病虫害防治外包服务组织可以有效保障农业生产技术效率，原因在于，大部分农户依赖经验进行病虫害防治，较难实现对症下药，通常会选择增加农药施用量来规避病虫害可能造成的风险和损失，而病虫害防治外包服务组织在害虫类型识别、药械使用方式和农药品种选择等方面均具有较强优势，可准确把握农药施药时间、农药施用量和农药施药频率等，从源头上降低农药投入量和提高水稻产量，进而提升农业生产技术效率。

另一种研究观点则认为水稻病虫害防治外包服务没有促进农业生产技术效率提升，而是具有负向影响（杨万江和李琪，2017；卢华等，2020；王菲菲，2021），这种观点主要基于委托代理理论，持该观点的学者们指出由于信息不对称，农户较难对水稻病虫害防治外包服务的服务流程进行评估，抑或需要花费额外的监督成本，水稻病虫害防治外包服务可能导致农业生产技术效率的降低。此外，结合我国水稻生产现状，学者们进一步分析了其深层原因，并指出当前我国水稻病虫害防治环节外包服务的标准化程度尚不够高，服务质量的不确定性依旧较强，必然会导致道德风险问题，且病虫害防治环节外包服务本身的监督成本较高，进而导致农业生产技术效率的降低。值得一提的是，持该观点的学者们还强调，即便病虫害防治环节外包服务存在降低农业生产技术效率和减少水稻单产水平的可能性，农户依旧愿意购买病虫害防治环节外包服务，原因在于当前大部分农户家庭的最大化目标并不是农业生产技术效率或者农作物产量的最大化，水稻病虫害防治外包服务有助实现家庭劳动力的有效配置，实现农户家庭的福利最大化或者收入最大化。

## 五、病虫害防治外包对农户家庭收入的影响

农户增收问题始终是三农工作的核心问题，既是政策制定者密切关注的工作重点，也是学术研究者普遍探讨的热点话题。已有研究表明，农户收入的主要来源是农业生产性收入提升（张红宇，2015；程名望等，2015），现有文献对农户家庭收入提升的影响因素展开了较为丰富的研究，总体来看，可以归为政策层面和非政策层面 2 类（张车伟，2006；程名望等，2016）。具体来看，如表 1-3 所示。

**表 1-3 农户家庭收入的影响因素**

| 影响因素类型 | 影响因素 | 学者与年份 |
|---|---|---|
| 政策层面 | 土地制度改革 | 刘俊杰等，2015；李哲和李梦娜，2018；许恒周等，2020；李江一等，2021；高清和靳乐山，2021 |
| | 城镇化、市民化 | 吕炜和高飞，2013；崔宝玉等，2016；杨曦，2017 |
| | 农业结构调整 | 李国祥，2005；张瑞黎和黄明风，2010；赵晓锋等，2012；刘成等，2017 |
| 非政策层面 | 土地流转 | 王春超，2011；诸培新等，2015；史常亮等，2017；杨子等，2017；邓远远等，2021；马乾，2021 |
| | 劳动力转移 | 马宇等，2008；陈科和傅强，2016；陈宏伟和穆月英，2020；张杰飞，2020 |
| | 经营规模 | 李瑞琴，2015；刘强，2017；夏秋，2019 |
| | 人力资本 | 高梦滔和姚洋，2005；高梦滔和姚洋，2006；龙翠红，2008；Panda，2015；程名望等，2016；赵伟锋，2017 |
| | 社会资本 | 周晔馨，2012；刘彬彬等，2014；刘倩和胡必亮，2017；莫亚琳等，2020；杨怡和王钊，2021 |
| | 农业保险 | 祝仲坤和陶建平，2015；阮贵林和孟卫东，2016；卢飞等，2017；郭军等，2021；刘玮等，2021 |
| | 互联网使用 | 刘晓倩和韩青，2018；吕丹，2020；孙华臣等，2021 |

资料来源：文献整理所得。

1. 政策层面

第一，土地制度改革方面。刘俊杰等（2015）运用全国农村产权制度改革先行试验区的实地调研数据，实证分析土地产权制度改革对于农户收入及其结构的影响，指出土地产权制度改革通过交易效应和分工效应影响农户收入水平和收入结构，参与农地流转的农户收入更高，尤其是工资性收入和财产性收入。李哲和李梦娜（2018）采用中国健康与养老追踪调查（China Health and Retirement Longitudiual Study，CHARLS）数据，实证分析了农地确权对农户收入及其结构的影响，指出农地确权通过产权经济激励提升农业生产收入，并通过土地交易价格提升财产性收入，此外，农地转入和农地转出都能提升农户收入，而农地确权只通过农地转出来促进农户收入提升。许恒周等（2020）运用中国农村家庭调查数据（CRHPS），采用普通最小二乘法（Ordinary Least Squares，OLS）和倾向得分匹配法（PSM），从土地流转和非农就业 2 个因素分析农地确权的收入效应及其作用机制，得到类似的结论。高清和靳乐山（2021）重点分析了新一轮退耕还林对农户收入的影响及其作用机制，指出无论是否包含退耕补贴，新一轮退耕还林政策对农户收入均有正向影响，此外，退耕林种对农户收入的作用机理存在差异，其中，种植经济林农户主要通过提升林果业收入和非农经营收入，减少工资性收入，种植生态林的农户则主要通过提升工资性收入，进而提升总收入。

第二，城镇化、市民化方面。吕炜和高飞（2013）认为城乡收入差距与特有的双重二元体制安排密切相关，即不仅与城乡二元结构形成的收入差距有关，还与因户籍制度而造成的公共服务差异有关。崔宝玉等（2016）基于运用倾向得分匹配法（PSM），估计了土地征用对失地农户收入的影响，指出土地征用确实有助于提升农户总收入和非农收入，被征地农户比未被征地农户的总收入水平和非农收入水平都高，此外，征地比例并不存在总收入效应和非农收入效应，被征地农户并不是被征地越多收入就会越高，但却会显著降低失地农户的农业收入。杨曦（2017）重点考察城市规模对城市发展政策效应的影响，指出城镇化有助提高实际 GDP 和城乡劳动力实际工资，且影响弹性与政策调整同城市的规模正相关，城镇化和市民化发生在人口 100 万～300 万的城市时，劳动力福利变动弹性最高；在人口 300 万以下的城市时，实际 GDP 和城乡劳动力实际工资下降，且城市劳动力的福利降低。

第三，农业结构调整方面。李国祥（2005）重点分析农业结构调整对农户收入的影响，并指出农业结构调整加速了市场化进程，提升农户收入的货币化程度。张瑞黎和黄明凤（2010）采用新疆 1978—2008 年数据，实证分析新疆农业内部结构的变动与农业收入增长的相关性，指出农业结构调整对提高农民收入有直接的影响。刘成等（2017）基于农业生产布局结构和要素投入结构 2 个视角，运用耦合度指数方法，测算出农业生产结构与比较优势的契合度，回归分析二者耦合度与农户收入之间的关系，同时运用要素禀赋结构系数方法，测算出农业生产中要素投入结构的协调性对农户收入的影响，证实了农业结构调整对农户收入的影响。赵晓锋等（2012）采用面板数据回归模型分析农业结构调整对农户收入的影响，指出农业结构调整对农户收入有显著影响，其中，种植收入比重的提升通过降低家庭在其他高附加值产业的获利机会而降低农民收入，工资性收入的提升通过优化劳动力资源配置而增加农户收入，劳动力比重的提升也会增加农户收入。此外，与增加生产性资产相比，扩大土地经营面积对增加农户收入的作用更加显著。

2. 非政策层面

第一，土地流转方面。诸培新等（2015）通过对比政府主导和农户主导型农地流转对农户收入的影响差异，测度农地流转对农户收入的影响，指出与政府主导型相比，农户主导型土地流转更易通过提升农户劳动力资源配置效率，进而提高农户收入。史常亮等（2017）在综合考虑样本选择性偏误问题的基础上，使用内生转换（ESR）模型估计土地流转对农户收入影响，指出实际流转农户家庭可通过土地流转提升农户家庭总收入和人均收入。杨子等（2017）运用中国家庭追踪调查（Chinese Family Panel Studies，CFPS）数据，从收入水平和收入差距 2 个层面实证分析土地流转对农户收入的影响，指出参与土地流转能够显著提高农户家庭人均收入和农业收入。此外，还指出土地流转不是拉大农村内部收入差距的主要原因。村庄特征和人力资本对农村内部收入差距影响更大。邓远远等（2021）基于全国农村固定观察点的农户调研数据，使用 Heckman 处理效应模型和反事实模拟分析法，实证分析了土地流转对农户收入及其收入不平等的影响，指出土地流转不仅有助提升农户家庭收入水平，而且打破了原有的低水平均衡，带来农村收入不平等扩大。

第二，劳动力转移方面。马宇等（2008）采用面板数据，实证分析了农业劳动力在农村就地转移和增加非农产业投入对农民收入增长的影响，指出农业劳动力就地转移和增加非农产业投入有助提升当地农民的收入，在加入户主受教育程度、贷款期限、贷款数额、农产品收购价格、劳动力数量和税费负担等控制变量之后，效果仍然显著。陈宏伟和穆月英（2020）基于收入相对剥夺理论，采用中介效应模型和工具变量分位数（Instrument Variable Quantile Regression，IVQR）模型分析了劳动力本地非农就业与外出务工2种转移类型对农户收入不平等的影响，指出本地非农就业、外出务工均显著缓解了农户收入不平等状况。张杰飞（2020）采用中国家庭追踪调查（CF-PS）两期数据，运用固定效应和PSM-DID模型实证分析了劳动力转移的增收效应，指出农村劳动力转移能显著提升农户家庭收入，且东部地区增收效应低于中西部地区，而中、西部地区之间并没有显著差异。

第三，经营规模方面。刘强（2017）通过运用基尼系数、广义熵指数和阿特金森指数等收入不平等指标进行分析，指出土地规模是造成农户收入不平等的重要原因，夏普里值分解结果显示，土地规模对农户人均纯收入、农业收入和非农收入不平等的贡献分别为26.14%、30.86%和15.62%。此外，中介效应分析表明，土地规模会通过改变稻农风险管理行为，正向影响稻农的种植收益。

第四，人力资本方面。高梦滔和姚洋（2006）采用我国8个省份、1320个农户、跨度15年的微观面板数据，运用非参数回归方法对影响农户收入差距的原因进行实证分析，指出教育和培训体现出的人力资本水平是拉大农户家庭收入差距的主要原因，而物质资本（包括土地）水平对农户家庭收入差距没有显著影响，此外，在不同收入组别上，人力资本回报均高于物质资本回报。龙翠红（2008）指出教育主要通过影响部门间的要素配置影响农户家庭收入，在此期间，教育在配置更多的要素到非农部门方面起了关键作用，因此，教育是农村非农产业发展和农户家庭收入持续增长的重要因素。程名望等（2016）运用2003—2010年全国农村固定观察点微观面板数据，基于回报率和贡献率视角，实证分析了人力资本积累对农户收入的影响、作用路径及其变化趋势，指出健康、基础教育、技能培训和工作经验等因素所体现出的人力资本水平对农户的家庭收入增长有显著影响。赵伟锋（2017）运用扩展的R&D模型分析了健康冲击对农户收入的影响机制，指出健康冲击发生导致农户健康人力资本下降，同时生产性支出降低，从长期来看，物质资本积累和人力资本积累进一步降低，农户的家庭收入水平下降。此外，与低年龄组农户相比，高年龄组农户的支出结构和收入水平遭受健康冲击的影响更大。

第五，社会资本方面。周晔馨（2012）在完善农户的社会资本测度方式基础上，实证分析了地区收入水平变化对社会资本的影响，指出低收入农户社会资本拥有量和回报率低于高收入农户，从地区差别看，也是有助于富裕地区农户，即社会资本是拉大农户收入差距的重要因素。刘彬彬等（2014）通过门槛自回归模型实证分析了社会资本与农户家庭收入之间的非线性关系，指出社会资本的增收效应存在明显的门槛效应。低于门槛值时，社会资本的增收效应不显著，高于门槛值时，社会资本则能显著提升农户收入，此外，还指出社会资本的作用发挥还需要人力资本配合。刘倩和胡必亮（2017）指出，农村地区关系就是金钱，但是不同类型的关系可以获得的金钱回馈效率存在差异。莫亚琳等（2020）重点分析社会资本和劳动力流动对提升农户收入的作用机理，指出二者对提升农户收入具有重要的促进作用，但是劳动力流动会弱化社会资本对提升农户收入的促进作用，且劳动力流动对最低收入阶层农户收入增长的促进作用最大。杨怡和王钊（2021）指出社会资本有助促进农户增收，增收效应构成方面，社会资本主要增加了财产性收入、经营性收入和转移性收入，而对工资性收入的影响不明显。增收效应作用机制方面，社会资本主要通过提高社区制度质量，促进收入水平提高。

第六，农业保险方面。祝仲坤和陶建平（2015）运用2007—2012年省级面板数据，实证检验农业保险及保费补贴的增收效应，指出投保农业保险可能会导致农户管理水平的降低，而保费补贴对农户收入有显著正效应，即保费补贴有助于增加农户收入。阮贵林和孟卫东（2016）通过构建面板向量自回归（PVAR）模型，实证分析农业保险的增收效应，指出仅西部农业保险未表现出对农户人均纯收入的正向影响，各区域农业贷款均表现出对农户人均纯收入的正向影响，且农业贷款对农户人均纯收入的促进作用均大于农业保险对农户人均纯收入的促进作用。刘玮等（2021）实证分析了农业保险发展对农户收入的影响，指出农业保险的保障水平在保障广度和深度两方面影响农户经营性净收入，起着显著的中介作用，且在灾害发生前，财政保费补贴比例的提高有助于增强保障广度和深度对农业保险的保障水平的驱动力，而在灾害发生后，保障赔付效益对保障水平的农户增收效应具有抑制作用。

第七，互联网使用方面。刘晓倩和韩青（2018）运用中国家庭追踪调查（CFPS）微观调研数据，采用内生转换（ESR）模型，实证分析互联网使用的增收效应，指出相较于未使用互联网农户，使用互联网农户的总收入和农业收入均具有提高，影响机理方面，互联网使用主要通过提高农产品市场价值增加农业收入，提高居民就业水平增加工资性收入，提高创业机会增加经营性收入。孙华臣等（2021）采用中国家庭追踪调查数据，运用倾向得分匹配法（PSM）和 PSM-DID 等处理效应模型，证实了互联网深化的增收效应，此外，与户主年龄较大、距县城较近和种植粮食作物的家庭相比，互联网深化对户主年龄较小、距县城较远和种植经济作物家庭的增收影响更明显，作用机制方面，互联网深化主要通过影响种植结构、人力资本与社会网络促进农户增收。

聚焦到水稻病虫害防治外包服务，现有文献对水稻病虫害防治外包服务的增收效应进行了广泛研究。理论研究方面，冀名峰（2018）指出改革开放以来，小农户与现代农业连接机制创新动能有三次，分别为农业产业化、农民合作社和农业生产性服务，农业生产性服务业能够同时解决小农户对接大市场和机械替代人畜力问题，此外，病虫害防治外包服务通过协助完成农业生产，优化家庭资源配置，推动非农转移，提升农户家庭总收入。孙晓燕和苏昕（2012）也从促进农业生产增效和外出务工增收的角度，分析水稻病虫害防治外包服务的增收效应，得到相同结论。案例分析方面，张红宇（2019）运用典型案例分析病虫害防治外包服务增收效应的作用机理，指出病虫害防治外包服务通过降低农业生产成本，提供相关技术信息和释放劳动力等方式促进农户增收。

实证研究方面，学者们运用微观调查数据，从降低农业生产成本、增加粮食产量和释放劳动力等角度实证分析了水稻病虫害防治外包服务的增收效应。董欢（2017）基于 413 份水稻经营主体的实地调研数据，运用交易成本比较分析方法和二元 Logit 模型，从经营主体异质视角研究外包行为的影响因素，并指出水稻病虫害防治外包服务的主要价值在于降低农业生产成本，Tang 等（2018）和 Baiyegunhi 等（2019）的研究也证实了水稻病虫害防治外包服务通过降低农业生产成本，扩大农地经营规模，促进农户增收。闫晗和乔均（2020）基于2008—2017年我国省级面板数据，运用系统GMM法、差分GMM法和分位数回归法，实证分析了病虫害防治外包服务对粮食生产水平提高的促进作用，并指出水稻病虫害防治外包服务通过促进粮食增产，实现农户增收，Picazo-Tadeo和Reig（2006）、Sun等（2018）以及王玉斌和李乾（2019）的研究也肯定了其对农业生产技术效率提高和粮食产量提升的促进作用。杨万江和李琪（2018）则认为水稻病虫害防治外包服务的作用在于缓解农业劳动力减少可能对农业收入造成的损失，杨志海（2019）和赵鑫等（2021）的研究也得到相同结论。

## 六、研究评述

通过对稻农病虫害防治外包行为影响因素及其效应相关研究的梳理，可以看出，已有研究较为丰富，但仍存在以下几方面有待完善之处：

第一，关于稻农病虫害防治外包行为的影响因素。从关注焦点看，已有稻农病虫害防治外包行为影响因素的针对性研究仍然缺乏，现有研究多围绕农业生产环节外包的影响因素进行分析，鲜有文献将水稻病虫害防治外包看作核心研究对象进行系统性分析；从研究方法看，较少文献深入探讨了稻农病虫害防治外包行为影响因素之间的层级关系，现有文献仅运用二元Logit/Probit模型研究稻农病虫害防治外包服务的影响因素，但是这类研究方法无法识别不同影响因素之间的层次结构和关联关系，稻农病虫害防治外包行为的影响因素以及影响因素之间的层级关系仍值得进一步探讨。

第二，关于水稻病虫害防治外包服务对农户农药减量增效技术采纳的影响。从研究视角看，已有文献多侧重于农户对单项技术采纳的分析，但是农业生产实践中，农户往往不止采纳一项技术，且技术之间存在关联效应，少数文献关注到技术之间可能存在的互补效应或替代效应，但是缺乏对技术采纳强度影响因素的分析。此外，鲜有文献将水稻病虫害防治外包服务和农户农药减量增效技术采纳纳入同一框架，少数研究分析了农业生产环节外包服务对农业绿色生产技术采纳的影响，但是尚未形成水稻病虫害防治外包服务影响农户农药减量增效技术采纳的针对性研究；从研究方法看，已有文献大多采用倾向得分匹配法（PSM）等非参数效应评估方法进行效应分析，但是此类方法仅处理了由可观测因素造成的选择性偏误问题。综上可知，已有研究的分析方式（忽略了不同技术之间的关联效应）和估计方法（忽略了不可观测因素造成的选择性偏误问题）可能无法有效评估水稻病虫害防治外包服务对农户农药减量增效技术采纳的影响，从而导致研究结果出现偏差。

第三，关于水稻病虫害防治外包服务对农户农药施用行为的影响。从研究视角看，已有文献仍缺乏水稻病虫害防治外包服务影响农户农药施用行为的针对性研究，少数文献分析了社会化服务对农户施药行为的影响，但笼统地用农户购买服务的环节数目表示社会化服务程度，忽视了不同环节的属性差异；从衡量指标看，已有文献主要通过测算农药施用量、投入成本、施用次数等指标中的一个或多个来代表农户施药行为，衡量指标尚未达成共识，此外，农业生产实践中，大部分农户并不了解所施农药折纯量，却对农药投入成本和施用次数的把握更清晰，农户施药行为衡量指标的合理性尚需进一步讨论；从研究方法看，已有文献多忽略了回归过程中可能存在的内生性问题，部分文献虽然考虑了内生性问题，但是仅处理了由可观测因素造成的选择性偏误问题。综上可知，水稻病虫害防治外包服务对农户农药施用行为影响的研究视角和衡量指标仍然有待于进一步探讨，研究方法的合理性也有待于进一步明确。

第四，关于水稻病虫害防治外包服务对农业生产技术效率的影响。从研究视角看，已有文献缺乏水稻病虫害防治外包服务影响农业生产技术效率的针对性研究。农业生产环节外包服务影响农业生产技术效率的研究较多，但是仅在进一步讨论部分提及水稻病虫害防治外包服务对农业生产技术效率的影响，抑或笼统的将病虫害防治环节划分到技术密集型环节进行分析，缺乏对其内在作用路径的深入分析；从研究结论看，已有水稻病虫害防治外包服务影响农业生产技术效率的研究尚未形成定论，仍然存在不同的声音，研究结论的矛盾之处也表明水稻病虫害防治外包服务的“增效”研究仍存在重新审视的必要；从研究方法看，已有文献多忽视回归过程中可能存在的内生性问题，部分研究虽然考虑了内生性问题，但是仅处理了由可观测因素造成的选择性偏误问题。可见，重新审视水稻病虫害防治外包服务的“增效”研究，可以为解释当前研究的结论差异提供一种新思路。

第五，关于水稻病虫害防治外包服务对农户家庭收入的影响。从关注焦点看，缺乏水稻病虫害防治外包服务增收效应的针对性研究。农业生产环节外包服务增收效应研究较为丰富，但是仅在进一步讨论部分提及水稻病虫害防治外包服务对农户家庭收入的影响，抑或笼统的将病虫害防治环节划分到技术密集型环节进行分析，缺乏对其内在作用路径的深入分析；从研究方法看，已有文献多忽视回归过程可能存在的内生性问题，部分研究虽然考虑了内生性问题，但是仅考虑由可观测因素造成的选择性偏误问题，抑或仅通过估计处理组的平均处理效应（Average Treatment Effect of Treated，ATT）来进行效应评估，而非直接估计水稻病虫害防治外包服务的增收效应；从研究思路看，农户自身收入水平差异对水稻病虫害防治外包服务增收效应的影响未得到正视。因此，单纯探讨水稻病虫害防治外包服务能否提升农户收入的意义不大，更关键的问题在于，探究其通过何种渠道影响收入。此外，水稻病虫害防治外包服务增收效应具有异质性，基于现实紧迫性，更需明确的问题在于，水稻病虫害防治外包服务对哪种类型农户的增收效应更强。综上可知，水稻病虫害防治外包服务的增收效应及其异质性仍值得进一步深入探讨。

总体来说，关于稻农病虫害防治外包行为影响因素及其效应的研究仍然存在值得完善的空间。从研究内容看，已有文献尚缺乏稻农病虫害防治外包行为影响因素及其效应的针对性研究，导致相关研究内容不够深入具体；从研究方法看，已有文献对稻农病虫害防治外包行为研究中不可观测变量造成的选择性偏误问题关注不足，使得相关研究结论的可靠性面临质疑。在农村土地制度改革逐步推进和农村要素市场逐渐完善的背景下，明确以上问题具有重要意义，针对已有研究的有待完善之处，本书将对上述问题进行深入探讨，这不仅有助于丰富相关理论，而且也可为稳步提升水稻病虫害防治外包服务市场发育程度和有序推进农业高质量发展提供参考。

## 第三节 研究目标与研究内容

### 一、研究目标

本书的研究目标可概括为：构建稻农病虫害防治外包行为及其效应的理

论分析框架，运用具有代表性的稻农微观调研数据，重点分析水稻病虫害防治外包服务的影响因素，并以此为基础评估其对农户农药减量增效技术采纳、农户农药施用行为、农业生产技术效率和农户家庭收入的影响，从而厘清如何提升稻农病虫害防治外包服务市场发育程度这一现实问题，以充分发挥水稻病虫害防治外包服务的环境效应和经济效应。最后，根据研究结论，指出对应的对策建议。

具体目标包括如下 5 个方面：①分析稻农病虫害防治外包行为的影响因素，并在此基础上，挖掘不同影响因素之间的层次结构和关联关系；②分析不同农药减量增效技术关联效应以及水稻病虫害防治外包服务对农户农药减量增效技术采纳的影响，从而评估水稻病虫害防治外包服务的环境效应；③从农户农药施用强度和农户农药施用频次视角出发，分析水稻病虫害防治外包服务对农户农药施用行为的影响，进一步阐述水稻病虫害防治外包服务的环境效应；④分析水稻病虫害防治外包服务对农业生产技术效率影响，并进一步分析其作用路径，从而评估水稻病虫害防治外包服务的经济效应；⑤从农户家庭收入和家庭收入结构视角出发，分析水稻病虫害防治外包服务对农户家庭收入的影响，并围绕其对不同收入水平农户增收效应的差异和动态变化展开异质性分析，进一步阐述水稻病虫害防治外包服务的经济效应。

## 二、研究内容

围绕本书的总目标和具体目标，开展如下 5 个方面研究：

1. 稻农病虫害防治外包行为的影响因素分析

本节基于微观调研数据，分析稻农病虫害防治外包行为的影响因素及不同影响因素之间的逻辑关系。具体来看，首先，基于农户行为理论和分工理论，构建基于土地、劳动力和资本等多要素约束条件下的稻农病虫害防治外包行为选择的理论分析框架；其次，运用二元 Probit 模型实证分析稻农病虫害防治外包行为的影响因素；最后，采用结构解释模型（Interpretative Structural Modeling，ISM）进一步分析不同因素之间的层次结构和关联关系。

2. 水稻病虫害防治外包服务对农户农药减量增效技术采纳的影响

本节基于微观调研数据，分析农户农药减量增效技术采纳的关联效应及水稻病虫害防治外包服务对农户农药减量增效技术采纳的影响。具体来看，首先，基于农户行为理论和技术扩散理论，构建农户农药减量增效技术采纳关联效应及病虫害防治外包服务对农户农药减量增效技术采纳影响的理论分析框架；其次，运用多元 Probit（MVP）模型实证检验不同农药减量增效技术采纳的关联效应；最后，运用内生处理效应泊松回归（Endogenous Treatment Effects Poisson Regression，ETPR）模型，实证检验病虫害防治外包服务对农药减量增效技术采纳强度的影响。

3. 水稻病虫害防治外包服务对农户农药施用行为的影响

本节基于微观调研数据，分析水稻病虫害防治外包服务对农药施用强度和施用频次的影响。具体来看，首先，基于农户行为理论，构建相关理论框架；其次，运用内生处理效应回归（Endogenous Treatment Effects Regression，ETR）模型，从施药强度和施药频次 2 个层面，整体考察水稻病虫害防治外包服务影响农户施药行为的处理效应；最后，围绕水稻病虫害防治外包服务对不同要素禀赋农户农药施用行为影响的异质性，进行群组差异性分析。

4. 水稻病虫害防治外包服务对农业生产技术效率的影响

本节基于微观调研数据，分析水稻病虫害防治外包服务对农业生产技术效率的影响及其路径。具体来看，首先，基于农户行为理论和农业生产效率理论，构建水稻病虫害防治外包服务对农业生产技术效率影响的理论框架；其次，运用随机前沿生产函数（SFA）模型测算样本农户的农业生产技术效率；再次，运用内生转换（ESR）模型，评估水稻病虫害防治外包服务对农业生产技术效率影响的处理效应；最后，运用中介效应模型，从专业分工、要素替代和规模经营 3 条路径，挖掘水稻病虫害防治外包服务影响农业生产技术效率的作用机理。

5. 水稻病虫害防治外包服务对农户家庭收入的影响

本节基于微观调研数据，分析水稻病虫害防治外包服务对农户家庭收入的影响及其异质性。具体来看，首先，基于农户行为理论和分工理论，构建理论框架；其次，运用内生处理效应回归（Endogenous Treatment Effects Regression，ETR）模型，评估水稻病虫害防治外包服务对农户家庭收入、农户家庭工资性收入和农户家庭种植业收入的影响；最后，运用工具变量分位数回归（Instrument Variable Quantile Regression，IVQR）模型，分析水稻病虫害防治外包服务对不同收入水平农户增收效应的异质性。

## 第四节　研究方法、技术路线与数据来源

### 一、研究方法

本节重点介绍实证研究中所采用的计量分析方法，检验稻农病虫害防治外包服务的影响因素及其效应，具体方法包括效应评估方法和其他计量分析方法 2 类，一是效应评估方法，包含参数效应评估方法和非参数效应评估方法 2 种，其中，参数效应评估方法包括内生处理效应泊松回归（ETPR）模型、内生处理效应回归（ETR）模型和内生转换（ESR）模型等方法；非参数效应评估方法包括倾向得分匹配方法（Propensity Score Matching，PSM）、逆概率加权法（Inverse Probability Weighted，IPW）、回归调整法（Regression Adjustment，RA）和逆概率加权回归调整法（Inverse Probability Weighted Regression Adjustment，IPWRA）等方法；二是其他计量分析方法，包括普通最小二乘法（OLS）、Probit 模型、结构解释（ISM）模型、随机前沿分析（SFA）方法、中介效应模型、多元 Probit（MVP）模型和工具变量分位数回归（IVQR）模型等方法。具体来看，本书的分析方法，如图 1-1 所示。

第四章中，运用 Probit 模型分析稻农病虫害防治外包行为的影响因素，并进一步运用结构解释（ISM）模型，探究各影响因素之间的层次结构和关联关系。第五章中，首先，运用多元 Probit（MVP）模型实证检验不同农药减量增效技术采纳之间的关联效应；其次，运用参数效应评估方法中的内生处理效应泊松回归（ETPR）模型，综合解决回归过程中的选择性偏误问题，实证检验水稻病虫害防治外包服务对农户农药减量增效技术采纳影响的处理效应；最后，运用倾向得分匹配法（PSM）、逆概率加权法（IPW）、回归调整法（RA）和逆概率加权回归调整法（IPWRA）4 种非参数效应评估方法进行稳健性检验。第六章中，选取农户农药投入费用和农药施用频次 2 个变量

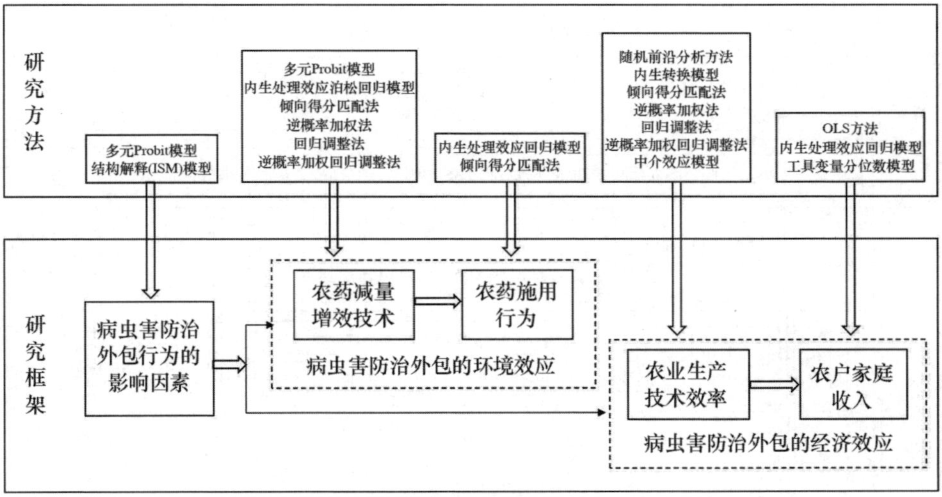


**图 1-1 实证分析章节所采用的定量分析方法**

表示农户农药施用行为，运用参数效应评估方法中的内生处理效应回归（ETR）模型进行回归，整体考察水稻病虫害防治外包服务影响农户农药施用行为的处理效应，并运用非参数效应评估方法中的倾向得分匹配法（PSM）（一对一匹配法、一对四匹配法、半径匹配法和核匹配法 4 种匹配方法）进行稳健性检验。第七章中，首先，运用随机前沿分析（SFA）方法测算农户的农业生产技术效率；其次，运用参数效应评估方法中的内生转换（ESR）模型进行回归，综合处理回归过程中的选择性偏误问题，重点分析水稻病虫害防治外包服务对农业生产技术效率的影响，并运用中介效应模型检验水稻病虫害防治外包服务“增效”作用的影响路径；最后，运用倾向得分匹配法（PSM）、逆概率加权法（IPW）、回归调整法（RA）和逆概率加权回归调整法（IPWRA）4 种非参数效应评估方法进行稳健性检验。第八章中，运用参数效应评估方法中的内生处理效应回归（ETR）模型和工具变量分位数回归（IVQR）模型进行回归，检验病虫害防治外包服务的增收效应及其异质性。

## 二、技术路线

在对稻农病虫害防治外包行为及其效应研究的过程中，采取的技术路线如图 1-2 所示。

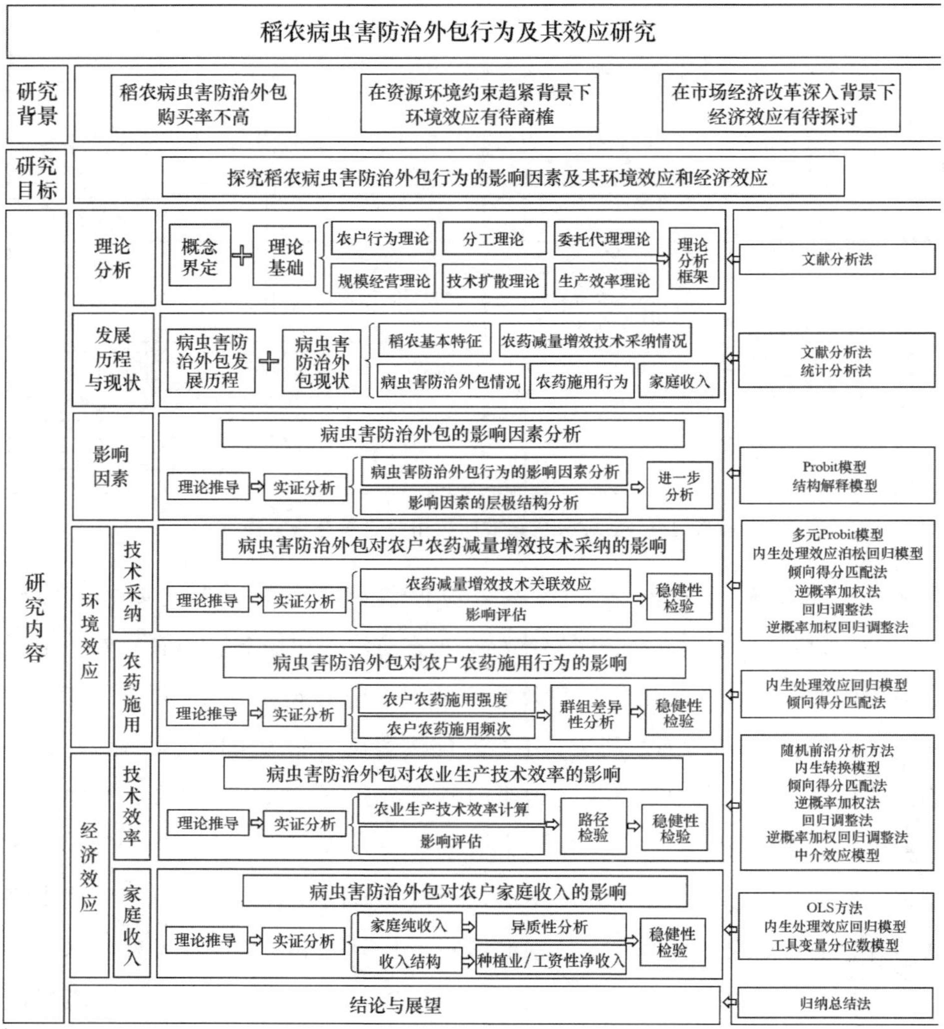


**图 1-2 技术路线图**

## 三、数据来源

本书的数据来源分为宏观统计数据和微观调研数据 2 种。

1. 宏观统计数据

一是统计年鉴数据，包括《中国统计年鉴》《中国农村统计年鉴》等；二是官方网站数据，包括世界粮农组织（FAO）官方网站和中国农业农村部官方网站公布的数据等。

2. 微观调研数据

来源于课题组在2020年9月和2020年12月对安徽省合肥市、滁州市和江苏省宿迁市、淮安市2省4市稻农的问卷调查。调研区域选取主要基于以下两个方面考虑：一是水稻生产在全国所占份额。该2省属于长江流域重要的水稻主产区，水稻种植面积和稻谷产量均较高。2019年，该2省的水稻种植面积占全国水稻种植总面积的15.8%，稻谷产量占全国稻谷总产量的17.13%①。二是购买病虫害防治外包服务的比重。安徽省一直是我国主要的人口净流出地区之一，第六次全国人口普查数据显示，2010年，安徽省净流出人口920万人，成为我国人口净流出最多的省份。劳动力的大量外流引致农民家庭对水稻病虫害防治外包服务需求的增加。而江苏省水稻种植的专业化分工和规模化生产水平较高，农户购买水稻病虫害防治外包服务的意愿更强。此外，综合考虑地区经济发展水平和水稻病虫害防治外包服务发展情况，在各市随机选择3个县（区），各县（区）随机选择2个行政村，各村随机选择20户稻农。与农户进行“一对一”访谈，对户主或其他家庭生产经营决策者开展问卷调查，调查内容包含家庭基本特征和农业生产经营特征等方面。共发放问卷480份，剔除数据缺失或异常的无效样本后，共得到有效样本448份，问卷有效率93.3%。

## 第五节　可能的创新之处

第一，从研究视角看，充分考虑了品种差异性和环节异质性，对病虫害防治外包服务影响因素及其效应展开针对性研究。从已有文献看，多数研究讨论了农业生产环节外包服务的影响因素及其效应，但仅在进一步讨论部分提及水稻病虫害防治外包服务，抑或笼统的将病虫害防治环节划分到技术密集型环节进行分析，进而导致以下问题：一是由于研究视角缺乏针对性，无

① 数据来源：国家统计局. 中国统计年鉴2020[M]. 北京：中国统计出版社。

法深入分析水稻病虫害防治外包服务影响因素及其效应的内在机理和作用路径。二是由于忽略品种差异性和环节异质性，导致回归结果有偏。已有文献大多选取农户购买农业生产环节外包服务的环节数目代表外包服务程度，并以此为基础分析农业生产环节外包服务的影响因素及其效应，这种处理方式的潜在假设是环节同质性，该处理方式下，购买任意相同环节数目的农户均属同一群体，不符合农业生产实际，例如，购买整地与收割两个环节外包服务的稻农和购买整地与病虫害防治两个环节外包服务的稻农显然不是同一群体，这也是已有研究最常见问题之一，基于此，本书对稻农病虫害防治外包服务影响因素及其效应展开针对性分析，这也是本书可能的创新点之一。

第二，从研究内容看，分别从环境效应和经济效应 2 个层面出发，依次从水稻病虫害防治外包服务对农户农药减量增效技术采纳、农户农药施用行为、农业生产技术效率和农户家庭收入的影响 4 个角度对水稻病虫害防治外包服务影响效应进行系统性分析，是对相关研究的丰富与拓展。已有文献虽对水稻病虫害防治外包服务的环境效应或经济效应给予关注，但仅探讨了其中某一方面，鲜有文献对水稻病虫害防治外包服务的环境和经济效应进行系统性分析。实质上，水稻病虫害防治外包服务有助创新农业生产经营方式和优化家庭资源配置，因此，其对农业绿色高质量发展的影响必然是多维度的。农业绿色高质量发展意味着农业绿色发展和农业高质量发展，要求农药减量、效率提高和收入提升。从水稻病虫害防治外包服务的环境和经济效应之间的逻辑关系看，环境效应既是农业绿色发展的集中体现，又是经济效应的重要基础，而经济效应又是农业高质量发展的核心目标，因此，本书从农药减量增效技术采纳和农户施药行为两个层面剖析水稻病虫害防治外包服务的环境效应，并在此基础上，从农业生产技术效率和农户家庭收入两层面明确水稻病虫害防治外包服务的经济效应，与已有文献相比，本书全面把握水稻病虫害防治外包服务对我国农业绿色高质量发展的多维影响。

第三，从研究方法看，综合考虑了水稻病虫害防治外包影响效应回归过程中，由可观测和不可观测因素造成的选择性偏误问题，具有一定的创新性。稻农病虫害防治外包行为并不是随机的，因此，病虫害防治外包服务的环境效应和经济效应评估相关章节可能存在选择性偏误问题，已有文献仅处理由可观测变量造成选择性偏误问题，基于此，本书在水稻病虫害防治外包服务的环境效应和经济效应评估的相关章节，分别运用参数效应评估方法中较常用的内生转换（ESR）模型以及较前沿的内生处理效应回归（ETR）模型、内生处理效应泊松回归（ETPR）模型等进行回归，综合处理回归过程中的选择性偏误问题，同时运用非参数效应评估方法中较常用的倾向得分匹配法（PSM）以及较前沿的逆概率加权法（IPW）、回归调整法（RA）、逆概率加权回归调整法（IPWRA）等进行稳健性检验，使研究方法更具创新性，这也是本书可能的创新点之一。

## 第六节 研究思路与篇章结构

### 一、研究思路

本书旨在分析稻农病虫害防治外包服务的影响因素及其效应，整体研究思路如图 1-3 所示。具体来看，第一，基于我国农业生产发展现状及国内外相关研究状况提出拟解决的关键科学问题。第二，对主要概念和相关概念进行界定和区分，同时对相关理论基础进行梳理，并在此基础上，构建稻农病虫害防治外包服务影响因素及其效应的理论分析框架。第三，厘清我国水稻病虫害防治外包服务的发展历程，总结农作物病虫害防治模式及病虫害防治外包服务的演变特征，突出水稻病虫害防治外包服务的重要性，同时，运用统计分析法归纳调研区域内水稻病虫害防治外包服务的发展现状。第四，实证分析稻农病虫害防治外包服务的影响因素及不同因素之间的层次结构和关联关系。第五，分别从水稻病虫害防治外包服务的环境和经济效应 2 个层面出发，依次从水稻病虫害防治外包服务对农户农药减量增效技术采纳、农户农药施用行为、农业生产技术效率和农户家庭收入的影响 4 个角度进行实证分析。最后，基于上述理论分析与实证分析结果，提出本书的研究结论以及对应政策建议。

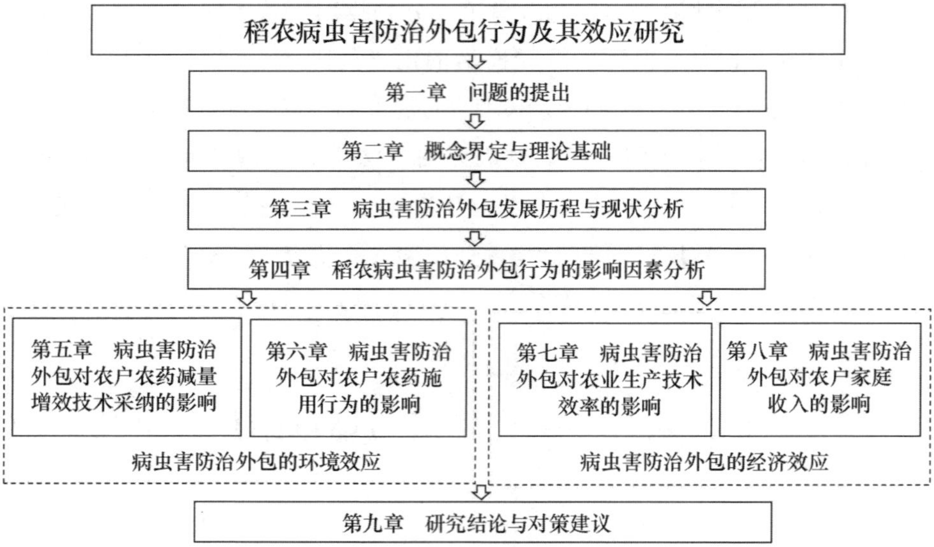


图 1-3 研究思路

## 二、篇章结构

本书共包括 9 章，具体如下：

第一章，导论。第一节介绍研究背景与研究意义，突出研究主题的迫切性；第二节梳理国内外的相关文献，并在此基础上展开评述，突出本书的可能创新点；第三节介绍研究目标与研究内容；第四节指出研究方法、数据来源与技术路线；第五节介绍可能的创新之处；第六节提出研究思路与篇章结构。

第二章，概念界定与理论基础。第一节界定农业生产环节外包、病虫害防治外包、农户农药减量增效技术采纳、农户农药施用行为、农业生产技术效率和农户家庭收入等核心概念，并对相关概念进行辨析；第二节梳理农户行为理论、分工理论、技术扩散理论和农业生产效率理论等基础理论；第三节构建本书主题“稻农病虫害防治外包行为及其效应”的理论分析框架。

第三章，病虫害防治外包发展历程与现状分析。第一节梳理病虫害防治外包服务的发展历程，归纳我国农作物病虫害防治模式及病虫害防治外包服务的演变特征，突出病虫害防治外包服务的重要性；第二节介绍调研样本区域内稻农病虫害防治外包服务的发展现状。

第四章，稻农病虫害防治外包行为的影响因素分析。第一节提出本章拟解决的关键科学问题，强调挖掘稻农病虫害防治外包行为影响因素及其层次结构和关联关系的重要性；第二节构建基于土地、劳动力和资本等多要素约束条件下的稻农病虫害防治外包选择行为的理论分析框架；第三节介绍本章实证部分的模型构建与变量选择；第四节实证分析水稻病虫害防治外包行为的影响因素以及不同因素之间的层次结构和关联关系。

第五章，病虫害防治外包对农户农药减量增效技术采纳的影响。第一节提出本章拟解决的关键科学问题，强调水稻病虫害防治外包服务在促进农户采纳农药减量增效技术中的积极作用；第二节构建理论分析框架；第三节介绍本章实证部分的模型构建与变量选择；第四节实证分析农户农药减量增效技术采纳的关联效应以及水稻病虫害防治外包服务对农户农药减量增效技术采纳的影响。

第六章，病虫害防治外包对农户农药施用行为的影响。第一节提出本章拟解决的关键科学问题，强调水稻病虫害防治外包服务在促进农户农药减量施用行为中的积极作用；第二节构建水稻病虫害防治外包服务对农户农药施用行为影响的理论框架；第三节介绍本章实证部分的模型构建与变量选择；第四节从农户农药施用强度和农户农药施用频次两个角度，实证分析水稻病虫害防治外包服务对农药施用行为的影响，并围绕水稻病虫害防治外包服务对不同要素禀赋农户农药施用行为的影响展开群组差异性分析。

第七章，病虫害防治外包对农业生产技术效率的影响。第一节提出本章拟解决的关键科学问题，强调水稻病虫害防治外包服务在促进农业生产技术效率提升中的积极作用；第二节构建水稻病虫害防治外包服务对农业生产技术效率影响的理论框架；第三节介绍本章实证部分的模型构建与变量选择；第四节在对样本农户生产技术效率进行测算的基础上，实证分析水稻病虫害防治外包服务对农业生产技术效率的影响，并进一步分析水稻病虫害防治外包服务影响农业生产技术效率的作用路径。

第八章，病虫害防治外包对农户家庭收入的影响。第一节提出本章拟解决的关键科学问题，强调水稻病虫害防治外包服务在促进农户家庭收入提升中的积极作用；第二节构建理论框架；第三节介绍本章实证部分的模型构建与变量选择；第四节实证分析水稻病虫害防治外包服务对农户家庭收入及其收入结构的影响，并围绕其对不同收入水平农户增收效应差异和动态变化展开异质性分析。

第九章，研究结论与对策建议。第一节介绍各实证研究章节的主要研究结论；第二节提出与主要研究结论相对应的政策建议，以期为进一步推动水稻病虫害防治外包服务发展提供理论支撑和政策依据；第三节提出本书的不足之处与研究展望。

从第一章至第九章，每章均设有“本章小结”，目的是方便读者提纲挈领地掌握各章的主要内容。

## 本章小结

粮食是人类社会存在的基础，对维护社会秩序稳定和推动经济水平提升意义重大。过去60年间，在“高产稳产”农业生产目标下，农药投入极大提升了我国粮食产量，无论是具有专业性规模化生产特点的新型农业经营主体，还是具有弱质性分散化生产特点的传统小农，都对农药产生极强的依赖性，农药已经成为农业生产的必须投入品。然而，当前我国农业生产过程中过量施药问题普遍存在，给城乡居民的生活环境造成威胁。病虫害防治外包对解决我国水稻病虫害防治所面临的现实问题和提升稻谷产量起至关重要作用。在小农经营模式弊端不断凸显的背景下，病虫害防治外包的重要性不断凸显，因此，系统性分析稻农病虫害防治外包的影响因素其效应，对稻农病虫害防治外包推进方式的调整优化和稻农病虫害防治外包影响农业生产绩效作用路径的重新审视具有重要理论和现实意义。

# 第二章

## 概念界定与理论基础

**引言：**近年来，我国农业生产环节外包迅速发展，为农业生产提供了源源不断的动力，并逐步成为促进农业生产方式转型不可替代的重要因素之一。作为农业生产环节外包在病虫害防治环节的具体表现形式，病虫害防治外包的发展水平也在不断提升，相关问题在已有学术文献和政策文件中倍受关注。本书重点分析稻农病虫害防治外包行为的影响因素及其环境效应和经济效应，因此，本章首先对病虫害防治外包、农药减量增效技术、农药施用行为、农业生产技术效率和农户家庭收入等进行明确界定，并在此基础上对农户行为理论、分工理论、委托代理理论、规模经营理论、技术扩散理论和生产效率理论等理论进行梳理总结，最后构建本书的理论分析框架。

# 第一节 相关概念界定

本节主要对病虫害防治外包、农药减量增效技术、农药施用行为、农业生产技术效率和农户家庭收入等核心概念进行界定。

## 一、病虫害防治外包

水稻生产环节外包指的是稻农将水稻生产“全产业链”中某个或某些环节外包给农业生产外包服务组织，委托其代为完成或协助完成这一（些）环节生产作业的行为，农业生产环节的决策权仍由农户掌握，而农业生产风险由双方共同承担，水稻病虫害防治外包是水稻生产环节外包在病虫害防治环节的具体体现。

## 二、农药减量增效技术

农药减量增效目标指的是通过替换低效农资、改善施药方式等途径减少农药施用量、提高利用率，进而实现减少污染、节约成本的目标。具体到水稻生产过程中，“减量”指的是减少施用量，“增效”则指的是提升综合效益，农药减量增效技术可定义为：在保障稻谷产量和种粮效益的基础上，通过选用良种、施用无公害农药、物理防控和生态调控等方式，实现农药减量增效目标的技术集成。通过梳理相关文献和国家政策，结合调研区域（安徽省、江苏省）水稻生产特点，本书选取抗病虫良种技术、种植显花植物技术、生物防治技术、种植诱虫植物技术、无公害农药施用技术和理化诱控技术 6 项技术作为技术集合中的元素。

## 三、农药施用行为

已有文献主要通过测算农药施用量、农药投入成本、农药施用次数等指标中的一个或多个来界定农户农药施用行为，衡量指标尚未达成共识。农业生产实践中，大部分农户并不了解所施农药的折纯量，却对农药投入成本和农药施用次数的把握更清晰，除此之外，不同类型农药的施用次数与施用剂量存在明显差异，仅采用农药施用次数代表农药施用行为的说服力不足，因此，本书选取农药投入成本和农药施用频次 2 个指标代表农药施用行为，并分别选取农户在水稻生产过程中的亩均农药支出费用和农药施用次数来表示。

## 四、农业生产技术效率

农业生产效率的测算方法较为丰富，主要包括单要素生产率和全要素生产率两种。全要素生产率指的是农业生产过程中投入转化成产出的总效率水平，剔除了其他因素对产出的影响，农业生产技术效率是全要素生产率的重要构成，其从投入产出角度衡量配置效率，表现为在既定的农业生产方式和要素投入结构条件下，实际产出与最优产出的比值，这种衡量方式允许生产过程中存在效率损失，更能体现农业生产的实际情况。因此，本书选取农业生产技术效率作为农业生产效率的衡量方式。

农业生产技术效率的测算方法包括参数法和非参数法 2 类。参数法中最常用的是随机前沿分析（SFA）方法。随机前沿分析（SFA）方法中估计的生产前沿面是随机的，可有效避免农业生产中自然灾害和天气变化等突发事件对农业生产技术效率估计的影响，因此，本书采用随机前沿分析（SFA）方法。此外，测算农业生产技术效率时，需要设定投入和产出之间的函数关系式，常用函数关系式有柯布道格拉斯（C-D）和超越对数生产函数 2 类。相较于超越对数生产函数，柯布道格拉斯（C-D）生产函数更简洁，且经济含义更易理解。此外，本书的重点是农业生产技术效率测算，而非生产函数形式的考察，柯布道格拉斯（C-D）生产函数的测算效果优于其他函数形式，基于此，本书选取柯布道格拉斯（C-D）生产函数形式测算农业生产技术效率。

## 五、农户家庭收入

本书中农户家庭收入涉及家庭纯收入、家庭种植业净收入和家庭纯工资性收入等。其中，家庭纯收入选取家庭人均纯收入为代理指标，由家庭总收入（包括工资性收入、种植业收入、畜牧渔业收入、家庭自营产业收入和其他收入等）减去总支出（包括种植业支出、畜牧渔业支出、外出务工费用和家庭生活支出等），再除以人口数计算所得。此外，根据研究内容，将农户家庭种植业净收入和家庭纯工资性收入一同纳入本书中，计算方式与家庭纯收入相似，这里不再赘述。

## 第二节 理论基础

在对核心概念进行界定辨析后，本节重点回顾与总结稻农病虫害防治外包及其效应研究的相关理论，为本章理论分析框架构建以及后续相关章节的实证分析提供理论支撑，涉及的理论包括：农户行为理论、分工理论、委托代理理论、规模经营理论、技术扩散理论和生产效率理论等。

### 一、农户行为理论

稻农病虫害防治外包服务的实质是农户决策行为，深入分析水稻病虫害防治外包服务离不开对农户行为逻辑的全面探讨。农户行为一直是发展经济学、农业经济学和社会学等相关学科的研究重点，不同研究角度得到的研究结论存在显著差异，并逐步形成了以“剥削小农”“生存小农”“理性小农”和“综合小农”等为代表的四种不同学派。

第一，“剥削小农”理论学派。该理论学派的代表人物是马克思，其核心观点是：小农意味着落后、无知和弱势，随着商品经济发展，以小农为代表的无产阶级会逐步被以企业为代表的资产阶级不断剥削，并最终走向衰亡。基于英国圈地运动和农场资本化的经验研究，马克思（2004）指出资本主义的实现背景是社会变革、劳动分工和资本积累，商品化程度的逐步加深致使小农逐步转变为被资本剥削的对象，小农面临高昂地租，劳动所得中的大部分转移到地主手中，并在自然灾害、市场风险和政策风险中沦为无产者。小农处于自给或半自给的农业生产状态，农业生产经营方式依靠祖辈经验，农业生产规模以家庭为单位，生产率低、技术水平差、商品化程度低等特征明显。随着资本化程度的加深，以小农为主要构成的无产阶级不可避免地会与资产阶级形成对立，小农生产模式逐步由被资本掌控的规模化经营模式取代。

第二，“生存小农”理论学派。该理论学派的代表人物是恰亚诺夫，其核心观点是：小农生产模式是有持续性的，能够抵抗资本主义改造。基于“俄国”小农的经验研究，恰亚诺夫（1996）指出农户与企业的行为逻辑不同，从行为目标看，企业为利润最大化追求方，而小农为家庭效用最大化追求者。此外，小农家庭通过自家劳动力完成生产任务，而非雇佣劳动力，农业生产的投入和产出具有不可分性，无法像企业一样核算成本收益。小农的最优劳动投入是小农劳作的边际投入与生计需求的边际效用相等时对应劳动投入，若小农劳动力禀赋远高于其他要素，为满足家庭消费需求，小农会通过“自我剥削”的方式投入过量的劳动力，此时，虽然劳动力的边际产出很低，但仍有助于提升小农的家庭生计资本水平，这也是小农拥有极强生命力的重要原因。

第三，“理性小农”理论学派。该理论学派的代表人物是舒尔茨，其核心观点是：农户的行为目标是追求利润最大化，在这一点上，小农和企业并无差异，二者都会充分利用自身拥有的所有资源实现利润最大化目标。基于危地马拉帕那加撒尔和印度萨纳普尔的经验研究，舒尔茨（1964）指出农户家庭配置决策是理性和有效的，传统农业的落后状况并非源于农户的懒惰或无知，而是新收入流缺乏导致的“低水平均衡”。因此，传统农业改造的核心不应是改变小农生产经营模式，而应是通过增加人力资本和物质资本投资，改善农户家庭整体技术水平，与此同时，充分发挥市场力量，激励农户创新农业生产行为，实现农户家庭的利润最大化，进而打破“低水平均衡陷阱”。

第四，“综合小农”理论学派。该理论学派的代表人物是黄宗智，其核心观点是：不同阶层结构和意识形态下，小农的生产经营特征都存在显著差异，小农是具备多种思维和多重理性特质的集合体，可以是被压榨的剥削小农、也可以是自我剥削的生存农户，还可以是追求利润最大化的理性小农，但是已有研究观点仅对小农的部分特征进行讨论，没有描绘出小农的整体面貌。基于中国小农的经验研究，黄宗智（1986）运用“过密化”理论分析小农行为，指出由于经营面积和市场经济发展程度的限制，中国农村普遍存在着劳动力过剩、非农就业机会不足的问题，劳动力只可以通过在小农经济特征比较明显的农业生产中获得收益，并不是具有实质特性的“雇佣劳动者”，即便小农从事农业生产的边际报酬比较低，仍会继续投入劳动。

“剥削小农”“生存小农”“理性小农”和“综合小农”等农户行为理论学派分别从不同角度对农户行为进行深入分析，为相关研究提供重要基础。如前所述，不同理论学派仅揭示了农户某个方面的特征，且所持研究结论存在差异，这种差异来源于研究对象与时代背景差异，但是不同学派研究观点也存在相似之处，不难发现，已有农户行为理论均指出农户决策行为是外部约束和自身资源禀赋共同决定的结果。改革开放以来，我国农业发展经历一系列的制度变迁，但始终坚持社会主义制度下的土地集体所有制，不存在资产阶级对无产阶级的剥削问题，此外，随着我国经济快速发展，温饱问题不再是农户家庭决策的重点，生存问题不再是农户家庭迫切需要解决的问题，因此，“剥削小农”和“生产小农”已不适用于我国农户的发展现状。此外，随着工业化、城镇化程度的不断加深，越来越多的农业劳动力选择向非农产业进行转移，农业经营性收入所占的比重逐渐降低，农业劳动力投入过量问题基本缓解，农户行为不再局限于农业生产，而是多重理性的结果，“综合小农”不适用于我国农户发展现状，当前我国农户行为更接近于舒尔茨的“理性小农”观点，即农户行为是其追求利润最大化的结果，本书重点关注农户病虫害防治外包行为，农户购买病虫害防治外包服务的主要目的在于降低风险、提高农业生产效率和释放劳动力，而这一过程的实质就是农户通过权衡风险、利益和劳动力投入的关系，实现家庭利润最大化的过程。

## 二、分工理论

### 1. 分工理论的内涵

亚当·斯密首次提出分工理论，并指出分工的重要意义在于通过提高劳动生产率实现经济增长，且市场范围和规模对劳动力分工程度起决定性作用（亚当·斯密，1972）。亚当·斯密分工理论的推导过程如下：假设劳动力生产一种物品需要投入时间为 $T$，随着生产物品种类数增加，劳动力需要投入时间 $T$ 也会提高，显然，如果劳动者仅生产某一特定物品，生产该物品 $x$ 次的投入时间会比生产 $x$ 种物品的投入时间要低，因此，继续假设生产某一特

定物品的时间为 $t_1$，则生产 $x$ 次该物品的经验公式为：

$$T = t_1 x^{1-k} \tag{2-1}$$

$$t = T/x = t_1 x^{-k} \tag{2-2}$$

$$y = 1/t = x^k / t_1 \tag{2-3}$$

式（2-1）和式（2-2）中，$k$ 为效率提升潜力，$k$ 值越大，分工可以带来效率的提升程度越高，反之，$k$ 值越小，分工可以带来效率的提升程度越低，效率提升潜力 $k$ 的取值范围为（0，1）；$t$ 为总投入时间 $T$ 与生产次数 $x$ 的比值，用以表示劳动者生产 $x$ 次特定物品投入时间的平均值；$y$ 为劳动者生产特定物品的生产效率，不难发现，$y$ 与 $t$ 呈现出明显的反方向变动趋势，如公式（2-3）所示。对式（2-3）中生产次数 $x$ 求一阶偏导和二阶偏导，可得式（2-4）和式（2-5）

$$\partial y / \partial x = k / t_1 x^{k-1} > 0 \tag{2-4}$$

$$\partial^2 y / \partial^2 x = k(k-1) / t_1 x^{k-2} < 0 \tag{2-5}$$

由式（2-4）和（2-5）可知，随着生产次数 $x$ 的增加，劳动者生产特定物品的生产效率 $y$ 会提高，且效率提高的速度呈现递减趋势。

亚当·斯密分工理论的提出，为研究专业分工影响经济增长的作用机理奠定了重要基础，此后，学者们在此基础上对分工理论进行延伸和拓展，其中，最具有代表性的是美国学者阿林·杨格，他在《报酬递增与社会进步》一文中，指出亚当·斯密的分工理论忽视了分工的另一重要作用，还提出分工可以使复杂的生产过程分解成相互关联，且层层递进的简单生产过程，最终实现收益的递增，并在此基础上，提出了“杨格定理”。该定理指出劳动分工对市场规模起决定性作用，同时，市场规模对劳动分工也起决定性作用，这一观点是建立在亚当·斯密分工理论中所述劳动分工对市场规模起决定作用基础上的新观点，也是杨格定理对分工理论的最大贡献之一。

2. 农业分工的有限性

基于农业生产经营的特殊性，亚当·斯密提出了农业分工的有限性理论，该理论也被称为“斯密猜想”，其核心内容是：农业生产环节具有明显的不可逆性和周期性，各环节的生产经营很难达到与工业产业相类似的、完全独立的分工模式，农业劳动力无法专业化地从事某一特定环节，这也是农业生产部门劳动力生产率低于工业生产部门的主要原因。该理论对农业生产具有重要意义，也引起了学者们的广泛关注。

针对农业分工有限性的产生原因，学者们从不同研究视角展开深入分析，并得到三种不同的研究观点：一是农业生产特质方面。持该观点的学者们普遍认为由于农业生产组织特性、农作物生命周期性和农产品市场特性等问题，农业生产者从事耕作业务的非连续性效率损失和生产者的协调成本都很高，农业生产者专门从事某一特定环节的可能性较低，导致农业分工的有限性。罗必良（2008）还指出农业生产的迂回程度远低于工业生产，所以，农业需要通过购买机器从工业“进口”分工经济和迂回生产效果，才能实现部分的效率改进，此外，农业进口迂回经济的过程是资本替代劳动的过程，因此，农业的分工深化是一个不断排斥劳动的过程。胡新艳等（2015）基于“交易特性—生产特性—农业生产环节纵向分工可能性”的分析框架，运用因子分析法和结构方程（SEM）模型，实证检验了农业生产环节可分工性的影响因素及影响系数，评估不同环节的可分工程度，指出农业经营风险、资产专用性、劳动密集程度对农业环节纵向可分工性有显著正向作用，而交易风险、交易频率则有显著负向作用。

二是产权和制度方面。持该观点的学者们普遍认为农业分工离不开完善的市场环境，明晰农业领域内生产要素和生产资源的产权边界，对完善市场交易和推进农业分工演进具有重要促进作用，然而，户籍制度、土地承包制度和农业税收制度等制度因素对农业生产和非农就业的顺利推进产生限制作用，成为导致农业分工滞后的重要原因。王京安和罗必良（2003）基于分工理论，重点分析经济发展的一般过程，指出“三农”问题的根本解决需要农业的分工发展，而这必须保证农业领域中各项资源的完整产权，因此，减少农业领域中各项资源的产权残缺是解决“三农”问题的根本。刘明宇（2004）基于分工深化的制度阻碍分析，揭示农民遭遇制度性贫困陷阱的深层原因，指出“三农”问题的主要原因是农民失去了自主参与分工的自由，跳出贫困陷阱的办法是消除抑制分工的制度安排。胡新艳等（2016）基于产权细分—分工深化—规模经营的分析框架，指出以经营权流转为基础的农地规模经营，内生高昂的交易成本，而通过经营权细分及交易所实现的农业服务规模经营，能够显著提升农业的规模经济收益和分工效率。何一鸣等（2020）指出农业交易特性导致农业分工的不完全性，细分农业经营权可扩展要素市场容量，从而经济绩效得到提高，应通过发展农业经营性服务组织和创新服务方式来推进农业分工。

三是交易成本方面。持该观点的学者们普遍认为农业分工的前提是分工带来的收益高于分工需要付出的成本，否则农户会更倾向于通过分散经营的方式进行农业生产（杨小凯，1994）。刘晗和王钊（2017）基于545个种植业农户调查数据，利用参数估计和夏普里值分解的方法，实证分析了经营效益与交易成本对农户生产分工的影响效应和贡献度大小，指出经营效益显著促进农户生产分工发展，交易成本对农户分工深化产生抑制作用。刘晗等（2020）从交易费用和生产经营两个层面，采用多元回归和分位数回归（QR）方法，实证分析了农户生产分工差别化的影响因素，指出不同农户的生产分工程度存在显著差异，农户生产分工主要受到交易费用和经营状况的影响，交易费用会抑制农户生产分工，良好的经营状况有利于农户选择生产分工。

## 三、委托代理理论

委托代理理论讨论的重点是如何处理委托方和代理方之间的关系，即在双方的目标存在冲突前提下，委托方通过怎样的契约规则来激励和约束代理方行为，委托方将自身行为的管理决策权委托给代理方，要求代理方在委托代理行为中实现委托方效用的最大化（刘以安和陈海明，2003；刘有贵和蒋年云，2006；赵成柏，2010；王昌林和陈志昂，2012），该理论以舒尔茨“理性小农”理论为基础，双方均追求自身效用的最大化，故双方的收益目标不一致，代理方在完成委托方给予的委托代理行为时，会更注重自身收益，从而导致委托方的收益受到损害，因此，委托方要结合自身情况采取与代理方决策相制衡的措施和策略。具体来看：

首先，假定代理方的委托代理行为是 $b \in B$，$B$ 是代理方行为集，代理方的行为结果是 $x\ (b,\ z)$，对应的货币收入是 $\gamma\ (b,\ z)$，其中，$z$ 是影响代理方委托代理行为的外生影响因素，且 $\gamma\ (\cdot)$ 关于行为 $b$ 和外生影响因素 $z$ 单调递增，即代理方可获得的货币收入与代理方工作程度及其所处的外部环境呈现出正向变动关系。其次，假定委托方将行为 $b$ 委托给代理方，并同时选取契约合同 $s$ （$x$），那么，代理方行为 $b$ 可获得的总效用为 V［$s$ （$x$）］－C（$b$），假定 V［·］是代理方的效用函数形式，C（·）是委托方的成本函数形式，则委托方的效用函数是 U［$x-s$ （$x$）］。假定双方均非风险偏好者，则可假定 $v'>0$，$u'>0$，$c'>0$；$v''\leqslant0$，$u''\leqslant0$，$c''\leqslant0$。如前所述，双方均追求自身效用的最大化，可见，行为 $b$ 必然会导致双方的利益冲突，委托方和代理方都希望对方付出更多，因此，委托方会选取激励或约束手段来限制代理方行为，这一过程可由以下模型表示：

$$\max\int u[x-s(x)]f(x,\ b)d_x \tag{2-6}$$

$$\int v[s(x)]f(x,\ b)d_x-c(b)\geqslant\bar{v} \tag{2-7}$$

$$\int v[s(x)]f(x,\ b)d_x-c\ (b)\geqslant\int u[s(x)]f(x,\ b)d_x-c\ (b'),\ \forall b'\in B \tag{2-8}$$

式（2-6）为委托方的效用最大化函数，式（2-7）和式（2-8）为对应的约束条件，此外，式（2-7）中 $\bar{v}$ 表示代理方不接受委托方契约合同下的期望效用，该约束条件是参与约束条件，指的是假定代理方和委托方的收益不冲突时，代理方可从行为 $b$ 获得的效用应大于代理方从事其他工作获得的效用。式（2-8）是激励相容约束条件，用以表示委托方最大化效用实现的前提是选取代理方行为作为约束。

农业生产环节外包服务存在明显的委托代理问题，委托方为农户，代理方为农业生产环节外包服务组织，双方的目标均为自身收益最大化，存在明显的信息不对称和利益不一致问题，代理方对农业生产环节的熟悉程度高，为追求自身收益最大化，可能会选择牺牲委托方收益，存在低质量完成外包行为的可能性，外包服务供需双方需要通过博弈达到均衡。具体到稻农病虫害防治外包环节，农药施用效果的影响因素较多，水稻病虫害防治外包服务质量的判断标准较难统一，委托方不易判断代理方行为是否会给委托方造成损害。徐斌和应瑞瑶（2015）基于委托—代理（Principal-Agent）理论，实证分析了农户对病虫害统防统治服务满意度的评价机制，指出农户放弃自防自治，采纳病虫害统防统治服务的转换成本对农户满意度的影响在不同村庄存在明显差异，杨印生和郭鸿鹏（2004）的研究也得到类似结论。宦梅丽和侯云先（2020）基于博弈论和委托代理理论，考察由一个农户和服务主体构成的二级供应链中，服务质量投入和农户服务质量监督决策问题，指出服务主体在提供服务时，存在降低服务质量投入水平的道德风险，而农户在监督农业生产性服务时存在“过度监督”的道德风险，夸大服务质量不合格率，姜长云和芦千文（2020）的研究也得到类似结论。综上可知，稻农面临购买服务防治或自我防治的抉择，降低外包服务过程中由于委托代理问题增加的交易成本，才能不断优化水稻病虫害防治外包市场。

## 四、规模经营理论

规模经营理论包括规模报酬理论和规模经济理论（许庆等，2011；陈秧分等，2015；曾雄旺和杨亦民，2015）。规模报酬指的是既定技术水平下，所有要素同比例变动导致的产量变化率，或者各种投入要素数量同比例变动时的产量变化。规模经济则指的是既定技术水平下，生产一定数量产品需要投入的平均生产成本，重点探讨平均生产成本在生产数量的某一区间内递减的过程。规模报酬和规模经济存在明显的差异，两个概念的侧重点是完全不同的，规模报酬的实现条件比规模经济的实现条件更严格，此外，规模经济主要从货币价值层面进行分析，而规模报酬则是实物层面进行分析。从农业生产角度来看，作为农业生产的重要投入要素，土地要素的同比例调整较难实现（王志刚等，2011；罗必良，2017；樊明，2018），无法采用规模报酬理论进行分析，因此，本书从规模经济角度分析病虫害防治外包行为及其效应。

农业规模经济可进一步划分为内部和外部规模经济，其中，内部规模经济指的是，通过土地适度规模经营，触发其他农业生产要素的适度规模经营，其核心作用路径是通过土地适度规模经营实现农业规模经济。外部规模经济则指的是，市场环境以及专业化水平等外部环境的改善，导致农业生产要素配置的不断优化，带动农业生产效率提升，进而实现农业规模经营。土地经营规模扩大带来内部规模经济和外部规模经济的过程，分别如图 2-1 和图 2-2 所示。

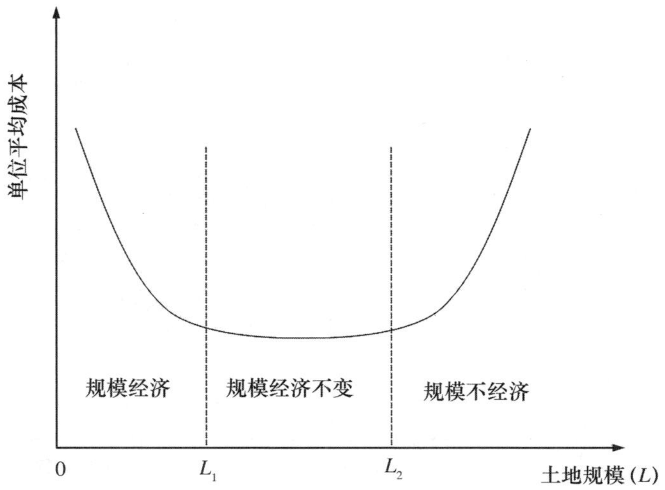


**图 2-1 土地经营规模扩大带来的内部规模经济**

图 2-1 中横坐标为土地规模 $L$，纵坐标为农业生产的单位平均成本。该图主要汇报了土地经营规模扩大带来的内部规模经济过程，描绘随着土地经营规模的不断扩大，单位平均成本的变化趋势以及规模经济经历的三个阶段，其中，土地经营规模从 0 变化到 $L_1$ 的部分为规模经济阶段，在该阶段，单位平均成本与土地经营规模呈现反方向变动趋势；土地经营规模从 $L_1$ 变化到 $L_2$ 的部分为规模经济不变阶段，在该阶段，单位平均成本保持不变；土地经营规模超过了 $L_2$ 的这个部分为规模不经济阶段，在该阶段，单位平均成本与土地经营规模呈现正方向变动趋势。

与图 2-1 一致，图 2-2 中横坐标为土地规模 $L$，纵坐标为农业生产单位平均成本。该图主要汇报土地经营规模扩大带来的外部规模经济过程，在既定资本水平下，$AC$（$K_3$）为资本水平 $K_3$ 对应的单位平均成本曲线，$L_3$ 为资本水平 $K_3$ 对应的最佳土地经营规模，而 $AC$（$K_4$）为资本水平 $K_4$ 对应的单位平均成本曲线，$L_4$ 为资本水平 $K_4$ 对应的最佳土地经营规模。由图 2-2 可知，相较于资本水平 $K_3$，资本水平 $K_4$ 为资本的改善，表现为 $AC$（$K_3$）下移到 $AC$（$K_4$），可知，在土地经营规模下降时，最佳经营规模会随之增加，外部环境改善会提升农业生产效率，降低农业生产单位平均成本，从而实现农业外部规模经济。

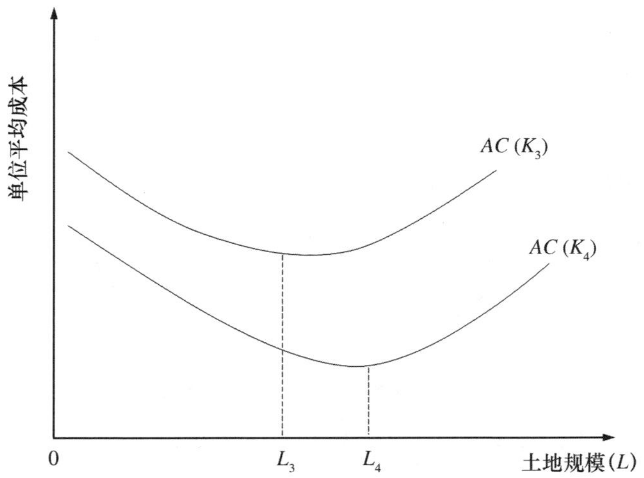


图 2-2　土地经营规模扩大带来的外部规模经济

## 五、技术扩散理论

美国学者罗杰斯（2002）首次提出技术扩散理论，指出农户新技术采纳的实质是新技术的扩散传播过程。通常情况下，大部分农户是风险规避者，对新技术的采纳态度比较谨慎，但也会通过某些路径，从具有风险偏好特征的农户个体或者区域向越来越多的农户群体和区域扩散传播，这一传播过程基本呈现出“S”形曲线的变化特征，初期技术扩散的速度较缓慢，仅有少量具有风险偏好特征的农户愿意采纳新技术，随着新技术效果显现和时间推移，技术扩散的速度不断增加，越来越多具有风险规避特征的普通农户尝试采纳新技术。但这种大范围的扩展速度并未一直延续，达到某个临界点后，技术扩散的速度会趋于平缓，直到新技术扩散过程截止（林兰，2010；王玉龙和丁文锋，2010；董君，2012）。根据新技术采纳的时间顺序和扩散速度，埃弗雷特·罗杰斯将农户分为开拓者、先行者、追随者、大众、后觉者 5 大类，如图 2-3 所示。

此外，技术扩散理论还指出农户的新技术采纳过程会经历“认识→兴趣→评价→试用→确认”五个阶段（王玉龙和丁文锋，2010）。第一，认识阶段。农户通过各种途径初步了解新技术，形成基本认知。该阶段农户的关注点是新技术的技术类型、操作方法和技术采纳可以带来的收益，尚未形成对该技

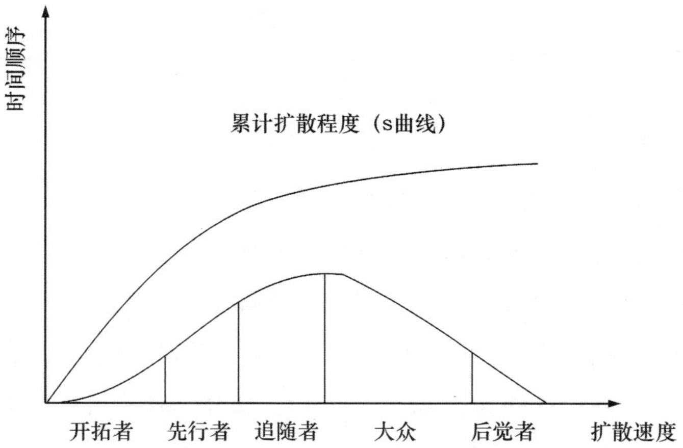


**图 2-3 创新扩散曲线**

术的详细认知，对新技术价值持怀疑态度。第二，兴趣阶段。农户了解到该技术可以解决其在农业生产中遇到的问题，对该技术产生了较强的兴趣，并通过阅读材料、咨询农技人员和向邻里打听等方式获取相关信息，以降低采纳结果的不确定性，从而形成了反对或者支持的态度。第三，评价阶段。获得新技术的详细信息后，农户会根据生产实际和风险偏好，做出采用或者拒绝的决策。第四，试用阶段。在采纳新技术前，为降低农业生产风险，农户会进行小规模试用，并在能够熟练使用新技术时，引入新技术。第五，确认阶段，即采用或放弃阶段。基于上一阶段小规模试用结果，农户做出最终决定，通常情况下，为保证风险最小化，农户会多次进行试验，以确保新技术能够达到预期收益。

技术扩散理论为本书中分析水稻病虫害防治外包服务对农户农药减量增效技术采纳的影响提供重要依据。具体而言，水稻病虫害防治外包服务主要通过以下两条路径促进农户采纳农药减量增效技术：一是水稻病虫害防治外包服务可以向处于兴趣阶段或者评价阶段，有减量增效生产意愿的农户提供减量增效技术；二是水稻病虫害防治外包服务可以向处于认识阶段或兴趣阶段，无减量增效生产意愿农户导入绿色生产要素，通过影响无减量增效生产意愿的外包服务农户的技术认知水平，改变减量增效生产意愿，并推动意愿向行为转化，促进无减量增效生产意愿外包服务农户采纳减量增效技术。

## 六、生产效率理论

1. 生产技术效率的经济学内涵

效率是经济学的重要概念，分为广义和狭义两种，狭义效率可理解为资源配置效率，是建立在资源稀缺性基础上的配置过程。广义效率则是一个相对概念，原因在于，只有通过比较才能明确哪种方式更有效率，将效率引入生产理论中，便衍生出生产效率概念（周宏等，2014；钱龙和洪名勇，2016；赵丹丹和周宏，2020；王静和赵凯，2021）。部分学者采用单要素生产率来衡量生产效率（范红忠和周启良，2014；杨宗耀等，2020；郑宏运和李谷成，2021），该衡量方式需要假定生产者处于配置最优的完全要素市场中，要求生产过程中不存在效率损失。而生产技术效率则是从投入产出角度来衡量不同要素的配置效率，主要表现为既定条件下，实际产出与最优产出之间的比值，该衡量方式允许生产过程中存在效率损失，更能体现生产实际情况（Chavas等，2005；李谷成等，2010）。基于此，本书选取生产技术效率作为生产效率的衡量方式。

已有文献分别从投入和产出两层面对生产技术效率进行界定。从投入角度看，Farrell（1957）通过引入等产量曲线分析生产技术效率的内涵，指出生产技术效率是在规模报酬不变的基本假设下，生产一定数量产品所需要最小成本和实际成本的比值，该观点认为生产技术效率＝最小成本/实际成本。从产出角度看，Leibenstein（1966）指出生产技术效率是在规模报酬递减的基本假设下，实际产出和可达到最大产出的比值，该观点认为生产技术效率＝实际产出/最大产出。可以看出，两种界定方式很相似，均通过计算实际值与最优值的比值（或比值的倒数）的方式来测算生产技术效率。值得一提的是，通常情况下，实际值可以直接获得，因此，生产技术效率测算的关键在于最优值测算。

2. 生产技术效率的测度方式

生产技术效率界定方式主要包括投入和产出的角度两种，概念界定方式的差异会导致测算方式的不同。从投入角度看，Farrell（1957）指出经济效率由技术效率和配置效率构成，技术效率指的是既定的要素投入水平下，可以获得的最大产出水平；配置效率则指的是既定的投入要素价格和相同的技术水平条件下，投入要素可达到最佳配置比例的能力，三者的关系如图 2-4 所示。

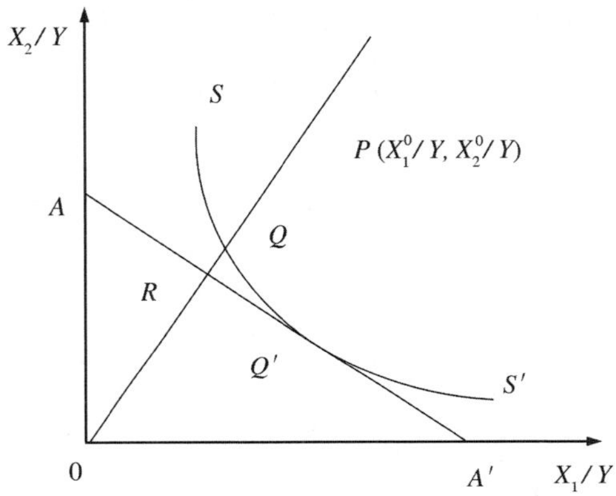


**图 2-4 投入角度的技术效率**

图 2-4 中，假设生产的投入要素为 $X_1$，$X_2$，对应的产出水平为 $Y$，等产量曲线和等成本曲线分别为 $SS'$ 和 $AA'$，等产量曲线的函数关系为 $Y=f(X_1, X_2)$，即投入的前沿生产函数，等成本曲线的斜率由要素比确定。图中 $P$、$Q$ 和 $Q'$ 分别代表非经济、技术和经济有效点，技术效率项可由等产量曲线 $SS'$ 测算所得，即 $OQ/OP$，取值范围为（0，1），而 $QP/OP$ 代表非效率项，指技术有效前提下，可节省要素投入比例，则技术效率 $TE$ 为 $OQ/OP=1-QP/OP$。此外，由图 2-4 可知，$Q$ 点技术有效但配置无效，而 $Q'$ 点技术和配置均有效，$RQ$ 表示点 $Q$ 到点 $Q'$ 的节约成本，故 $P$ 点的配置效率 $AE=OR/OQ$，总经济效率 $EE$ 为 $OR/OP$，且 $OR/OP=1-RP/OP$，而 $RP$ 表示技术和配置均有效条件下的节约成本。故 $EE=OR/OP=OQ/OP\times OR/OQ$。即总经济效率＝技术效率×配置效率。

从产出角度看，Leibenstein（1966）同样运用经济效率与技术效率和配置效率的关系进行分析，假设投入要素为 $X$，产出为 $Y_1$，$Y_2$，由图 2-5 可知，生产可能性曲线为 $ZZ'$，即产出的前沿生产函数。$OA$ 为既定要素投入下的实际产出，而 $OB$ 为最大产出。故技术效率 $TE$ 为 $OA/OB=1-AB/OB$，$AB$

为可能的产出增加量。因此，B 点的配置效率 $AE=OB/OC$；总经济效率 $EE$ 为 $OA/OC$，且 $OA/OC=1-AC/OC$。因此，$EE=OA/OC=OA/OB\times OB/OC$，即总经济效率=技术效率×配置效率。值得一提的是，以上通过投入和产出角度分析生产技术效率的方式同样适用于两种以上要素投入和产出的情况。此外，从产出角度测度生产技术效率的方式与经济增长理论密切相关，更容易被接受，所以，本书从产出角度测算稻农的农业生产技术效率。

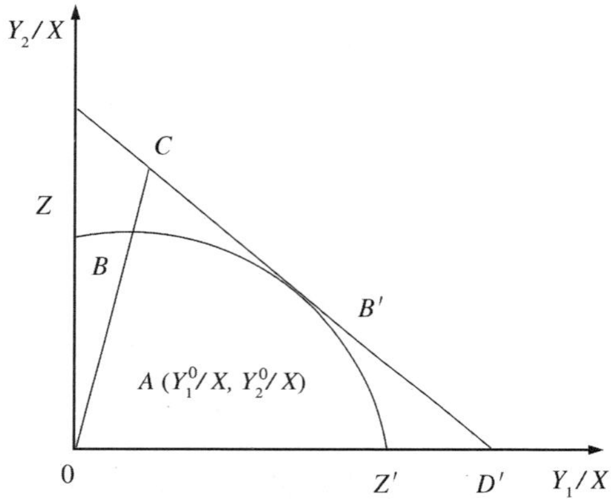


图 2-5　产出角度的技术效率

# 第三节　理论分析框架

基于上述理论梳理总结，本节试图围绕“农户禀赋—病虫害防治外包行为—影响效应”这一逻辑主线，将稻农病虫害防治外包行为的影响因素及其环境效应和经济效应等有机结合，构建本书的理论分析框架，用以统领后续章节的实证分析。首先，立足于农户禀赋差异及其风险厌恶程度，分析稻农病虫害防治外包服务的影响因素。其次，立足于稻农病虫害防治外包服务的环境效应和经济效应，探讨水稻病虫害防治外包服务对农户农药减量增效技术采纳、农户农药施用行为的影响和水稻病虫害防治外包服务对农业生产技术效率、农户家庭收入的影响，具体理论分析框架，如图 2-6 所示。

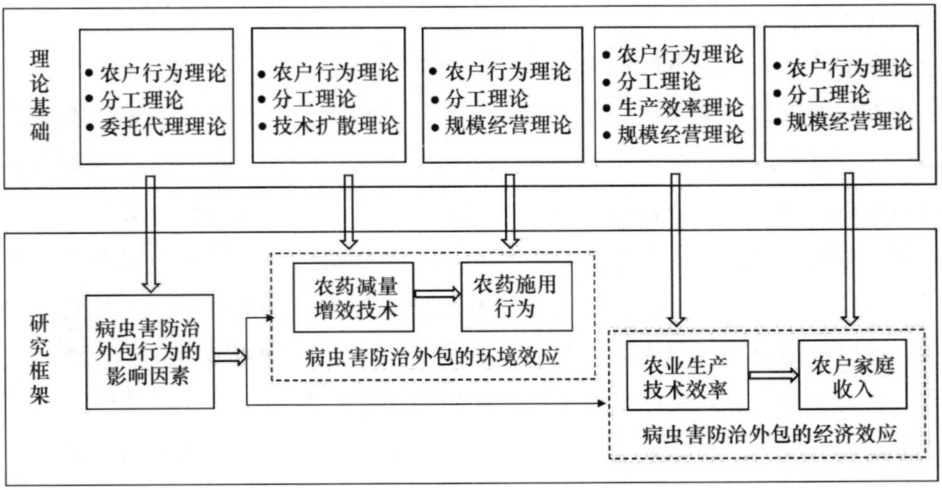


图 2-6 理论分析框架

农业劳动力的持续非农转移促进农户分化速度的不断增加，农户向多元化、异质性转变的过程加快，在此背景下，不同稻农病虫害防治外包服务决策的差异性不断凸显，因此，本书首先分析了稻农病虫害防治外包服务的影响因素。具体来看，基于农户行为理论，稻农病虫害防治外包服务是其追求家庭利润最大化的结果，是围绕土地、劳动力、资本等自身要素禀赋进行优化配置的过程，因此，稻农自身要素禀赋对其病虫害防治外包决策产生重要影响。除此之外，稻农病虫害防治外包服务是典型的委托代理问题，委托方为稻农，代理方为服务组织，双方目标均为自身收益最大化，存在明显的信息不对称和利益不一致问题，服务组织对农业生产环节的熟悉程度高，为追求收益最大化，可能会选择牺牲稻农收益，存在低质量完成病虫害防治的可能性，即稻农病虫害防治外包服务存在采纳风险，因此，稻农的病虫害防治外包服务风险厌恶程度也会对其外包决策产生重要影响。综上所述，本书围绕稻农的土地、劳动力、资本等自身要素禀赋及其水稻病虫害防治外包服务风险厌恶程度等特性，分析稻农病虫害防治外包服务的影响因素。需要指出的是，稻农病虫害防治外包服务的影响因素及不同影响因素之间的层次结构和关联关系，仍需要进行实证检验。

关于稻农病虫害防治外包行为影响因素及不同影响因素之间逻辑关系分析，主要通过本书第四章中稻农病虫害防治外包行为的影响因素分析来进行论证。

在厘清稻农病虫害防治外包服务影响因素后，本书还分析了水稻病虫害防治外包服务的环境效应，具体来看，稻农病虫害防治外包服务的重要目的之一在于规范施药行为，根据农户行为理论和分工理论，稻农生产决策为多目标决策，核心目标是自身利益最大化，外包行为是稻农综合考虑自身优势和资源禀赋后的决策，根据技术扩散理论，水稻病虫害防治外包服务不仅可以向有减量增效生产意愿的稻农提供减量增效技术，而且可以向无减量增效生产意愿的稻农导入绿色生产要素，促进农户采纳减量增效技术。此外，根据农户行为理论和规模经营理论，稻农可通过病虫害防治外包服务降低农药施用量、减少施用次数，实现农业减量化。需要指出的是，水稻病虫害防治外包服务能否促进农户采纳农药减量增效技术和可否规范农户施药行为，仍需要进行实证检验，因此，本书首先基于技术之间的关联效应分析，评估水稻病虫害防治外包服务对农户农药减量增效技术采纳的影响，其次以农药施用强度和施用频次为农药施用行为的代理变量，评估水稻病虫害防治外包服务对农户农药施用行为的影响。

关于水稻病虫害防治外包服务的环境效应分析，主要通过本书第五章和第六章中水稻病虫害防治外包服务对农户农药减量增效技术采纳和农户农药施用行为的影响来进行论证。

在识别了水稻病虫害防治外包服务的环境效应后，本书还关注了水稻病虫害防治外包服务的经济效应，具体可从效率和收入两方面展开。农业生产技术效率是水稻病虫害防治外包服务经济效应的直接体现，而农户家庭收入则是经济效应的衡量标准。从水稻病虫害防治外包服务对农业生产技术效率的影响看，根据生产效率理论和规模经营理论，水稻病虫害防治外包服务通过专业分工、要素替代和规模经营等路径，提升农业生产技术效率。除此之外，从水稻病虫害防治外包服务对农户家庭收入的影响看，根据农户行为理论和规模经营理论，与其他环节外包服务增收效应的作用路径不同，水稻病虫害防治外包服务主要通过要素替代和专业分工效应来影响农户家庭收入，而非产出效应。需要指出的是，水稻病虫害防治外包服务能否提高农业生产技术效率和可否提升农户家庭收入，仍需要进行实证检验。

关于水稻病虫害防治外包服务的经济效应分析，主要通过本书第七章和

第八章中水稻病虫害防治外包服务对农业生产技术效率和农户家庭收入的影响来进行论证。

## 本章小结

根据本书的研究目标，本章首先对病虫害防治外包、农药减量增效技术、农药施用行为、农业生产技术效率和农户家庭收入等核心概念和相关概念进行界定和辨析；然后对农户行为理论、分工理论、委托代理理论、规模经营理论、技术扩散理论和生产效率理论等理论进行梳理，并结合稻农病虫害防治外包的影响因素及其效应进行详细阐述；最后基于上述理论，围绕“农户禀赋—病虫害防治外包行为—影响效应”这一逻辑主线，将稻农病虫害防治外包、农户农药减量增效技术采纳、农户农药施用行为、农业生产技术效率和农户家庭收入等有机结合，构建本书的理论分析框架，以统领后续章节的实证分析。

# 第二章

# 病虫害防治外包发展历程与现状分析

**引言：**沿袭第二章对本书核心概念的界定与理论框架的构建，本章分别从宏观层面和微观层面梳理病虫害防治外包的发展历程和归纳调研区域内稻农病虫害防治外包的发展现状。首先，回顾病虫害防治外包的发展历程，总结农作物病虫害防治模式及病虫害防治外包的演变特征，突出水稻病虫害防治外包的重要性。其次，基于课题组在2020年9月和2020年12月对安徽省和江苏省2省4市稻农的问卷调查数据，介绍本书微观数据的详细来源，并围绕稻农的基本特征、病虫害防治外包情况、农药减量增效技术采纳情况、农药施用行为以及家庭收入情况等进行描述性统计分析，归纳当前我国病虫害防治外包的发展现状和主要特点。

# 第一节 病虫害防治外包发展历程

制度变迁存在“路径依赖”特征，一项制度进入某条路径后，会惯性地进行自我强化，并锁定在这条路径中，这种依赖关系的萌生与其所处的制度环境以及初始发展状态等因素密切相关（道格拉斯·C.诺思，2014），因此，制度的起源状态对其后期的发展与深化意义重大，制度发展趋势的深刻把握，离不开对其产生条件、所处环境以及演化过程的追溯。病虫害防治外包服务的发展历程与病虫害防治模式的演变历程息息相关，剖析农作物病虫害防治模式的演变历程，有助厘清病虫害防治外包服务的发展历程。目前，已有农作物病虫害防治模式及病虫害防治外包服务演变特征的相关研究仍较为薄弱，不利于病虫害防治外包服务发展趋势的准确把握，为此，本节围绕病虫害防治外包服务的发展历程进行分析，分阶段归纳总结农作物病虫害防治模式及病虫害防治外包服务的演变特征，以期为本书提供一个详细的现实背景和政策背景。

## 一、农村改革以前，社队病虫害防治模式

新中国成立以后，为保障农业生产合作化与集体化的顺利推动，国家逐步构建起专门的农业生产服务体系，涵盖与农业生产“全产业链”各环节相适应的经济部门。在此背景下，作为农业生产服务体系的重要构成部分，病虫害防治服务相关经济部门也在不断完善。1953 年，国家“一五”计划提出要做好病虫害防治工作，在此背景下，病虫害防治相关部门快速发展，农户病虫害防治技术需求进一步得到满足，为病虫害防治外包服务的孕育提供了基础条件（国家农委办公厅，1981a）。1962 年，中央明确指出要因地制宜推广农业生产服务相关案例，各地农业生产服务典型做法不断推陈出新，如当时的河北省邱县，已开始运用农事试验场进行病虫害防治工作，涌现出一批土专家、“虫子怕”、巧姑娘等病虫害防治能手（芦千文，2019）。这一阶段，

病虫害防治工作受我国农业农村发展环境的影响较大，尤其是1958年兴起的人民公社化运动，农作物病虫害防治工作基本由当地的人民公社承担（国家农委办公厅，1981b），因此，在这一阶段，病虫害防治服务属于社队（人民公社、生产队）病虫害防治模式阶段。

## 二、1980年前后，病虫害防治外包服务初探

1978年，我国农村土地改革大幕迅速拉开，多元的农业生产责任制逐步建立（韩俊，2008）。农业生产服务体系呈现出新的变化，尤其是1981年家庭联产承包责任制的实行，社队病虫害防治模式退出了历史舞台，分散、独立式的病虫害防治模式成为主流。当时农户生活水平尚未突破温饱线，粮食安全是农业政策的主基调，加上农业生产技术水平薄弱，农作物病虫害防治相关技术水平的提升成为农技推广工作的重中之重。1982年，国家要求恢复和健全农技推广机构，包括病虫害防治在内的农业技术机构均被纳入其中，并成立了全国农技推广总站，随后县级农技推广中心和乡级农技推广站也相继在全国散布开来，用以增强农作物病虫害防治的技术水平。1983年出台的《关于积极扶持发展植保公司的联合通知》，详细介绍农作物专业防治的组织形式与经济效益，病虫害防治服务的重要性凸显。此外，1982年和1983年的中央一号文件均强调“计划经济为主，市场调节为辅”的政策方针，鼓励发展合作组织，农户之间或与其他主体之间的联合经营逐渐发展起来，数据显示，农村个体工商户数从1981年的96.1万增加到1987年的1 034.2万[①]。这一阶段，病虫害防治服务得到发展，并成为病虫害防治外包服务的供应载体，病虫害防治外包服务进入探索孕育阶段，但此时农户家庭以农业生产为主，劳动力供应充足，加上种植面积小以及服务体系不完善等问题，农户的自我防治意愿更强，服务组织较难维持经营，大多以倒闭告终，病虫害防治外包服务的专业化优势未得到发挥（陈欢，2018）。

① 数据来源：国家统计局．中国农村统计年鉴1988[M]．北京：中国统计出版社。

## 三、1990年前后，农户自防自治模式

1990年前后，我国农技推广部门得到恢复和完善，尤其是农户生产技术最重要来源的县乡两级农技推广部门，迅速适应家庭联产承包责任制普及形成的病虫害防治服务需求变化，在农业生产实践中，不断强化提升，发展壮大起来。例如，在农作物病虫害发生期，县乡两级农技推广人员会根据病虫害发生情况，确定并向农户推广病虫害防治方案，帮助农户降低病虫害导致的农作物减产程度。1990年，我国农技推广机构已增加到近5.6万个，同时多元化的技术承包服务模式不断涌现（宋洪远，2008）。1991年，国务院发布《关于加强农业社会化服务体系建设的通知》，指出要提升农村合作经济组织、农业服务公司在农技推广服务中的重要作用，随之而来的是整地、收获等环节外包服务的加快发展，但是由于种植面积限制，农作物病虫害防治仍以由家庭内部人员完成的自防自治模式为主。

## 四、2000年至2008年，病虫害防治外包服务需求萌发

2000年以来，我国农业生产发展形势出现显著变化，以家庭联产承包经营为基础，农业生产环节服务为支撑的生产经营体系逐步形成，国家对外包服务的重视程度显著提升，病虫害防治外包服务的发展也进一步提升，此外，随着农资领域市场化改革的加快，病虫害防治外包服务的重要性也逐步凸显。与此同时，加入世贸组织后，国家出台了一系列政策推动农业劳动力向非农产业转移，非农就业人数不断提升，从2000年的31.6%增加到2007年的44.3%[①]，相应地，农业劳动力占比则呈现降低趋势，进一步催生了农户对病虫害防治外包服务的需求，但受制于病虫害防治外包服务标准化程度低、监管成本高等问题，服务效果无法保证，农户仍需要承担一定的农业生产风险（邢钰杰，2021），因此，其更倾向于自我防治的病虫害防治模式，尽管如此，

① 数据来源：国家统计局. 中国农村统计年鉴2001—2008[M]. 北京：中国统计出版社。

随着农业生产环节外包服务优势的不断凸显以及国家对农业生产环节外包服务重视程度的不断提升，病虫害防治外包服务的整体供给水平有所提升。

### 五、2008 年以来，病虫害防治外包服务快速发展

2008 年以来，我国工农城乡关系持续改善，农业生产方式转型升级加快，农业发展面临更高要求，农业生产环节外包服务对我国农民增收、农业生产和农村发展的支撑作用进一步凸显（姜长云，2012）。国家对外包服务支持力度持续加大，农业生产环节外包服务市场内部各类主体竞相发展。与此同时，农业劳动力短缺问题更加突出，留守劳动力女性化、老龄化问题严重，土地流转市场发展迅速，培育出大批规模经营户，为病虫害防治外包服务的快速发展奠定基础。此外，农户收入状况的改善提升了其对生活品质的要求，农户不愿意在酷暑环境下进行自我防治，加上农作物病虫害防治的时效性要求以及农业劳动力的大幅降低，农户家庭对病虫害防治外包服务的需求愈发强烈，各类病虫害防治外包服务供给主体竞相涌现，农业企业、合作社、家庭农场、种植大户以及农资经销商等新型农业经营主体均开始为农户提供病虫害防治外包服务。此外，21 世纪以来，我国农业生产技术水平不断提升，病虫害防治外包服务组织的供给能力持续增强，农业生产风险不断降低，农户购买意愿更加强烈，外包服务规模不断扩大，病虫害防治外包服务市场的发育程度进一步提升。

## 第二节　稻农病虫害防治外包行为调查分析

通过对我国农作物病虫害防治模式及病虫害防治外包服务演变特征的系统梳理，可以看出，随着国家对农业生产环节外包服务重视程度的不断提升及已有文献分析的不断深入，笼统的分析农户的农业生产环节外包行为，忽略品种差异性和环节异质性，不仅无法满足农业生产的现实需求，而且不利

于学术研究的深入推进，高度重视不同种植品种、不同作业环节的农业生产环节外包服务发展现状和主要特点，并进行针对性研究的必要性凸显。

水稻是我国经营面积最大、产量最高的粮食作物，提升稻谷产量对保障我国粮食安全和稳定农户收入的意义重大。安徽省和江苏省属于长江流域重要的水稻主产区，水稻的栽培历史悠久，且经营面积较大、稻谷产量均较高。水稻病虫害防治是稻谷生产过程中风险最大、技术要求最高的环节，对保证稻谷产量起至关重要的作用，当前我国水稻病虫害防治仍以人工防治为主，农药利用率和劳动生产率较低，水稻病虫害防治外包服务有助规范农户的施药行为，缓解过量施药造成的农业生态环境问题，同时，通过机械替代劳动力，可以有效降低农业劳动力投入强度。但是农业生产实践中，水稻病虫害防治环节外包服务的发展程度仍滞后于其他环节，重新审视稻农的现实需求，调整优化稻农病虫害防治外包服务的推进方式具有重要现实意义，因此，本书采用实地调研数据分析稻农病虫害防治外包服务的发展状况，归纳总结当前我国水稻病虫害防治外包服务发展的主要特点，力图把握稻农的现实需求，促进水稻病虫害防治环节外包服务的进一步发展，深入推进水稻病虫害防治外包服务市场发育程度稳步提升。

本书微观数据来源于课题组在2020年9月和2020年12月对安徽省合肥市、滁州市和江苏省宿迁市、淮安市2省4市稻农的问卷调查。调研方式为“一对一”访谈形式，根据第一章第四节所述的样本抽样方式和调研区域选择原则，共获得2省4市12县（区）24个行政村的448份有效问卷。需要指出的是，调研数据反映的均是样本区域稻农在2019年的农业生产实际情况。

## 一、稻农基本特征分析

### 1. 农业生产决策者基本特征

农业生产决策者是农户家庭生产经营的核心，农业生产决策者的人力资本水平对农户家庭的农业生产经营方式和水稻病虫害防治外包服务决策产生重要影响（应瑞瑶和徐斌，2014；Sun 等，2018；谢琳等，2020；赵培芳，2021），因此，本节主要从农业生产决策者的性别、年龄、受教育程度、外出务工情况和健康状况等角度分析农业生产决策者人力资本的基本特征。

表3-1汇报了样本农户家庭的农业生产决策者基本特征，可以看出，农业生产决策者以男性为主，占比达到77.9%，女性比例仅占22.1%；农业生产决策者年龄多位于51～64岁区间内（均包含），占比达到60.27%，此外，51岁及以上年龄的占比高达69.65%，35岁及以下年龄的占比仅为2.46%；农业生产决策者的受教育程度方面，学历水平以初中及以下的为主，占比达到86.16%；农业生产决策者的外出务工情况方面，外出务工比例较高，占比达到70.09%，值得注意的是，朋友外出务工情况与调研样本家庭的农业生产决策者外出务工情况是一致的，均呈现出较高的外出务工比例（朋友外出务工比例占比达到75%），这一结果反映了当前我国农村非农就业比例高的基本现状。农业生产决策者的健康状况方面，选择非常不健康和比较不健康的比例较低，仅占20.09%，可见，随着我国农村医疗卫生服务质量的稳步提升，农户的膳食营养供给充足，身体状况不断改善。需要指出的是，尽管目前我国农村劳动力的健康状况有所提升，但老龄化、兼业化、知识水平低等问题依旧较为严重，农户的人力资本水平仍有待进一步提升。

**表3-1　农业生产决策者的基本特征**

| 变量 | 类别 | 样本量/个 | 比例/% | 变量 | 类别 | 样本量/个 | 比例/% |
|---|---|---|---|---|---|---|---|
| 性别 | 男 | 349 | 77.9 | 外出务工情况 | 是 | 314 | 70.09 |
| | 女 | 99 | 22.1 | | 否 | 134 | 29.91 |
| 年龄 | ≤35岁 | 11 | 2.46 | 朋友外出务工情况 | 是 | 336 | 75 |
| | 36～50岁 | 125 | 27.9 | | 否 | 112 | 25 |
| | 51～64岁 | 270 | 60.27 | 健康状况 | 非常不健康 | 9 | 2.01 |
| | ≥65岁 | 42 | 9.38 | | 比较不健康 | 81 | 18.08 |
| 受教育程度 | 小学及以下 | 157 | 35.04 | | 一般 | 90 | 20.09 |
| | 初中 | 229 | 51.12 | | 比较健康 | 160 | 35.71 |
| | 高中（中专） | 56 | 12.5 | | 非常健康 | 108 | 24.11 |
| | 大学及以上 | 6 | 1.34 | | | | |

数据来源：根据调研数据整理所得。

2. 农户家庭基本特征

效用最大化目标是农户家庭资源配置的基本原则，作为农业生产基础供给单位，农户家庭具备保证农业生产、保障福利水平等多重功能，可见，农户家庭基本特征同样对其农业生产经营方式和病虫害防治外包服务产生重要影响（Stark 和 Taylor，1991；李成龙和周宏，2020）。需要指出的是，农户家庭特征并非单一成员的资源状况，而是所有家庭成员的禀赋特征，具体来看，本节主要从农户家庭的劳动力资源、社会资本、农地资源和规模化意愿等方面分析其基本特征。

**表 3-2 农户家庭基本特征**

| 变量 | 类别 | 样本量/个 | 比例/% | 变量 | 类别 | 样本量/个 | 比例/% |
|---|---|---|---|---|---|---|---|
| 劳动年龄人口/个 | ≤1 | 31 | 6.92 | 种植面积/亩 | ≤10 | 164 | 36.60 |
| | 2 | 87 | 19.42 | | >10 <50 | 111 | 24.78 |
| | 3 | 128 | 28.57 | | ≥50 | 173 | 38.62 |
| | 4 | 182 | 40.63 | 农田灌溉是否便利 | 是 | 381 | 85.04 |
| | ≥5 | 20 | 4.46 | | 否 | 67 | 14.96 |
| 家庭是否有村干部 | 是 | 76 | 16.96 | 土壤质量 | 较差 | 89 | 19.87 |
| | 否 | 372 | 83.04 | | 中等 | 240 | 53.57 |
| 家庭是否合作社社员 | 是 | 197 | 43.97 | | 较好 | 119 | 26.56 |
| | 否 | 251 | 56.03 | 水稻规模化种植意愿 | 维持现状 | 318 | 70.98 |
| 参与农业培训次数 | ≤1 | 138 | 30.80 | | 扩大种植面积 | 96 | 21.43 |
| | 2 | 101 | 22.54 | | | | |
| | 3 | 72 | 16.08 | | 逐渐减少种植面积 | 15 | 3.35 |
| | 4 | 68 | 15.18 | | | | |
| | ≥5 | 69 | 15.40 | | 不打算继续种植 | 19 | 4.24 |

数据来源：根据调研数据整理所得。

表 3-2 汇报了样本农户的家庭基本特征，农户家庭的劳动力资源方面，劳动年龄人口数小于等于 1 个的占比 6.92%，人口数等于 2 个的占比 19.42%，人口数在 3～4 个之间的占比 69.2%；人口数大于等于 5 个的占比 4.46%，可见，大部分农户家庭有 2～4 个劳动力；农户家庭的社会资本方面，包括家庭是否有村干部、家庭是否合作社社员和参与农业培训次数等层面。具体来看，有村干部的农户家庭占比 16.96%，没有村干部的农户家庭占比 83.04%；参与合作社农户家庭占比 43.97%，未参与合作社的农户家庭占比 56.03%；农户家庭参与农业培训次数小于等于 1 次的占比 30.8%，等于 2 次的占比 22.54%，等于 3 次的占比 16.07%，等于 4 次的占比 15.18%，大于等于 5 个

的占比15.4%，农户家庭参与农业培训次数分布较均匀，呈现多元化特征。

农户家庭的农地资源方面，包括种植面积、农田灌溉是否便利和土壤质量等层面。具体来看，以调研样本种植面积10亩和50亩来划分，小于等于10亩的占比36.61%，10～50亩区间内（均不包含）的占比24.78%，大于等于50亩的占比38.62%，不同规模区间的样本分布相对均匀，呈现出多类种植户协同发展的多元化格局；农户家庭的农田灌溉条件较好，选择农田灌溉便利的占比85.04%，选择不便利的仅占14.96%；农户家庭的土壤质量一般，选择土壤质量中等的占比53.57%，选择较差和较好的占比分别为19.87%和26.56%。

农户家庭的规模化意愿方面，稻农病虫害防治外包行为与农地经营规模息息相关。在对稻农病虫害防治外包行为进行调查时，本书针对农户规模化经营意愿设计了“水稻规模化种植意愿”题项。通常情况下，种植规模越大的农户家庭需要投入的劳动力更多，越愿意购买病虫害防治外包服务，以降低劳动力投入成本，然而，从样本数据看，选择维持现状的农户家庭占比高达70.98%，选择扩大种植面积的农户家庭占比仅有21.43%，可见，农户规模化种植意愿并不强烈。

## 二、稻农病虫害防治外包调查数据分析

计划行为理论从个体行为意向角度揭示了个体行为决策的产生机制和作用路径（王梅和汪文雄，2018；张占录等，2021），农户病虫害防治外包行为本质上是农户根据农业生产计划进行的决策行为，农户病虫害防治外包服务认知对其行为决策产生重要影响。因此，本节基于实地调研数据，重点分析农户病虫害防治外包服务认知及农户病虫害防治外包行为的发展现状。

水稻病虫害防治外包服务认知方面，农户与农技员/农业专家交流程度越高，获得水稻病虫害防治外包服务的信息越充分，越能理解其可能带来的经济价值。此外，邻里模仿是我国农村普遍存在的信息传递方式，稻农与亲戚/朋友交流病虫害防治外包服务的频繁程度越高，信息传递越有效，越有助提升其购买水稻病虫害防治外包服务的可能性（Isham，2002；储成兵，2015）。由图3-1可以看出，农户与农技员/农业专家交流程度并不高，选择比较多和非常

多的农户家庭占比仅为 35.05%；由图 3-2 可以看出，农户与亲戚/朋友交流水稻病虫害防治外包服务的频繁程度也不高，选择比较频繁和非常频繁的农户家庭占比仅为 44.64%，可见，水稻病虫害防治外包服务认知水平的提升仍然蕴含较大潜能。

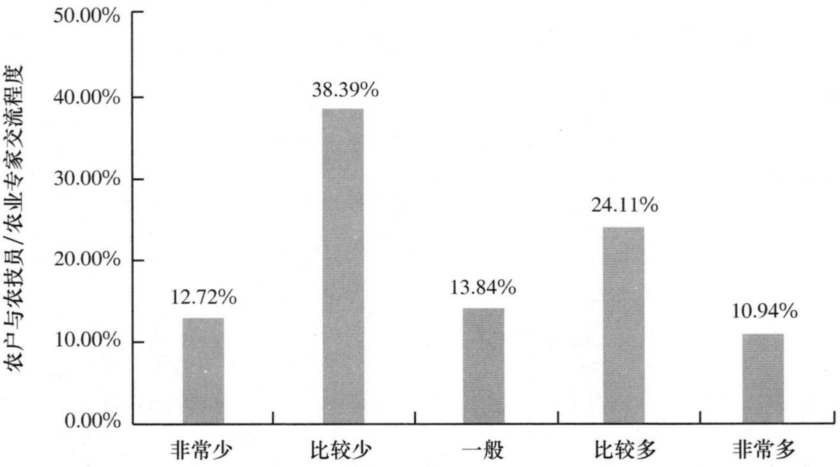


**图 3-1 农户与农技员/农业专家交流程度**

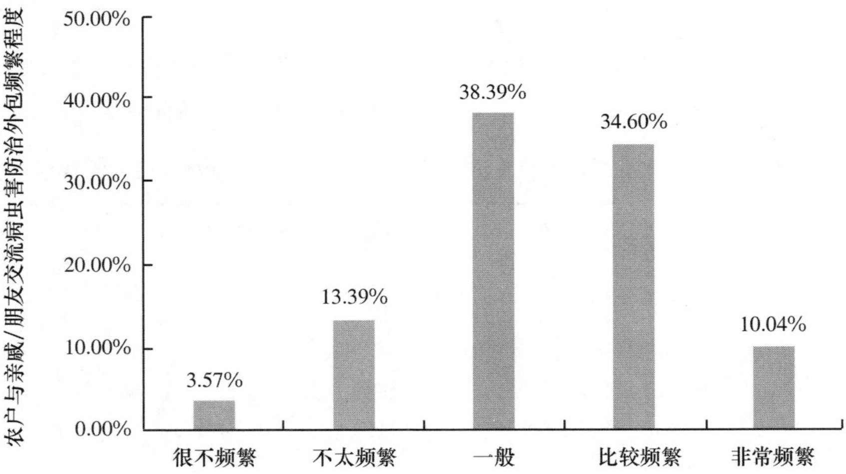


**图 3-2 农户与亲戚/朋友交流病虫害防治外包频繁程度**

病虫害防治外包行为方面，表 3-3 汇报了总样本和分地区样本农户的水稻病虫害防治外包服务购买情况。总体来看，共 160 位农户在水稻种植过程中购买了水稻病虫害防治外包服务，约占总样本的35.7%，其他288位农户未购买水稻病虫害防治外包服务，约占64.3%。从各市来看，水稻病虫害防治外包服务购买率最高的是滁州市，共有50位农户购买水稻病虫害防治外包服务，约占45.05%。水稻病虫害防治外包服务购买率最低的为淮安市，共有29位农户购买水稻病虫害防治外包服务，仅占25.44%。此外，合肥市和宿迁市的水稻病虫害防治外包服务购买率与总体样本的购买率接近，分别占比36.84%和35.78%。

**表3-3　稻农病虫害防治外包行为现状**

| 区域 | 购买病虫害防治外包的农户个数/个 | 未购买病虫害防治外包的农户个数/个 | 总样本量/个 | 外包占比/% |
|---|---|---|---|---|
| 总体 | 160 | 288 | 448 | 35.71 |
| 合肥市 | 42 | 72 | 114 | 36.84 |
| 滁州市 | 50 | 61 | 111 | 45.05 |
| 淮安市 | 29 | 85 | 114 | 25.44 |
| 宿迁市 | 39 | 70 | 109 | 35.78 |

数据来源：根据调研数据整理所得。

进一步分别基于农业生产决策者的基本特征（包括：年龄、受教育程度、外出务工情况）和农户家庭的基本特征（包括：家庭是否有村干部、家庭是否合作社社员、参与农业培训次数和种植面积）对稻农病虫害防治外包服务进行划分，对比分析不同群组稻农病虫害防治外包行为的差异，如表3-4和表3-5。

**表3-4　基于农业生产决策者基本特征划分的病虫害防治外包行为现状**

| 农业生产决策者基本特征 | 划分标准 | 样本量/个 | 样本占比/% | 购买病虫害防治外包样本量/个 | 购买病虫害防治外包占比/% |
|---|---|---|---|---|---|
| 年龄 | ≥50岁 | 327 | 72.99 | 91 | 27.83 |
| | <50 | 121 | 27.01 | 69 | 57.02 |
| 受教育程度 | 小学及以下 | 157 | 35.04 | 22 | 14.01 |
| | 初中 | 229 | 51.12 | 96 | 41.92 |
| | 高中（中专）及以上 | 62 | 13.84 | 42 | 67.74 |
| 外出务工情况 | 是 | 314 | 70.09 | 138 | 43.95 |
| | 否 | 134 | 29.91 | 22 | 16.42 |

数据来源：根据调研数据整理所得。

表 3-4 汇报了基于农业生产决策者基本特征差异的水稻病虫害防治外包服务现状。综合考虑我国农业生产实际中的老龄化问题，本书以年龄 50 岁为界，将稻农划分为两组，可以看出，农业生产决策者年龄大于等于 50 岁的稻农选择水稻病虫害防治外包服务的比例远低于小于 50 岁的稻农。可能的原因在于，一方面，年龄较高的稻农思想观念保守，更倾向于采用传统生产方式进行自防自治，对水稻病虫害防治外包服务的接受程度较低；另一方面，年龄较高的稻农外出务工可能性低，需要农业生产维持生计，在力所能及的病虫害防治环节，更愿意依靠自身力量完成（陆岐楠等，2017）。此外，文化程度为初中及以上的稻农选择病虫害防治外包服务比例较高，这一结果不难理解，这部分稻农具有一定的技能水平和文化素质，对水稻病虫害防治外包服务的了解程度和接受程度均较高，因此，选择水稻病虫害防治外包服务比例较高。此外，农业生产决策者外出务工农户家庭病虫害防治外包服务比例也高于未外出务工农户家庭，可能的原因在于，农业生产决策者外出务工的稻农家庭，从事农业生产的人口较少，较难将更多的时间和精力投入到农业生产中，因此，选择水稻病虫害防治外包服务的比例更高。

**表 3-5　基于农户家庭基本特征划分的稻农病虫害防治外包行为现状**

| 农户家庭基本特征 | 划分标准 | 样本量/个 | 样本占比/% | 购买病虫害防治外包样本量/个 | 购买病虫害防治外包占比/% |
|---|---|---|---|---|---|
| 家庭是否有村干部 | 是 | 76 | 16.96 | 43 | 56.58 |
| | 否 | 372 | 83.04 | 117 | 31.45 |
| 家庭是否合作社社员 | 是 | 197 | 43.97 | 112 | 56.85 |
| | 否 | 251 | 56.03 | 48 | 19.12 |
| 参与农业培训次数 | ≤2 次 | 239 | 53.35 | 49 | 20.50 |
| | >2 次 | 209 | 46.65 | 111 | 53.11 |
| 种植面积 | <50 亩 | 275 | 61.38 | 18 | 6.55 |
| | ≥50 亩 | 173 | 38.62 | 142 | 82.08 |

数据来源：根据调研数据整理所得。

表 3-5 汇报了基于农户家庭基本特征差异水稻病虫害防治外包现状。可以看出，有村干部的稻农家庭更愿意选择水稻病虫害防治外包服务，这一点不难理解，村干部处在农业生产的第一线，在村民中起模范带头作用，具备较

强的逻辑思维能力，更容易接受新生事物。此外，参与合作社稻农家庭更愿意选择水稻病虫害防治外包服务，一般情况下，合作社具有较强的市场谈判优势和竞争力，可以提供先进的水稻病虫害防治外包设备，降低农作物病虫害防治风险，因此，参与合作社家庭更愿意选择水稻病虫害防治外包服务。除此之外，参与农业培训次数更多的稻农选择病虫害防治外包服务比例较高，这一结果不难理解，接受农业培训更多农户家庭对水稻病虫害防治外包服务的理解更加透彻，帮助农户清楚地认识到水稻病虫害防治外包服务的必要性和好处。需要指出的是，种植面积较大的家庭更愿意选择水稻病虫害防治外包服务，这一点不难理解，农地规模是水稻病虫害防治外包服务的关键影响因素之一，水稻病虫害防治外包服务适用于规模化的农业生产方式，水稻病虫害防治外包服务带来的收益比小规模农户大得多，同时农地规模较大的农户更容易面临劳动力供给约束，也在一定程度上促进规模户对病虫害防治外包服务的采纳。

## 三、稻农农药减量增效技术采纳调查数据分析

农户农药减量增效技术采纳行为是农户家庭的计划行为决策，如前所述，根据计划行为理论，技术认知对其行为决策产生重要影响，因此，本节重点分析农户农药减量增效技术认知以及技术采纳行为发展现状，如图 3-3、图 3-4 汇报农户农药减量增效技术认知情况，图 3-5、表 3-6 汇报农户农药减量增效技术采纳行为的发展现状。

农户农药减量增效技术认知方面，与常规农业技术相比，农药减量增效技术采纳需付出更多隐形成本，例如新技术的学习操作和信息搜集等，农户对技术了解程度越高，技术采纳的边际成本就越低，采纳的可能性就越高（苗水清等，2017）。此外，农药减量增效技术具有一定的采纳风险，农户认为农药减量增效技术的采用风险越高，采纳技术的可能性就越低。为此，在对稻农病虫害防治外包行为进行调查时，本书针对技术认知设计了“农户对农药减量增效技术的了解程度”和“农户的农药减量增效技术采用风险认知”2 个题项。由图 3-3 可以看出，在“农户对农药减量增效技术的了解程度”题项中，选择比较了解和非常了解的农户家庭占比仅为 27.24%，可见，农户对

农药减量增效技术的了解程度并不高，而在题项“农户的农药减量增效技术采用风险认知”中，选择比较低和非常低的农户家庭占比仅为24.11%，可见，大部分农户认为农药减量增效技术的采用风险较高。

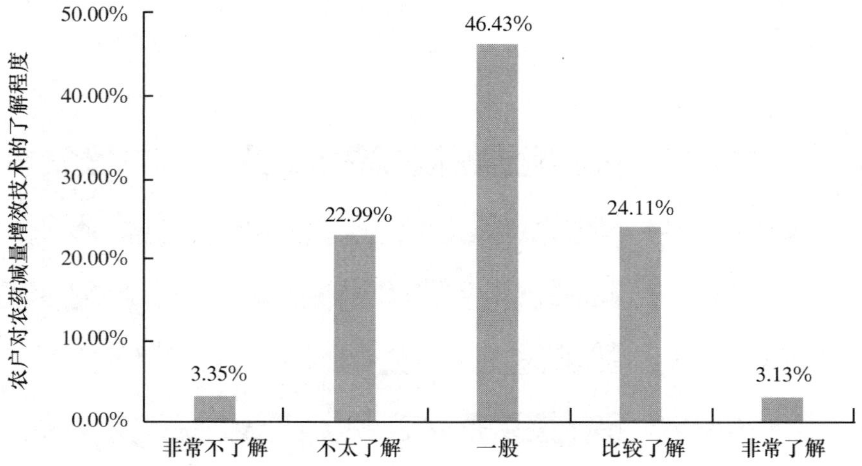


**图 3-3　农户对农药减量增效技术的了解程度**

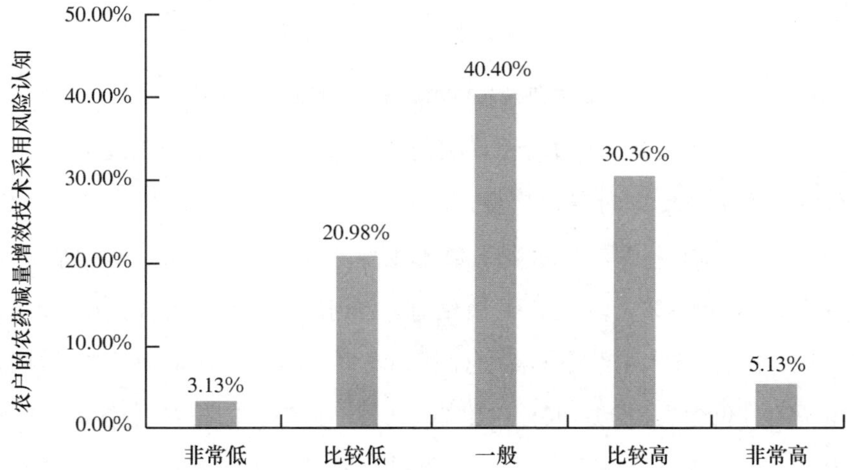


**图 3-4　农户的农药减量增效技术采用风险认知**

农户农药减量增效技术采纳行为方面，由图3-5可知，整体来看，各项农药减量增效技术的采纳比例不高，且差异性强，除了抗病虫良种技术和无公害农药施用技术以外，其他4项农药减量增效技术的采纳比例均低于30%。

具体来说：抗病虫良种技术的采纳比例较高，占比高达约 70.1%；无公害农药施用技术的采纳比例适中，占比约为 52.5%；其他 4 项农药减量增效技术的采纳比例均较低，理化诱控技术、种植诱虫植物技术、种植显花植物技术和生物防治技术 4 项技术的采纳比例依次约为 26.6%、16.7%、16.3%和 14.3%。

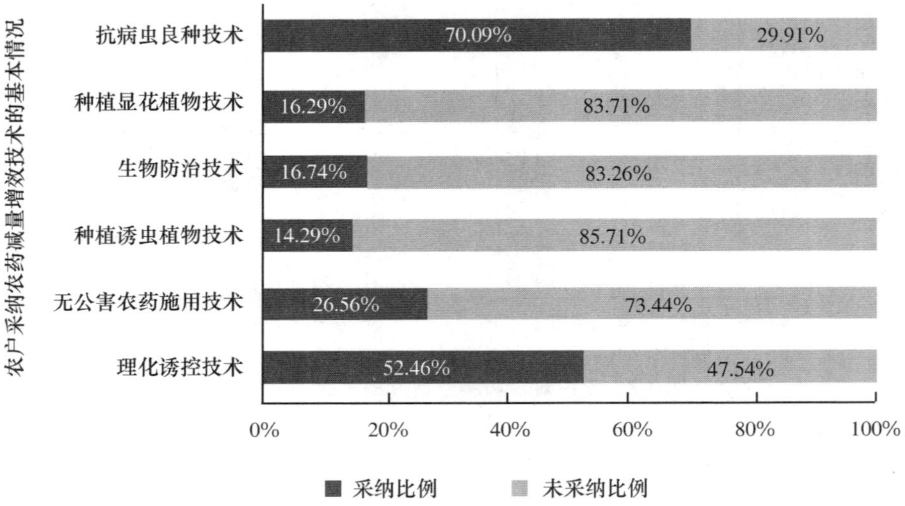


**图 3-5　农户采纳农药减量增效技术的基本情况**

除此之外，由表 3-6 可以看出，农药减量增效技术的采纳强度不高，且与农户数量基本呈现反方向变动趋势，即随着技术采纳数量增加，对应农户数量逐渐减少。具体来看，技术采纳数量主要集中在 0～2 项，包含农户 306 人，占比高达 68.3%，其中，未采纳任一项技术的农户有 73 人，占比约 16.29%，可见，技术采纳率不高。此外，农户采纳农药减量增效技术项数最多的是 1 项，包含农户 117 人，占比 26.12%，而最少的是 6 项技术，包含农户 4 人，占比仅为 0.89%，可见，随着农药减量增效技术采纳项数的提升，农户样本量分布基本呈现递减的趋势。

表 3-6 农户农药减量增效技术采纳强度的分布情况

| 技术采纳项数 | 样本量/个 | 占比/% | 技术采纳项数 | 样本量/个 | 占比/% |
|---|---|---|---|---|---|
| 0 项 | 73 | 16.29 | 4 项 | 51 | 11.39 |
| 1 项 | 117 | 26.12 | 5 项 | 21 | 4.69 |
| 2 项 | 116 | 25.89 | 6 项 | 4 | 0.89 |
| 3 项 | 66 | 14.73 | | | |

数据来源：根据调研数据整理所得。

## 四、稻农农药施用行为调查数据分析

如前所述，农业生产实践中，大部分农户并不在意农药折纯量，却对农药投入成本比较了解，此外，不同类型农药施用次数与施用剂量存在明显差异，仅采用农药施用次数代表农药施用行为的说服力不足，因此，本书选取农药投入成本和施用频次两个指标代表稻农的农药施用行为，并分别选取水稻生产过程中的亩均农药支出费用和亩均农药施用次数来表示。本节基于实地调研数据，重点分析农户的农药投入成本和施用频次状况，如图 3-6 汇报了农户农药投入成本的分布情况，表 3-7 汇报了农户农药施用频次的分布情况。

农药投入成本方面，图 3-6 汇报了总样本和分地区样本农户的农药投入成本分布情况。总体来看，农药投入成本约为 92.9 元。进一步从各市来看，农药投入成本最高的是宿迁市，农药投入成本最低的是合肥市。此外，滁州市的农药投入成本与总体样本的农药投入成本接近。

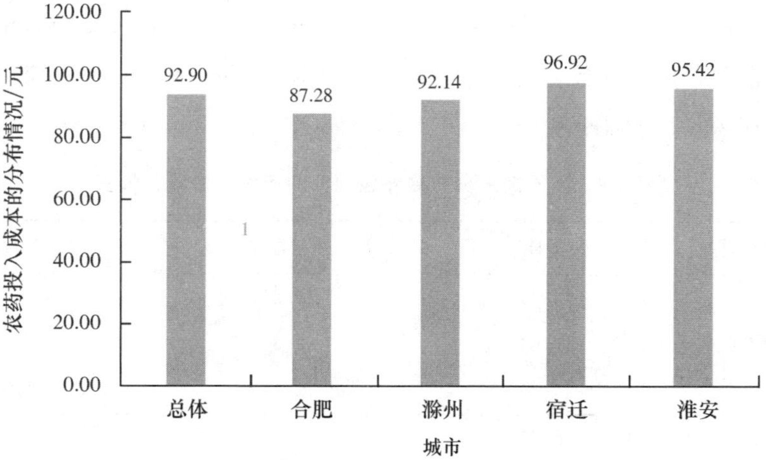


图 3-6 农药投入成本的分布情况

农药施用频次方面，由表3-7可知，样本农户的农药施用频次分布较为均匀，且主要集中在3～6次，其中，农药施用频次为3次的农户占比16.52%，农药施用频次为4次的农户占比22.99%，农药施用频次为5次的农户占比22.54%，农药施用频次为6次的农户占比19.87%。

表3-7 农药施用频次的分布情况

| 频次 | 样本量/个 | 占比/% | 频次 | 样本量/个 | 占比/% |
|---|---|---|---|---|---|
| 2次 | 9 | 2.01 | 6次 | 89 | 19.87 |
| 3次 | 74 | 16.52 | 7次 | 45 | 10.04 |
| 4次 | 103 | 22.99 | 8次 | 27 | 6.03 |
| 5次 | 101 | 22.54 | | | |

数据来源：根据调研数据整理所得。

## 五、稻农家庭收入情况调查数据分析

表3-8汇报了基于水稻病虫害防治外包划分的稻农家庭收入情况，可以看出，受访农户家庭人均纯收入均值为11 640元，家庭人均种植业净收入均值为6 011元，家庭人均纯工资性收入均值为11 430元。此外，购买水稻病虫害防治外包服务的样本农户的家庭收入（家庭人均纯收入、家庭人均种植业净收入、家庭人均纯工资性收入）均高于全部样本，而购买水稻病虫害防治外包服务的样本农户的家庭收入均低于全部样本，可以初步判断水稻病虫害防治外包服务有助提升稻农家庭收入，但是还不能说明收入差距是由水稻病虫害防治外包服务导致，要论证水稻病虫害防治外包服务对农户家庭收入的影响，还需进行实证分析。

表3-8 基于病虫害防治外包划分的稻农家庭收入情况 千元/人均＊年

| 变量名称 | 全部样本 | 外包样本 | 未外包样本 |
|---|---|---|---|
| 纯收入 | 11.64 | 16.25 | 9.08 |
| 种植业净收入 | 6.01 | 8.51 | 4.62 |
| 纯工资性收入 | 11.43 | 13.32 | 10.38 |

数据来源：根据调研数据整理所得。

## 本章小结

本章对新中国成立以来我国病虫害防治外包发展历程进行梳理，并在此基础上，结合课题组在 2020 年对安徽省和江苏省 2 省 4 市稻农的调研数据，从不同维度剖析病虫害防治外包行为特征，得到如下结论：我国病虫害防治外包发展受政府引导影响大，从社队病虫害防治模式阶段、病虫害防治外包服务初探阶段到农户自防自治模式阶段、病虫害防治外包需求萌发阶段，再到病虫害防治外包快速发展阶段，病虫害防治外包的市场化程度逐步提升，病虫害防治外包的作用也由初期的效率导向逐步向推进实现农业现代化转变。

# 第四章

# 稻农病虫害防治外包行为的影响因素分析

**引言：**病虫害防治是水稻生长过程中的关键环节，提升水稻病虫害防治水平对保障粮食安全和农户家庭收入具有重要意义。第三章介绍了我国病虫害防治外包的发展历程和发展现状，本章重点分析稻农病虫害防治外包行为的影响因素，并在此基础上，探究不同影响因素之间的逻辑关系。具体来看，本章在构建了稻农病虫害防治外包行为影响因素理论分析框架的基础上，运用二元Probit模型分析稻农病虫害防治外包行为的影响因素，并进一步采用ISM方法，探究不同因素之间的层次结构以及关联关系，以期为进一步推动水稻病虫害防治外包发展提供理论支撑和政策依据。

# 第一节 研究背景与文献综述

长期以来，我国农业生产中农药过量施用的问题普遍存在，给城乡居民身体健康和农业生态环境发展造成严重威胁。同时，随着工业化城镇化的深入推进，农业剩余劳动力数量逐渐减少，且“弱质性”特征明显。当前我国水稻病虫害防治依旧以人工防治为主，技术要求和劳动强度要求较高，但农药利用率和劳动生产率却较低（徐斌，2013；Benin，2014）。水稻病虫害防治外包服务组织能为农户提供及时有效的病虫害信息和防治技术指导，引导农户科学、规范、安全施用农药，缓解过量施药造成的环境问题。同时，水稻病虫害防治外包服务可以通过机械替代劳动力的方式，有效降低农业劳动力投入强度，缓解农业劳动力数量少、质量差等问题（Igata 等，2008；Zhang 等，2017）。但农业生产实践中，水稻病虫害防治环节外包服务的发展程度仍滞后于其他环节，重新审视稻农的现实需求，调整优化水稻病虫害防治外包服务推进方式的必要性凸显。那么，究竟哪些因素影响稻农病虫害防治外包行为？不同影响因素之间层级关系如何？这些问题的回答对推进我国水稻病虫害防治外包服务的进一步发展具有重要意义。

通过梳理病虫害防治外包行为影响因素相关研究，可以看出，已有文献为本书提供丰富经验借鉴，但仍存在有待完善之处。首先，从关注焦点看，缺乏病虫害防治外包行为影响因素的针对性研究。农业生产环节外包行为影响因素的相关研究较多，但未充分考虑环节异质性，仅笼统的将病虫害防治划分到技术密集型环节进行分析。其次，从研究方法看，缺乏不同因素间层级结构的考察，现有文献多运用二元 Probit/Logit 模型对水稻病虫害防治外包服务的影响因素进行分析，忽视了各因素间的层次关系。基于此，本书利用 2020 年 9 月和 2020 年 12 月对安徽省和江苏省 2 省稻农开展的实地调查数据，在构建稻农病虫害防治外包行为影响因素的理论分析框架基础上，运用二元 Probit 模型对稻农病虫害防治外包行为的影响因素进行，并以此为基础采用结构解释模型（ISM）进一步分析各因素间的层次结构和关联关系，以期为深入推进水稻病虫害防治外包服务市场发育程度稳步提升相关政策的制定提供参考。

## 第二节　理论逻辑

技术进步加深了农业生产环节的可分离程度，使得农户可将部分环节外包给服务组织（谢琳等，2020），农户将技术改进后的环节外包给服务组织过程与农户新技术采纳行为是类似的，因此，本书借鉴已有研究成果（郑旭媛等，2018；赵培芳，2021），综合考虑农业生产要素市场不成熟发育状况，采用 Just 和 Zilberman（2006）以及 Mohamed 等（2013）提出的农业技术选择行为的理论分析框架，构建基于土地、劳动力和资本等多要素约束条件下的稻农病虫害防治外包选择行为的理论分析框架。

该框架的构建需要假设稻农处在不完全要素市场，土地、劳动力和资本等要素不能完全流动，稻农的病虫害防治外包决策完全取决于其初始家庭禀赋。此外，假设稻农在病虫害防治环节同时采取自行防治和外包防治 2 种病虫害防治形式，这样假设的原因在于：一是稻农规避风险特性的考虑；二是基于农户家庭可通过水稻病虫害防治外包服务提高水稻产量和释放劳动力，进而提升生产边界的基本追求。

假设农户可配置于水稻种植的规模为 $A$ 亩，其中，$A_0$ 亩自行防治，$A_1$ 亩外包防治，且 $A_0+A_1=A$。农户可配置于水稻种植的总劳动力为 $L$，其中，自行防治亩均劳动力 $l_0$，外包防治亩均劳动力 $l_1$，且 $l_0A_0+l_1A_1\leqslant L$。农户可配置于水稻种植的总资本为 $K$，其中，自行防治亩均资本使用量 $k_0$，外包防治亩均资本使用量 $k_1$，且 $k_0A_0+k_1A_1\leqslant K$。自行防治和外包防治的亩均利润分别为：

$$\tilde{\pi}_0=\pi_0+\gamma_0,\ E(\tilde{\pi}_0)=\pi_0,\ V(\tilde{\pi}_0)=\tau_0^2 \tag{4-1}$$

$$\tilde{\pi}_1=\pi_1+\gamma_1,\ E(\tilde{\pi}_1)=\pi_1,\ V(\tilde{\pi}_1)=\tau_1^2 \tag{4-2}$$

式（4-1）和式（4-2）中，$\tilde{\pi}_0$ 和 $\tilde{\pi}_1$ 分别为自行防治和外包防治条件下的亩均利润，$\gamma_0$ 和 $\gamma_1$ 则分别为对应的随机干扰项；$E$（·）为期望值函数，$\pi_0$

和 $\pi_1$ 分别为 $\tilde{\pi}_0$ 和 $\tilde{\pi}_1$ 对应的期望值，$V$（·）为方差值函数，$\tau_0^2$ 和 $\tau_1^2$ 分别为 $\tilde{\pi}_0$ 和 $\tilde{\pi}_1$ 对应的方差值。

假设稻农的绝对风险厌恶指数为 $\varnothing$，则农户自行防治 $A_0$ 亩水稻和外包防治 $A_1$ 亩水稻联合决策下的利润函数及约束条件为：

$$EU = E(\tilde{\pi}_0 A_0 + \tilde{\pi}_1 A_1) - \frac{1}{2}\varnothing V(\tilde{\pi}_0 A_0 + \tilde{\pi}_1 A_1) \tag{4-3}$$

$$\text{s.t.} \quad l_0 A_0 + l_1 A_1 \leqslant L \tag{4-4}$$

$$k_0 A_0 + k_1 A_1 \leqslant K \tag{4-5}$$

式（4-3）为联合决策下的利润函数，式（4-4）、式（4-5）式约束条件，为求稻农在既定风险厌恶程度和要素约束下的利润最大化条件，需构造拉氏函数：

$$\begin{aligned} L &= E(\tilde{\pi}_0 A_0 + \tilde{\pi}_1 A_1) - \frac{1}{2}\varnothing V(\tilde{\pi}_0 A_0 + \tilde{\pi}_1 A_1) \\ &\quad - \lambda_1(l_0 A_0 + l_1 A_1 - L) - \lambda_2(k_0 A_0 + k_1 A_1 - K) \\ &= \pi_0 A_0 + \pi_1 A_1 - \frac{1}{2}\varnothing V(A_0^2\tau_0^2 + A_1^2\tau_1^2 + 2A_0 A_1 \rho\tau_0\tau_1) \\ &\quad - \lambda_1(l_0 A_0 + l_1 A_1 - L) - \lambda_2(k_0 A_0 + k_1 A_1 - K) \end{aligned} \tag{4-6}$$

式（4-6）中，$L$ 为拉氏函数的函数形式，$\lambda_1$ 和 $\lambda_2$ 分别为稻农进行病虫害防治外包决策过程中的劳动力约束与资本约束，可知，$\lambda_1$ 和 $\lambda_2$ 的值越大，稻农面临的要素约束就越大。将 $A_0 = A - A_1$ 带入式（4-6），并对 $A_1$ 求偏导，可得：

$$\begin{aligned} \frac{\partial L}{\partial A_1} &= -\frac{1}{2}\varnothing[-2(A - A_1)\tau_0^2 + 2A_1\tau_1^2 + 2A\rho\tau_0\tau_1 - 4A_1\rho\tau_0\tau_1] \\ &\quad - \pi_0 + \pi_1 - \lambda_1(l_1 - l_0) - \lambda_2(k_1 - k_0) \end{aligned} \tag{4-7}$$

另 $\partial L / \partial A_1 = 0$，求解 $A_1$，可得

$$A_1 = \frac{\frac{1}{\varnothing}[\pi_1 - \pi_0] + \frac{1}{\varnothing}[\lambda_1(l_0 - l_1) + \lambda_2(k_0 - k_1)] + A\tau_0(\tau_0 - \rho\tau_1)}{\tau_0^2 + \tau_1^2 - 2\rho\tau_0\tau_1} \tag{4-8}$$

式（4-8）中，自行防治和外包防治可获利润的相关系数 $\rho < 0$，原因在

于，稻农购买水稻病虫害防治外包服务的目的之一是提升农业生产技术效率。此外，由式（4-8）可以推断，稻农病虫害防治外包决策的影响因素可以划分为两个方面：一方面，土地、劳动力和资本等初始禀赋约束和农户的风险厌恶程度。这些影响因素与水稻病虫害防治外包决策的关系为：$\partial A_1/\partial A>0$，$\partial A_1/\partial \lambda_1>0$，$\partial A_1/\partial \lambda_2>0$，$\partial A_1/\partial \varnothing<0$；另一方面，水稻病虫害防治外包服务自身特征及其对土地、劳动力和资本等要素的需求，这些影响因素与水稻病虫害防治外包决策的关系为：$\partial A_1/\partial \tau_1^2<0$，$\partial A_1/\partial l_1<0$，$\partial A_1/\partial k_1<0$。综上可知，要素禀赋差异性及风险厌恶程度异质性是影响农户病虫害防治外包决策的重要原因，因此，基于农户的土地、劳动力、资本等要素禀赋和水稻病虫害防治外包服务风险厌恶程度等特征，本书将水稻病虫害防治外包决策影响因素划分为村级特征、个人特征、家庭特征、土地特征和水稻病虫害防治外包特征5类13个变量。

## 第三节　模型构建与变量选择

### 一、模型构建

1. 病虫害防治外包的影响因素分析：二元 Probit 模型

稻农病虫害防治外包是一个二值选择变量，为研究水稻病虫害防治外包的影响因素，需要建立二元 Probit 模型如下：

$$P=F(y=1\mid X)=\frac{e^y}{1+e^y} \tag{4-9}$$

$$y_i=b_0+b_1x_1+b_2x_2+\cdots b_nx_n+\varepsilon_i \tag{4-10}$$

式（4-9）和式（4-10）中，$y_i$ 表示稻农病虫害防治外包决策，$i$ 为第 $i$ 个农户，$y_i=1$ 时，表示购买水稻病虫害防治外包服务，$y_i=0$ 时，表示未购买水稻病虫害防治外包服务，$P$ 表示购买水稻病虫害防治外包服务的概率，$x_i$（$i=1, 2, \cdots, n$）表示购买水稻病虫害防治外包服务的影响因素，包括村级特征、个人特征、家庭特征、土地特征和水稻病虫害防治外包服务特征5

类因素，$b_i$（$i=0$，1，2，…，$n$）为对应的待估参数。

2. 病虫害防治外包服务影响因素的层级结构分析：结构解释模型

二元 Probit 模型分析了稻农病虫害防治外包服务的影响因素，然而稻农病虫害防治外包服务的影响因素之间并不是完全独立的，而是相互影响的，因此，本章运用结构解释（ISM）模型进一步分析稻农病虫害防治外包服务影响因素之间的层级结构和相互作用关系，探究影响稻农病虫害防治外包服务的直接因素、中间因素以及最根本因素（周利平等，2013；吴雪莲等，2017）。结构解释（ISM）模型由 Warfield（1976）率先提出，该模型的分析流程共包括五步：一是构造因素之间的逻辑关系，二是创建因素之间的邻接矩阵 $\boldsymbol{U}$，三是建立因素之间的可达矩阵 $O$，四是确定因素之间的层级结构，五是构建解释结构模型。具体来看：

第一，根据二元 Probit 模型回归结果，明确影响稻农病虫害防治外包服务决策 $S_0$ 的 $k$ 个影响因素，令 $S_i$（$i=0$，1，2，…，$k$）代表影响稻农购买水稻病虫害防治外包服务的影响因素，构造影响因素之间的逻辑关系。

第二，根据因素之间的逻辑关系，创建邻接矩阵 $\boldsymbol{U}$，矩阵 $\boldsymbol{U}$ 中元素用 $u_{ij}$ 表示，并假定若因素之间存在直接关系，令 $u_{ij}=1$，若因素之间存在无直接关系，则令 $u_{ij}=0$，如式（4-11）所示。

$$u_{ij}=\begin{cases}1 & S_i \text{ 对} S_j \text{ 有直接影响关系} \\ 0 & S_i \text{ 对} S_j \text{ 无直接影响关系}\end{cases} \tag{4-11}$$

第三，根据邻接矩阵 $\boldsymbol{U}$ 和式（4-12），运用 Matlab 软件，采用布尔运算法则，求得关于单位矩阵 $\boldsymbol{I}$ 和对称矩阵 $\boldsymbol{A}$ 的可达矩阵 $\boldsymbol{O}$。

$$\boldsymbol{O}=(A+I)^{n+1}=(A+I)^{n}\neq\cdots\neq(A+I)^{2}\neq(A+1) \tag{4-12}$$

第四，根据邻接矩阵 $\boldsymbol{U}$ 和可达矩阵 $\boldsymbol{O}$，确定因素之间的层级结构。首先，运用式（4-13）求解出一个具有多级层级结构的第一层要素的集合 $L_1$。

$$L_1=\{S_i \mid P(S_i)\cap R(S_i)=P(S_i);\ i=0,1,2,\cdots,k\} \tag{4-13}$$

（4-13）式中，$P$（$S_i$）和 $R$（$S_i$）为可达集和先行集，由可达矩阵 $\boldsymbol{O}$ 的内部元素构成，具体来看，分别由可达矩阵 $\boldsymbol{O}$ 中 $S_i$ 行和 $S_i$ 列中所有矩阵元素为 1 的列和行对应要素组成，如式（4-14）所示。

$$P(S_i)=\{S_j \mid o_{ij}=1\}\text{，}R(S_i)=\{S_j \mid o_{ji}=1\} \tag{4-14}$$

值得一提的是，剩余层级求解需建立在 $L_1$ 的基础上，通过删除 $L_1$ 中因素对应的行与列，再运用式（4-13）和式（4-14）进行运算，可求得第二层要素的集合 $L_2$。以此类推，即可求得，影响水稻病虫害防治外包决策各因素的层级结构。

第五，根据影响因素之间的层级结构，可以求得，水稻病虫害防治外包决策行为影响因素的解释结构模型图。

## 二、数据来源

本书数据来源于课题组在 2020 年 9 月和 2020 年 12 月对安徽省合肥市、滁州市和江苏省宿迁市、淮安市 2 省 4 市稻农的问卷调查。调研方式为“一对一”访谈形式，调研设计及基本的样本分布等情况详见第三章第二节，这里不再赘述。

## 三、变量选择

第一，被解释变量。本书被解释变量为病虫害防治外包决策，该变量是一个二元选择变量，借鉴已有研究成果（Sun 等，2018；杨志海，2019；Baiyegunhi 等，2019），本书将其界定为：2019 年，若受访农户在水稻种植过程中购买病虫害防治外包服务，赋值为 1，归为处理组；若未购买病虫害防治外包服务，赋值为 0，归为对照组。

第二，解释变量。根据已有研究成果（应瑞瑶和徐斌，2014；储成兵，2015；陈欢等，2018；Sun 等，2018；张利国和吴芝花，2019；刘家成等，2019；Baiyegunhi 等，2019；李成龙和周宏，2020；谢琳等，2020），本书将影响水稻病虫害防治外包决策的因素划分为村级特征、个人特征、家庭特征、土地特征和水稻病虫害防治外包特征 5 类 13 个变量。具体来看，其一，村级特征变量，包括村庄距县城距离和耕地便利性 2 个变量；其二，受访农户个体特征变量，包括年龄和受教育程度 2 个变量；其三，受访农户家庭特征变量，包括非农就业人口比例、受灾情况和农业机械 3 个变量；其四，土地特征变量，包括地块质量和人均水稻经营面积 2 个变量；其五，水稻病虫害防治外包特征变量，包括邻里关系、水稻病虫害防治外包交流频繁程度、水稻病虫害防治外包风险认知和本村水稻病虫害防治外包服务供给 4 个变量。

## 四、描述性统计分析

表 4-1 汇报了本书实证部分所使用变量的变量名称、变量定义和各变量的描述性统计数据。可知，共 160 位受访农户在水稻种植过程中购买水稻病虫害防治外包服务，约占总样本的 35.7%，其他 288 位受访农户未购买水稻病虫害防治外包服务，约占 64.3%；受访农户所在村的耕地便利程度较高，共 403 位受访农户所在村有机耕路，约占总样本的 89.7%，其他 45 位受访农户所在村无机耕路，约占 10.3%；受访农户实际年龄的均值为 54.21 岁；受访农户受教育年限的均值为 7.156 年；受访农户家庭拥有农用机车（拖拉机/三轮车/收割机等）的均值较高，共 412 位受访农户家庭拥有农用机车，约占总样本的 91.7%，其他 36 位受访农户家庭没有农用机车，约占 8.3%；共 222 位受访者所在村内有水稻病虫害防治外包服务供给方，约占总样本的 49.6%，其他 226 位受访者所在村内没有水稻病虫害防治外包服务供给方，约占 50.4%。

**表 4-1 变量定义及描述性统计**

| 变量名称 | 变量定义 | 均值 | 标准差 |
|---|---|---|---|
| 被解释变量 | | | |
| 病虫害防治外包决策 | 水稻种植过程中，是否购买病虫害防治外包服务：是＝1；否＝0 | 0.357 | 0.480 |
| 解释变量 | | | |
| 村级特征变量 | | | |
| 村庄距县城距离 | 村庄距离县城（市/区）的实际距离（公里） | 19.95 | 10.40 |
| 耕地便利性 | 本村有无机耕路：有＝1；无＝0 | 0.897 | 0.304 |
| 个体特征变量 | | | |
| 年龄 | 实际年龄（周岁） | 54.21 | 8.527 |
| 受教育程度 | 受教育年限（年） | 7.156 | 2.708 |
| 家庭特征变量 | | | |
| 非农就业人口比例 | 劳动年龄中非农就业人口占比 | 0.615 | 0.278 |
| 受灾情况 | 2018 年，水稻生产是否受灾：是＝1；否＝0 | 0.386 | 0.487 |

续表 4-1

| 变量名称 | 变量定义 | 均值 | 标准差 |
|---|---|---|---|
| 农业机械 | 是否拥有农用机车（拖拉机/三轮车/收割机等）：是＝1；否＝0 | 0.917 | 0.276 |
| 土地特征变量 | | | |
| 地块质量 | 地块是否坡地/洼地：是＝1；否＝0 | 0.411 | 0.493 |
| 人均水稻经营面积 | 家庭人均水稻经营面积（亩/人） | 11.40 | 10.15 |
| 外包特征变量 | | | |
| 邻里关系 | 对亲友邻居的信任程度：很不信任＝1；不太信任＝2；一般＝3；比较信任＝4；非常信任＝5 | 4.132 | 0.722 |
| 病虫害防治外包交流频繁程度 | 和亲戚/朋友交流病虫害防治外包的频繁程度：很不频繁＝1；不太频繁＝2；一般＝3；比较频繁＝4；非常频繁＝5 | 3.442 | 0.935 |
| 病虫害防治外包风险认知 | 您认为购买病虫害防治外包服务会导致当季水稻产量减少吗：是＝1；否＝0 | 0.527 | 0.500 |
| 本村病虫害防治外包服务供给 | 本村是否有水稻病虫害防治外包服务供给方：是＝1；否＝0 | 0.496 | 0.501 |

数据来源：根据调研数据整理所得。

# 第四节　实证检验与结果分析

## 一、病虫害防治外包行为的影响因素分析

表 4-2 汇报了稻农病虫害防治外包行为影响因素的二元 Probit 模型估计结果。其中，第 2 列和第 3 列为各影响因素的估计系数和标准误，第 4 列为各影响因素估计结果对应的边际效应。需要指出的是，本书主要关注水稻病虫害防治外包决策行为的影响因素，而非影响因素的边际效应，因此，本节重点分析第 2 列的回归结果。

第一，村级特征方面。村庄距县城距离对水稻病虫害防治外包服务产生显著的正向影响。这一结果不难理解，相对于居住在县城附近稻农而言，距县城

远的稻农在县城获得非农就业机会的可能性较小，因此，其可能更倾向于外出务工，购买水稻病虫害防治外包服务的可能性也更高（Deng 等，2019）。

**表 4-2　病虫害防治外包行为的影响因素分析**

| 变量 | 估计系数 | 标准误 | 边际效应 |
|---|---|---|---|
| 村庄距县城距离 | 0.070*** | 0.019 | 0.003*** |
| 耕地便利性 | 0.195 | 0.591 | 0.009 |
| 年龄 | −0.043** | 0.020 | −0.002** |
| 受教育程度 | −0.043 | 0.059 | 0.002 |
| 非农就业人口比例 | 4.381*** | 0.718 | 0.211*** |
| 受灾情况 | 0.933*** | 0.351 | 0.045*** |
| 农业机械 | 0.607 | 0.444 | 0.029 |
| 地块质量 | −1.113*** | 0.310 | −0.053*** |
| 人均水稻经营面积 | 0.178*** | 0.025 | 0.009*** |
| 邻里关系 | 0.560** | 0.223 | 0.027*** |
| 病虫害防治外包交流频繁程度 | 0.743*** | 0.170 | 0.036*** |
| 病虫害防治外包风险认知 | −0.240 | 0.382 | 0.012 |
| 本村病虫害防治外包服务供给 | 2.399*** | 0.411 | 0.115*** |
| 常数 | −11.095*** | 2.111 | — |

注：*、**、***分别表示在10%、5%、1%的显著水平。

第二，个体特征方面。年龄对水稻病虫害防治外包行为产生显著的负向影响。可能的原因在于，一方面，年龄较高的稻农思想观念保守，更倾向于采用传统农业生产方式进行自防自治，对水稻病虫害防治外包服务的接受程度较低；另一方面，年龄较高的稻农外出务工可能性低，需要农业生产维持生计，在力所能及的病虫害防治环节，更愿意依靠自身力量完成（陆岐楠等，2017）。

第三，家庭特征方面。非农就业人口比例对水稻病虫害防治外包行为产生显著的正向影响。一般情况下，非农就业人口比例高的稻农家庭，从事农业生产的人口较少，较难将更多的时间和精力投入到农业生产中，自我防治的机会成本较高，因此，购买水稻病虫害防治外包服务的意愿更强（蔡荣和蔡书凯，2014）。受灾情况对病虫害防治外包行为产生显著的正向影响，表明上一年度水稻生产受灾提升了稻农购买水稻病虫害防治外包服务的意愿。可能的原因是，上一年度水稻受灾会影响稻谷产量，进而给稻农家庭造成经济损失，为降低本年度水稻生产的经营风险，保障本年度稻谷产量，稻农会更倾向于购买水稻病虫害防治外包服务（陈欢等，2018）。

第四，土地特征方面。地块质量对水稻病虫害防治外包行为产生显著的负向影响，表明坡地/洼地会降低稻农购买水稻病虫害防治外包服务的可能性。可能的原因是，存在坡地/洼地的地块较难进行统一作业，水稻病虫害防治外包服务的可行性低，稻农购买水稻病虫害防治外包服务的概率也会降低。人均水稻经营面积对病虫害防治外包行为产生显著的正向影响。水稻病虫害防治外包服务的重要作用之一是释放劳动力，通常情况下，人均水稻经营面积越大的稻农家庭需要投入的劳动力越多，越愿意购买水稻病虫害防治外包服务，以降低劳动力投入成本（孙顶强等，2019）。

第五，病虫害防治外包特征方面。邻里关系对水稻病虫害防治外包行为产生显著的正向影响，表明农户对亲友邻居信任程度越高，社会资本存量水平越强，越愿意购买水稻病虫害防治外包服务。邻里相互模仿是我国农村普遍存在的信息传递方式，稻农生产决策与亲友邻居农业生产决策是相互影响的，稻农对亲友邻居的信任程度越高，信息传递越高效，有助提升其购买水稻病虫害防治外包服务的可能性（Isham，2002）。水稻病虫害防治外包服务交流频繁程度对水稻病虫害防治外包行为产生显著的正向影响。这一结果不难理解，稻农病虫害防治外包服务的交流频繁程度越高，对水稻病虫害防治外包服务了解程度越深，获得水稻病虫害防治外包服务相关信息越充分，越能理解水稻病虫害防治外包服务可能带来的经济价值，因此，更愿意购买水稻病虫害防治外包服务。本村是否有水稻病虫害防治外包服务的供给方对水稻病虫害防治外包行为产生显著的正向影响，这一结果不难理解，相对于所在村落没有水稻病虫害防治外包服务供给方的稻农，存在水稻病虫害防治外包服务供给方的稻农购买病虫害外包的可能性更大。

## 二、病虫害防治外包行为影响因素的层级结构分析

为进一步分析稻农病虫害防治外包行为影响因素的层级结构和相互作用关系，本书继续采用结构解释（ISM）模型进行分析，探究水稻病虫害防治外包行为的深层次影响因素、中间层次影响因素和直接影响因素。首先，根

据 delphi 法构建不同影响因素之间逻辑关系的邻接矩阵 $\boldsymbol{U}_{ij}$，如下所示，其中，$S_0$ 代表水稻病虫害防治外包行为，$S_1$、$S_2$、$S_3$、$S_4$、$S_5$、$S_6$、$S_7$、$S_8$ 和 $S_9$ 分别代表年龄、非农就业人口比例、人均水稻经营面积、邻里关系、水稻病虫害防治外包交流频繁程度、本村水稻病虫害防治外包服务供给、村庄距县城距离、受灾情况和地块质量等影响因素。其次，运用 Matlab 软件，根据布尔代数运算法则，计算不同影响因素之间逻辑关系的可达矩阵 $\boldsymbol{O}_{ij}$，如下所示。

$$
\boldsymbol{U}_{ij} = \begin{array}{c} \\ S_0 \\ S_1 \\ S_2 \\ S_3 \\ S_4 \\ S_5 \\ S_6 \\ S_7 \\ S_8 \\ S_9 \end{array}
\begin{bmatrix}
S_0 & S_1 & S_2 & S_3 & S_4 & S_5 & S_6 & S_7 & S_8 & S_9 \\
0 & 0 & 0 & 0 & 0 & 0 & 0 & 0 & 0 & 0 \\
1 & 0 & 1 & 1 & 0 & 1 & 0 & 0 & 0 & 0 \\
1 & 0 & 0 & 1 & 0 & 0 & 0 & 0 & 0 & 0 \\
1 & 0 & 0 & 0 & 0 & 0 & 0 & 0 & 0 & 0 \\
1 & 0 & 1 & 0 & 0 & 0 & 0 & 0 & 0 & 0 \\
1 & 0 & 0 & 0 & 0 & 0 & 0 & 0 & 0 & 0 \\
1 & 0 & 0 & 0 & 0 & 0 & 0 & 0 & 0 & 0 \\
1 & 0 & 1 & 0 & 0 & 0 & 0 & 0 & 0 & 0 \\
1 & 0 & 1 & 1 & 0 & 0 & 0 & 0 & 0 & 0 \\
1 & 0 & 0 & 0 & 0 & 0 & 0 & 0 & 0 & 0
\end{bmatrix}
$$

$$
\boldsymbol{O}_{ij} = \begin{array}{c} \\ S_0 \\ S_1 \\ S_2 \\ S_3 \\ S_4 \\ S_5 \\ S_6 \\ S_7 \\ S_8 \\ S_9 \end{array}
\begin{bmatrix}
S_0 & S_1 & S_2 & S_3 & S_4 & S_5 & S_6 & S_7 & S_8 & S_9 \\
1 & 0 & 0 & 0 & 0 & 0 & 0 & 0 & 0 & 0 \\
1 & 1 & 1 & 1 & 0 & 1 & 0 & 0 & 0 & 0 \\
1 & 0 & 1 & 1 & 0 & 0 & 0 & 0 & 0 & 0 \\
1 & 0 & 0 & 1 & 0 & 0 & 0 & 0 & 0 & 0 \\
1 & 0 & 1 & 0 & 1 & 0 & 0 & 0 & 0 & 0 \\
1 & 0 & 0 & 0 & 0 & 1 & 0 & 0 & 0 & 0 \\
1 & 0 & 0 & 0 & 0 & 0 & 1 & 0 & 0 & 0 \\
1 & 0 & 1 & 0 & 0 & 0 & 0 & 1 & 0 & 0 \\
1 & 0 & 1 & 1 & 0 & 0 & 0 & 0 & 1 & 0 \\
1 & 0 & 0 & 0 & 0 & 0 & 0 & 0 & 0 & 1
\end{bmatrix}
$$

最后，根据公式（4-13），结合矩阵 $\boldsymbol{O}_{ij}$，可计算出可达集合、现行集合以及其交集，如表 4-3 所示。

**表 4-3　可达集合与先行集合及其交集表**

| 变量 | $P(S_i)$ | $R(S_i)$ | $P(S_i) \cap R(S_i)$ |
|---|---|---|---|
| $S_0$ | 0 | 0，1，2，3，4，5，6，7，8，9 | 0 |
| $S_1$ | 0，1，2，3，5 | 1 | 1 |
| $S_2$ | 0，2，3 | 1，2，4，7，8 | 2 |
| $S_3$ | 0，3 | 1，2，3，8 | 3 |
| $S_4$ | 0，2，4 | 4 | 4 |
| $S_5$ | 0，5 | 5 | 5 |
| $S_6$ | 0，6 | 6 | 6 |
| $S_7$ | 0，2，7 | 7 | 7 |
| $S_8$ | 0，2，3，8 | 8 | 8 |
| $S_9$ | 0，9 | 9 | 9 |

由表 4-3 可确定稻农病虫害防治外包行为影响因素的最高层级为 $L_1=\{S_0\}$，接着删除最高层级中影响因素对应的行与列，采用同样的运算方式，依次确定第二层级影响因素 $L_2=\{S_3, S_5, S_6, S_9\}$、第三层级影响因素 $L_3=\{S_2\}$、第四层级影响因素 $L_4=\{S_1, S_4, S_7, S_8\}$。然后对 $L_1$、$L_2$、$L_3$ 和 $L_4$ 进行排序，并将同一层级以及相邻层级之间的因素连接起来，构造出逻

$$T_{ij}=\begin{array}{c} \\ S_3\\S_5\\S_6\\S_9\\S_2\\S_1\\S_4\\S_7\\S_8\end{array}\begin{array}{c}\begin{array}{ccccccccc}S_3&S_5&S_6&S_9&S_2&S_1&S_4&S_7&S_8\end{array}\\ \left[\begin{array}{ccccccccc}
1&0&0&0&0&0&0&0&0\\
0&1&0&0&0&0&0&0&0\\
0&0&1&0&0&0&0&0&0\\
0&0&0&1&0&0&0&0&0\\
1&0&0&0&1&0&0&0&0\\
1&1&0&0&1&1&0&0&0\\
0&0&0&0&1&0&1&0&0\\
0&0&0&0&1&0&0&1&0\\
1&0&0&0&1&0&0&0&1
\end{array}\right]\end{array}$$

辑紧密的影响因素关系链及调整顺序后的可达矩阵 $T_{ij}$。

如图 4-1 所示，可知，稻农病虫害防治外包行为的深层次影响因素为年龄、邻里关系、村庄距县城距离和受灾情况，中间层次影响因素为非农就业人口比例，而直接影响因素为人均水稻经营面积、水稻病虫害防治外包服务交流频繁程度、本村水稻病虫害防治外包服务供给和地块质量。

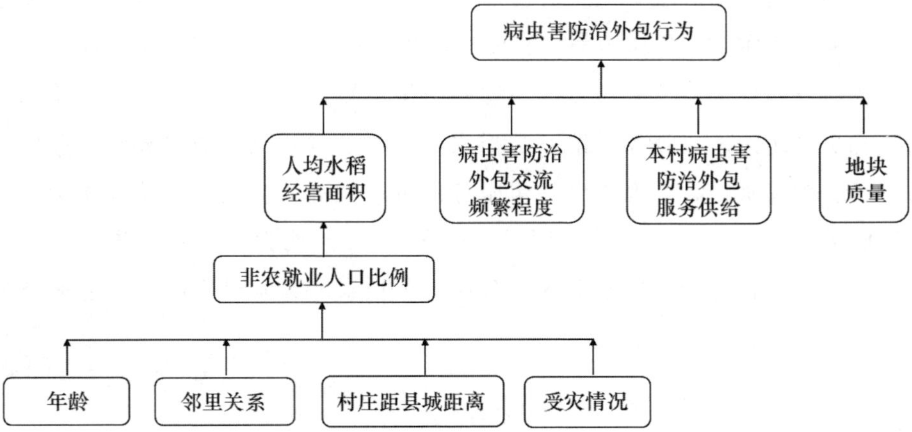


**图 4-1 稻农病虫害防治外包行为影响因素的逻辑关系图**

进一步把稻农病虫害防治外包行为影响因素归为“一条路径”和“三个直接驱动因素”。

一条路径。年龄、邻里关系、村庄距县城距离、受灾情况→非农就业人口比例→人均水稻经营面积→病虫害防治外包行为。该路径中，年龄、邻里关系、村庄距县城距离和受灾情况会影响农户家庭非农就业人口比例，进一步影响农户家庭人均水稻经营面积，最终影响稻农病虫害防治外包行为。一般情况下，年龄、邻里关系、村庄距县城距离和受灾情况等因素对农户家庭非农就业决策产生重要影响，原因在于以下 3 个方面：第一，通常情况下，非农就业相关工作对劳动力的体能要求较高，年龄和邻里关系更具优势的农户家庭获得非农就业机会的可能性更大（邓力源等，2018）。第二，相较于距离县城较近的村庄，与县城距离越远村庄的农户家庭在县城工作的可能性较低，外出务工的可能性更大，因此，村庄距县城距离对农户家庭非农就业人口比例产生显著影响（Isham，2002）。第三，如果农户家庭上一年在水稻种植过程中受灾，下一年会更倾向于将更多劳动力配置到非农产业中，从而影响农户家庭水稻经营面积，受制于规模经营对劳动力需求的增加，为降低劳动力投入成本，稻农会更倾向于购买水稻病虫害防治外包服务（孙顶强等，2019）。

三个直接驱动因素。其一，病虫害防治外包服务交流频繁程度→病虫害防治外包行为。稻农病虫害防治外包服务的交流频繁程度越高，对水稻病虫害防治外包服务了解程度越深，获得水稻病虫害防治外包服务相关信息越充分，越能理解水稻病虫害防治外包服务可能带来的经济价值，因此，更愿意购买水稻病虫害防治外包服务（储成兵，2015）。其二，本村病虫害防治外包服务供给→病虫害防治外包行为。这一结果不难理解，相对于所在村落没有水稻病虫害防治外包服务供给方的稻农，存在水稻病虫害防治外包服务供给方的稻农购买水稻病虫害防治外包服务的可能性更大。其三，地块质量→病虫害防治外包行为。可能的原因是，存在坡地/洼地的地块较难进行统一作业，水稻病虫害防治外包服务的可行性低，稻农购买病虫害防治外包服务的概率也会降低。

## 本章小结

本章在构建稻农病虫害防治外包行为影响因素理论分析框架的基础上，利用 2020 年 9 月和 2020 年 12 月对安徽省和江苏省 2 省 4 市稻农开展的问卷调查数据，采用 Probit-ISM 模型，探究稻农病虫害防治外包行为的影响因素以及不同影响因素之间的逻辑关系。结果表明：①村庄距县城距离、非农就业人口比例、受灾情况、人均水稻经营面积、邻里关系、病虫害防治外包交流频繁程度和本村病虫害防治外包服务供给对稻农病虫害防治外包行为具有显著正向影响。年龄和地块质量对稻农病虫害防治外包行为具有显著负向影响。②层级结构方面，稻农病虫害防治外包行为影响因素可归为“一条路径”和“三个直接驱动因素”。一条路径：年龄、邻里关系、村庄距县城距离、受灾情况→非农就业人口比例→人均水稻经营面积→病虫害防治外包行为。三个直接驱动因素：病虫害防治外包交流频繁程度、本村病虫害防治外包服务供给和地块质量。

# 第五章

# 病虫害防治外包对农户农药减量增效技术采纳的影响

**引言：**第四章明确稻农病虫害防治外包行为的影响因素后，本章及后续章节将进一步探讨稻农病虫害防治外包的环境效应和经济效应，以期为进一步推动病虫害防治外包发展提供理论支撑和政策依据。其中，本章和第六章着重分析病虫害防治外包的环境效应，重点研究病虫害防治外包对农户农药减量增效技术采纳和农户农药施用行为的影响。第七章和第八章则聚焦于病虫害防治外包的经济效应，重点研究病虫害防治外包对农业生产技术效率和农户家庭收入的影响。具体来看，本章从农户农药减量增效技术采纳视角出发，在构建不同农药减量增效技术的关联效应和病虫害防治外包影响农户农药减量增效技术采纳的理论分析框架基础上，重点分析不同农药减量增效技术的关联效应以及病虫害防治外包对农户农药减量增效技术采纳的影响，探究病虫害防治外包的环境效应，明确病虫害防治外包对农业绿色发展的重要促进作用。

## 第一节 研究背景与文献综述

近年来，我国农业发展取得显著成就，但长期粗放式“高肥、高药、高废物”的农业生产方式对农业生态环境造成严重破坏。《第二次全国污染源普查公报》显示，与第一次普查公报数据相比，农业污染物的排放量呈现出明显的上升趋势，其中，权重最大的化学需氧量占比增加 6.06%①。在农业污染源中，农药过量施用造成的污染所占比重较大，并已成为面源污染加剧、资源环境约束趋紧的主要原因，推进农药减量化行动迫在眉睫。为此，2017 年中央一号文件指出要“推进农药零增长行动”，此后，2021 年中央一号文件和 2022 年中央一号文件则分别进一步指出要“持续推进农药减量增效”和“深入推进农业投入品减量化”，进而实现农药施用量的负增长。

在农户中推广农药减量增效技术是推进减量化行动的有力手段和有效途径，农户既是技术推广的主要对象，又是实现技术扩散的最难一环。此外，小农户家庭生产经营是当前及未来较长时间内我国农业生产经营的基本形态，因此，减量增效技术采纳对实现农业绿色转型起着至关重要的作用，但是与常规技术相比，农药减量增效技术对农业生产方式和农业要素投入提出更高要求（祝华军和田志宏，2012），农户需要付出更多时间和交易成本才能实现农作物产量的提高，成本提升空间又存在大于技术采纳增产效应的可能性（赵连阁和蔡书凯，2013），因此，当前我国农药减量增效技术采纳率仍然较低（李琪，2018；Midingoyi 等，2019），鉴于此，如何解决劳动力价格约束强和技术实践要求高之间的矛盾，有效推广农药减量增效技术，成为一个重要的研究主题。

病虫害防治外包组织技术装备先进，对促进农户采纳农药减量增效技术具有非常强的优势，不仅可以向有减量增效生产意愿的外包农户提供减量增

① 数据来源:《第一次全国污染源普查公报》显示:全国水污染物排放量化学需氧量 3 028.96 万吨,其中,农业源占比 43.71%;《第二次全国污染源普查公报》显示:全国水污染物排放量化学需氧量 2 143.98 万吨,其中,农业源占比 49.77%。

效技术，而且可以向无减量增效生产意愿的外包农户导入减量增效生产要素，通过提升其对减量增效技术的认知改变减量增效生产意愿，并推动采纳意愿向采纳行为转化，进而促进无减量增效生产意愿的外包农户采纳减量增效技术。那么，水稻病虫害防治外包服务促进农户采纳农药减量增效技术的作用机理是什么？这种促进作用在不同要素禀赋农户之间是否存在异质性？对这些问题的深入分析具有非常重要的现实意义。

通过对水稻病虫害防治外包服务影响农药减量增效技术采纳相关研究的梳理，可以看出，已有研究较为丰富，但仍存在有待完善之处。首先，从研究视角看，存在两方面不足：一是现有文献侧重农户对单项技术采纳的研究，抑或将农户对某一项农药减量增效技术采纳界定为农药减量增效技术采纳行为，这种处理方式过于笼统，原因在于，农业生产实际中，农户往往不止采纳一项技术，且不同技术之间存在关联效应，少数研究关注到技术间的关联效应（李想和穆月英，2013；Berresaw 等，2013；Mulwa 等，2017；Ehiakpor 等，2020；Musafiri 等，2022），但缺乏对农药减量增效技术采纳强度的考察。二是现有文献尚未形成水稻病虫害防治外包服务影响农户农药减量增效技术采纳的针对性研究，已有研究大多单独分析两者，少数研究将农业生产环节外包服务和农业绿色生产技术纳入同一框架，例如，孙小燕和刘雍（2019）和卢华等（2021）的研究均证实了农业生产环节外包服务对农户农业绿色生产技术采纳的带动作用，但对环节异质性的考虑不够深入。从研究方法看，也存在两方面不足：一是已有文献多采用二元 Logit/Probit 模型孤立分析单项农药减量增效技术，忽略了农药减量增效技术之间可能存在的互补或替代关系。二是已有文献多采用倾向得分匹配法（PSM）等非参数效应评估方法，但是此类方法无法解决由不可观测因素造成的选择性偏误问题。

基于此，本章在构建不同农药减量增效技术采纳的关联效应和水稻病虫害防治外包服务影响农药减量增效技术采纳理论分析框架的基础上，采用微观农户的实地调研数据，首先，运用多元 Probit（MVP）模型，实证检验农户农药减量增效技术采纳的关联效应。其次，运用较前沿的参数效应评估方法内生处理效应泊松回归（ETPR）模型，综合解决由可观测和不可观测因素造成的选择性偏误问题，实证检验水稻病虫害防治外包服务对农户农药减量增效技术采纳影响的处理效应。最后，运用倾向得分匹配法（PSM）、逆概率加权法（IPW）、回归调整法（RA）和逆概率加权回归调整法（IPWRA）等非参数效应评估方法进行稳健性检验，以期为相关政策制定提供理论支撑和政策依据。

## 第二节 理论逻辑与研究假说

### 一、农户农药减量增效技术的关联效应分析

水稻病虫害防治涉及多项不同类型的农药减量增效技术。根据 Feder 等（1985）的技术包理论，农户会根据农业生产实际选择具有关联效应的技术组合，从而发挥技术之间的协同效应，以实现家庭收益最大化。农户的技术采纳行为具有多样性和复杂性，不同农户在应对水稻病虫害防治可能面临的技术问题时，会做出不同的技术采纳决策，可能会选择不采纳任一项技术，也可能会选择采纳其中一项或者同时采纳多项技术，农药减量增效技术集合中各子技术的采纳决策既具有独立性，同时又具有依赖性，子技术之间存在互补或替代关系（李想和穆月英，2013），基于以上讨论，本书提出研究假设 H1。

H1：农户农药减量增效技术采纳存在关联效应，子技术间存在互补或替代关系。

### 二、病虫害防治外包对农户农药减量增效技术采纳的影响

前述分析已证实，不同技术之间存在关联效应，孤立分析某一单项技术，可能会低估或高估农户的农药减量增效技术行为。因此，本章以技术采纳强度为衡量指标，基于农户技术采纳的多目标决策模型，分析水稻病虫害防治外包服务影响农户农药减量增效技术采纳的作用机理。

农户农药减量增效技术采纳决策是多目标决策（Robison，1982；刘莹和黄季焜，2010）。孔祥智等（2004）指出只有新技术的预期净利润大于现有技术可以获得的净利润的时候，农户才会选择采纳新技术，因此，新技术采纳

决策是农户追求利润最大化目标的结果，本书将该决策目标记为 $f(\cdot)$。此外，刘莹和黄季焜（2010）指出农户的新技术采纳会存在技术信息的非对称性和技术效果的不确定性等风险，因此，新技术采纳决策也是风险最小化目标的结果，本书将该决策目标记为 $g(\cdot)$。除此之外，从机会成本角度看，农户倾向于将家庭劳动力配置到投入产出比更高的非农产业，以减少劳动力投入，因此，新技术采纳决策还是劳动力投入最小化目标的结果（Zeweld 等，2017），本书将该决策目标记为 $h(\cdot)$。基于以上讨论，本书依据 Robison（1982）的多目标效用理论，综合考虑利润最大化目标 $f(\cdot)$、风险最小化目标 $g(\cdot)$和劳动力投入最小化目标 $h(\cdot)$，构造农户采纳农药减量增效技术的期望效用函数：

$$U = w_1 f(\cdot) + w_2 g(\cdot) + w_3 h(\cdot) \tag{5-1}$$

式（5-1）中，$U$ 为农户采纳农药减量增效技术期望效用；$w_1$、$w_2$ 和 $w_3$ 分别为农户在 $f(\cdot)$、$g(\cdot)$和 $h(\cdot)$条件下对应权重，由效用函数定义可知，$w_1>0$，$w_2<0$，$w_3<0$ 且 $|w_1|+|w_2|+|w_3|=1$。农户采纳农药减量增效技术可分为未采纳任一项、采纳单项和采纳多项等情形，无论选择哪种情形，农户决策的根本目标是一致的，即通过权衡利润、风险和劳动力投入的关系，实现期望效用最大化，选择的差别仅在于权重绝对值的相对大小，下面分别讨论不同目标下农药减量增效技术的采纳决策。

首先，利润最大化目标方面。根据孔祥智等（2004）的农业技术采纳理论，构造农户农药减量增效技术采纳的条件关系式：

$$pq_2 + u - c - c_0 \geqslant pq_1 - c_0 \tag{5-2}$$

$$p(q_2 - q_1) + u - c \geqslant 0 \tag{5-3}$$

式（5-2）中，$p$ 为稻谷销售价格；$q_1$ 和 $q_2$ 分别为采纳现有技术和采纳农药减量增效技术获得的水稻产量；$u$ 和 $c$ 分别为采纳农药减量增效技术获得的额外收益和潜在成本；$c_0$ 为不变成本，指的是无论是否采纳农药减量增效技术均应投入的成本。此外，式（5-3）为式（5-2）的简化形式，由式（5-3）可知，利润最大化目标由 $q_1$、$q_2$、$u$ 和 $c$ 共同决定，函数表达式：

$$\mathrm{Max} f(\cdot) = f(q_1, q_2, u, c) \tag{5-4}$$

病虫害防治外包服务组织可以引导和带动农户采用现代农业生产方式，提高农业生产技术效率（张永强和田媛，2021），增加水稻产量（王玉斌和李乾，2019）。因此，相对于未购买水稻病虫害防治外包农户家庭，购买水稻病虫害防治外包农户家庭的稻谷产量更高，即$\partial(q_2-q_1)/\partial s>0$。此外，水稻病虫害防治外包服务组织的技术装备先进，人员配置精良，相对于未购买水稻病虫害防治外包农户家庭，购买水稻病虫害防治外包农户家庭可以获得更高的额外收益$u$或者投入更低的潜在成本$c$，进而提升其预期净收益（Sun 等，2018），因此，$\partial(u-c)/\partial s>0$。

其次，风险最小化目标方面。农户农药减量增效技术采纳行为面临较强技术风险，农药减量增效技术对技术采纳者的技术管理能力要求较高，农户要承担技术采纳后可能出现的减产风险，这些不确定性风险会降低农户采纳技术的积极性（蔡荣等，2019）。水稻病虫害防治外包服务组织熟练掌握农药减量增效技术的特性及农业生产的现实需求，可以通过为农户提供专业的技术指导和信息支撑，降低农药减量增效技术对农户生产管理能力和技术熟练程度的高要求。此外，水稻病虫害防治外包服务通过专业化防治服务方式对人工防治方式进行替代，实现了农药减量增效技术采纳的风险转移（杜三峡等，2021），因此，$\partial g/\partial s<0$。

再次，劳动力投入最小化目标方面。以机械为主要媒介的水稻病虫害防治外包行为，有助优化农户家庭劳动力资源配置，减少农业劳动力投入，相对于未购买水稻病虫害防治外包农户家庭，购买水稻病虫害防治外包农户家庭的劳动力投入成本会降低（郑旭媛和林庆林，2021），因此，$\partial h/\partial s<0$。

最后，将式（5-4）代入式（5-1），并引入本书的处理变量水稻病虫害防治外包服务（$s$），可得，水稻病虫害防治外包服务（$s$）影响农户采纳农药减量增效技术的期望效用函数：

$$\begin{aligned} U &= w_1 f(s) + w_2 g(s) + w_3 h(s) \\ &= w_1 f[q_1(s), q_2(s), u(s), c(s)] + w_2 g(s) + w_3 h(s) \end{aligned} \quad (5\text{-}5)$$

对式（5-5）中水稻病虫害防治外包服务（$s$）求偏导，可得

$$\frac{\partial U}{\partial s}=w_1\left[\frac{\partial f}{\partial q_1}\cdot\frac{\partial q_1}{\partial s}+\frac{\partial f}{\partial q_2}\cdot\frac{\partial q_2}{\partial s}+\frac{\partial f}{\partial u}\cdot\frac{\partial u}{\partial s}+\frac{\partial f}{\partial c}\cdot\frac{\partial c}{\partial s}\right]+w_2\frac{\partial g}{\partial s}+w_3\frac{\partial h}{\partial s}$$

$$=w_1\left[\frac{\partial(q_2-q_1)}{\partial s}+\frac{\partial(u-c)}{\partial s}\right]+w_2\frac{\partial g}{\partial s}+w_3\frac{\partial h}{\partial s}>0 \qquad (5\text{-}6)$$

基于以上讨论，可知水稻病虫害防治外包服务在农户利润最大化、风险最小化和劳动力投入最小化的目标下，对农药减量增效技术采纳有正向促进作用。结合以上理论分析，本书提出研究假设 H2。

H2：病虫害防治外包能够显著正向影响农户农药减量增效技术采纳。

## 第三节　模型构建与变量选择

### 一、模型构建

1. 农户农药减量增效技术采纳关联效应估计的模型构建

已有研究通常采用多个二元 Probit/Logit 模型，孤立的分析农户对单项农药减量增效技术的采纳，忽视了技术之间的关联效应。多元 Probit（MVP）模型既可以估计农户对各项农药减量增效技术采纳的回归结果，又可以估计各项技术采纳行为回归结果的似然比检验，并在此基础上，分析不同技术间的关联效应。如前所述，农户在水稻病虫害防治环节可能会选择不采纳任一项技术，也可能选择采纳其中一项或者同时采纳多项农药减量增效技术，且这些农药减量增效技术之间并不排斥，运用二元 Probit/Logit 模型进行回归，会忽视各项技术之间的相关关系，鉴于此，本书运用多元 Probit（MVP）模型分析农药减量增效技术之间的关联效应（Cappellari 和 Jenkins，2006；吴林海等，2013；陈默等，2018；Owusu 和 Abdulai，2019；Ehiakpor 等，2020），多元 Probit（MVP）模型的具体形式如下：

$$J_{in}^{*}=\gamma_i Z_{in}+\upsilon_i(n=1,2,3,4,5,6) \qquad (5\text{-}7)$$

$$J_{in}=\begin{cases}1, & if J_{in}^{*}>0\\ 0, & if J_{in}^{*}\leqslant 0\end{cases}(n=1,2,3,4,5,6) \qquad (5\text{-}8)$$

式（5-7）中，$J_{in}^{*}$ 为一个连续潜变量，表示农户采纳 $n$ 项农药减量增效技术获得的净收益；$Z_{in}$ 为控制变量；$\gamma_i$ 为待估参数。式（5-8）是多元 Probit（MVP）模型的核心部分，通过阐述观察变量 $J_{in}$ 与潜变量 $J_{in}^{*}$ 之间的关系，表明农药减量增效技术采纳决策。在多变量回归方程中，误差项 $\upsilon_i$ 并非独立同分布的，而是共同遵循多元正态分布（MVN）的，且条件均值和方差均为零，即 $\upsilon_i \cong MVN$（0，$\Omega$），其中，对称协方差矩阵 $\boldsymbol{\Omega}$ 的形式如下：

$$\boldsymbol{\Omega}=\begin{bmatrix} 1 & \rho_{12} & \rho_{13} & \rho_{14} & \rho_{15} & \rho_{16} \\ \rho_{21} & 1 & \rho_{23} & \rho_{24} & \rho_{25} & \rho_{26} \\ \rho_{31} & \rho_{32} & 1 & \rho_{34} & \rho_{35} & \rho_{36} \\ \rho_{41} & \rho_{42} & \rho_{43} & 1 & \rho_{45} & \rho_{46} \\ \rho_{51} & \rho_{52} & \rho_{53} & \rho_{54} & 1 & \rho_{56} \\ \rho_{61} & \rho_{62} & \rho_{63} & \rho_{64} & \rho_{65} & 1 \end{bmatrix} \tag{5-9}$$

式（5-9）协方差矩阵 $\boldsymbol{\Omega}$ 中，非对角线元素表示不同农药减量增效技术采纳方案的随机误差项之间未观察到的相关性，非对角线元素上的元素是非零值，表明允许不同潜变量的误差项之间存在关联关系。因此，可以运用多元 Probit（MVP）模型进行联合估计，以规避不可观测因素对农户减量增效技术采纳行为的影响。

2. 病虫害防治外包影响农户农药减量增效技术采纳的模型构建

多元 Probit（MVP）模型证实了不同技术之间的关联效应，本章以技术采纳强度为衡量指标，以技术采纳项数为衡量标准，分析水稻病虫害防治外包服务对农药减量增效技术采纳的影响。可以解决此类问题的效应评估方法有非参数法和参数法两类，非参数法中常用的有倾向得分匹配法（PSM）、逆概率加权法（IPW）、回归调整法（RA）和逆概率加权回归调整法（IPWRA）等（Ma 和 Wang，2020；陈小知和胡新艳，2018；Tambo 和 Mockshell，2018；Manda 等，2018；Liu 等，2019；Zhang 等，2019；魏佳朔等，2021；Zheng 和 Ma，2021a；Zheng 和 Ma，2021b），但这些方法仅能处理由可观测因素造成的选择性偏误问题，因此，本书采用参数法中较前沿的内生处理效应泊松回归（ETPR）模型进行回归分析（Terza，1998；

Miranda 和 Rabe-Hesketh，2006；Ma 和 Wang，2020；Bratti 和 Miranda，2011；Zheng 等，2021b），内生处理效应泊松回归（ETPR）模型可同时处理由可观测因素和不可观测因素造成的选择性偏误问题，更具有科学性。

内生处理效应泊松回归（ETPR）模型是两阶段回归模型，ETPR 模型的第一阶段为选择方程回归，用以识别受访者个人及家庭生产经营特征变量、土地特征变量和地区虚拟变量等因素对水稻病虫害防治外包服务的影响。ETPR 模型的第二阶段为结果方程回归，用以估计水稻病虫害防治外包服务对农户农药减量增效技术采纳的影响。具体来说，

第一阶段：
$$K_i^* = \eta_i X_i + \vartheta_i I_i + \varepsilon_i, \quad K_i = \begin{cases} 1, \text{如果} K_i^* > 0 \\ 0, \text{如果} K_i^* \leqslant 0 \end{cases} \tag{5-10}$$

第二阶段：
$$Y_i = \alpha_i K_i + \beta_i X_i + \mu_i \tag{5-11}$$

式（5-10）为选择方程，其中，$K_i$ 为水稻病虫害防治外包的决策变量，由随机效用模型 $K_i^*$ 来决定，$K_i^*$ 指购买病虫害防治外包服务农户的效用（$U_{iU}$）与未购买病虫害防治外包服务农户的效用（$U_{iN}$）之间的差异，若 $K_i^* = U_{iU} - U_{iN} > 0$，则 $K_i = 1$，表示农户购买水稻病虫害防治外包服务，若 $K_i^* = U_{iU} - U_{iN} \leqslant 0$，则 $K_i = 0$，表示农户未购买水稻病虫害防治外包服务。式（5-11）为结果方程，其中，$Y_i$ 为农药减量增效技术采纳变量，用采纳农户农药减量增效技术数量表示；$X_i$ 为影响因素；$\eta_i$、$\vartheta_i$、$\alpha_i$ 和 $\beta_i$ 均为待估参数，其中，$\alpha_i$ 为水稻病虫害防治外包服务对农户农药减量增效技术采纳的影响效应，$\varepsilon_i$ 和 $\mu_i$ 为随机误差项；$I_i$ 是工具变量。

### 3. 病虫害防治外包影响农户农药减量增效技术采纳稳健性检验的模型构建

为检验内生处理效应泊松回归（ETPR）模型回归结果的稳健性，本书分别运用倾向得分匹配法（PSM）、逆概率加权法（IPW）、回归调整法（RA）和逆概率加权回归调整法（IPWRA）4 种常用非参数效应评估方法进行稳健性检验。需要指出的是，倾向得分匹配法（PSM）和逆概率加权回归调整法（IPWRA）也存在差异，倾向得分匹配法（PSM）的基本假设仅考虑选择方程的正确设定，忽略了结果方程，鉴于此，本书运用 Wooldridge（2010）提

出的逆概率加权回归调整法（IPWRA）同时进行回归，逆概率加权回归调整法（IPWRA）结合逆概率加权法（IPW）和回归调整法（RA）的优势，综合考虑了回归过程中选择方程和结果方程的正确设定，体现出双重稳健性，更具有合理性，本书主要介绍逆概率加权回归调整法（IPWRA）构造原理。

依据 Wooldridge（2010）的研究构造水稻病虫害防治外包服务影响农户农药减量增效技术采纳的逆概率加权回归调整法，逆概率加权回归调整法（IPWRA）的构造步骤包括 3 步：

第一步，运用逆概率加权法（IPW）计算逆概率权重。对农户购买水稻病虫害防治外包服务的概率进行加权计算逆概率权重，概率公式为：

$$P(X)=Pr(K_i=1 \mid X)=F\{g(X)\}=E(K_i \mid X) \tag{5-12}$$

式（5-12）中，$P(X)$为农户购买水稻病虫害防治外包服务的概率（即倾向得分）；$X$ 为影响 $P(X)$的可观测协变量；$F\{\cdot\}$为累积分布函数；$g(X)$为水稻病虫害防治外包购买的决策函数，运用二元 Probit 模型来测度倾向得分 $\hat{p}(X)$，并将购买水稻病虫害防治外包农户和未购买水稻病虫害防治外包农户的反向权重分别赋值为 1 和 $\hat{p}(X)/[1-\hat{p}(X)]$，则逆概率权重为：

$$w_i=K_i+(1-K_i)\frac{\hat{p}(X)}{1-\hat{p}(X)} \tag{5-13}$$

第二步，构建回归调整法（RA）。分别对购买水稻病虫害防治外包服务和未购买水稻病虫害防治外包服务农户的购买决策进行线性回归，再通过求其均值来计算回归调整法（RA）的处理组的平均处理效应（ATT）值，估计公式为：

$$ATT_{\mathrm{RA}}=n_t^{-1}\sum_{i=1}^{n}K_i[r_t(X,\delta_t)-r_u(X,\delta_u)] \tag{5-14}$$

式（5-14）中，$n_t$ 为购买水稻病虫害防治外包服务农户数量，$r_i$（.）为基于可观测协变量 $X$ 和相关系数 $\delta_j=(\alpha_j,\beta_j),(j=t,u)$的回归函数。

第三步，构造逆概率加权回归调整法（IPWRA）。如前所述，逆概率加权回归调整法（IPWRA）综合了逆概率加权法（IPW）和回归调整法（RA）的优势，只要选择方程和结果方程中任一个正确设定，回归结果都是无偏的。因此，联合式（5-13）和式（5-14），即可求得逆概率加权回归调整法（IP-

WRA）的处理组的平均处理效应（ATT）值，估计公式为：

$$ATT_{\text{IPWRA}} = n_t^{-1}\sum_{i=1}^{n} K_i [r_t^*(X,\delta_t^*) - r_u^*(X,\delta_u^*)] \tag{5-15}$$

式（5-15）中，$\delta_t^* = (\alpha_t^*, \beta_t^*)$，$\delta_u^* = (\alpha_u^*, \beta_u^*)$分别表示处理组和对照组在运用逆概率加权法（IPW）进行回归时，所获得的逆概率加权参数，且 $\delta_t^*$ 和 $\delta_u^*$ 满足以下关系式：

$$\min_{\alpha_t^*, \beta_t^*} \sum_{i=1}^{n} w_i (Y_i - \alpha_t^* - X\beta_t^*)^2 / \hat{p}(X, \hat{Y}) \tag{5-16}$$

$$\min_{\alpha_u^*, \beta_u^*} \sum_{i=1}^{n} (1 - w_i)(Y_i - \alpha_u^* - X\beta_u^*)^2 / (1 - \hat{p}(X, \hat{Y})) \tag{5-17}$$

## 二、数据来源

本书数据来源于课题组在 2020 年 9 月和 2020 年 12 月对安徽省合肥市、滁州市和江苏省宿迁市、淮安市 2 省 4 市稻农的问卷调查。调研方式为“一对一”访谈形式，调研设计及基本的样本分布等情况详见第三章第二节，这里不再赘述。

## 三、变量选择

第一，结果变量为农户农药减量增效技术采纳。水稻农药减量增效技术是指在保障水稻产量和种粮综合效益的基础上，通过选用良种、无公害农药，配合物理防控和生态调控等方式，减少施用量、提高利用率的技术集合。借鉴已有研究成果的农药减量增效技术列表（苗水清等，2017；李琪，2018；Ma 和 Wang，2020；熊清华等，2021），结合安徽省和江苏省 2 省水稻生产特点，选取抗病虫良种技术、种植显花植物技术、生物防治技术、种植诱虫植物技术、无公害农药施用技术和理化诱控技术等 6 项作为农药减量增效技术集合中的元素。如前所述，农药减量增效技术是一系列具有关联效应的技术集合，为充分反映农药减量增效技术的总体水平，引入农户农药减量增效技术采纳强度的概念，定义为农户对以上技术采用的累计项数。

第二，处理变量为病虫害防治外包决策。该变量是一个二元选择变量，借鉴已有研究成果（Sun 等，2018；杨志海，2019；Baiyegunhi 等，2019），本书将其界定为：2019 年，若受访农户在水稻种植过程中购买水稻病虫害防治外包服务，赋值为 1，归为处理组；若未购买水稻病虫害防治外包服务，则赋值为 0，归为对照组。

第三，控制变量。借鉴 Ma 和 Wang（2020）、Zeweld 等（2017）、卢华等（2021）、D'Souza 等（1993）和 Lee（2005）的研究成果，本书引入以下几类控制变量：一是受访农户个人及家庭生产经营特征变量，包含户主性别、户主年龄、户主受教育程度、户主村干部身份、户主健康状况及家庭非农就业人口比例、邻里关系 7 个变量。二是受访农户家庭土地特征变量，包含经营水平和土地细碎化程度 2 个变量。三是受访农户农药减量增效技术认知变量，包含受访农户对农药减量增效技术的了解程度和对农药减量增效技术采用风险的认知 2 个变量。四是村庄特征变量，用村庄距县城的距离来表示。此外，为控制不同地区间区域特色、经济水平和文化开发等特征的影响，模型中引入一组地区虚拟变量。

第四，工具变量为朋友病虫害防治外包决策。根据模型设定，实证回归过程中可能存在测量误差或遗漏变量等内生性问题，故需要寻找工具变量。本书选取朋友病虫害防治外包决策为工具变量。该变量指“与您年龄相仿、教育水平相近的朋友是否购买水稻病虫害防治外包服务”，应瑞瑶和徐斌（2014）指出农户的病虫害防治外包决策会受到周边其他农户的示范效应影响，因此，该变量会显著影响受访农户病虫害防治外包决策，而对其农药减量增效技术采纳而言则为外生变量，借鉴同群效应相关分析，参考 Smith 等（2004）、Ma 和 Abdulai（2016）和 Ma 和 Wang（2020）的研究，选取此变量为工具变量。

## 四、描述性统计分析

### 1. 农户农药减量增效技术采纳的现状描述

表 5-1 和图 5-1 报告了农户采纳农药减量增效技术的现状，包含技术采纳情况和采纳强度分布情况。整体来讲，各项农药减量增效技术的采纳比例不

高，且差异性强，除抗病虫良种技术和无公害农药施用技术 2 项农药减量增效技术以外，其他 4 项农药减量增效技术的采纳比例均低于 30%。此外，农药减量增效技术的采纳强度不高，且与农户数量基本呈现反方向的变动趋势。具体来说：第一，抗病虫良种技术的采纳比例较高，占比高达 70.1%。第二，无公害农药施用技术的采纳比例适中，占比约为 52.5%。第三，其他 4 项农药减量增效技术的采纳比例均较低，理化诱控技术、种植诱虫植物技术、种植显花植物技术和生物防治技术 4 项技术的采纳比例依次约为 26.6%、16.7%、16.3%和 14.3%。第四，农药减量增效技术的采纳强度不高，采纳数量主要集中在 0～2 项，占比约为 68.3%，未采纳任一项农药减量增效技术的农户约为 16.29%。第五，农药减量增效技术采纳强度与农户数量基本呈现反方向变动趋势，即随着农药减量增效技术采纳数量增加，对应农户数量逐渐减少。

**表 5-1　农户采纳农药减量增效技术的基本情况**

| 变量名称 | 变量定义与赋值 | 均值 | 标准差 |
|---|---|---|---|
| 抗病虫良种技术采纳情况 | 是否采纳抗病虫良种技术：是＝1，否＝0 | 0.701 | 0.458 |
| 种植显花植物技术采纳情况 | 是否采纳种植显花植物技术：是＝1，否＝0 | 0.163 | 0.370 |
| 生物防治技术采纳情况 | 是否采纳生物防治技术：是＝1，否＝0 | 0.167 | 0.374 |
| 种植诱虫植物技术采纳情况 | 是否采纳种植诱虫植物技术：是＝1，否＝0 | 0.143 | 0.350 |
| 无公害农药施用技术采纳情况 | 是否采纳无公害农药施用技术：是＝1，否＝0 | 0.266 | 0.442 |
| 理化诱控技术采纳情况 | 是否采纳理化诱控技术：是＝1，否＝0 | 0.525 | 0.500 |

数据来源：根据调研数据整理所得。

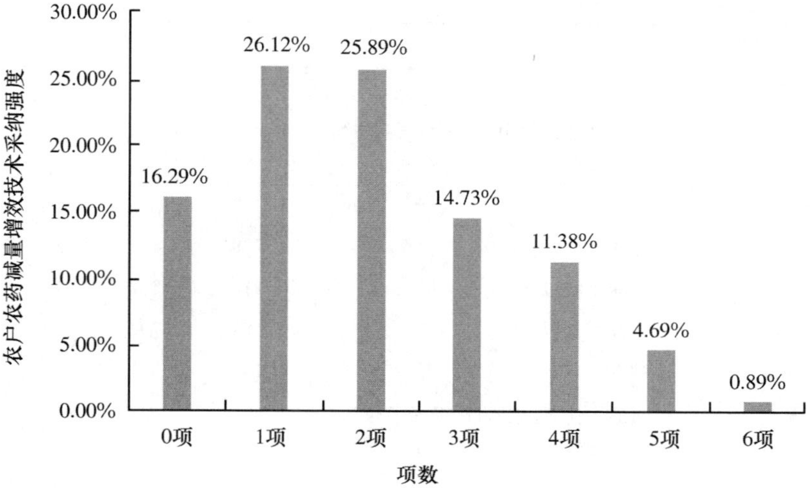


**图 5-1 农户农药减量增效技术采纳强度的分布情况**

2. 变量定义、描述性统计及均值差异性分析

表 5-2 报告了变量名称、变量定义与赋值和描述性统计数据。可知，农户农药减量增效技术采纳的均值为 1.964 项，最大值为 6 项，这与图 5-1 农户采纳农药减量增效技术的采纳强度分布情况基本一致。共 160 位受访农户在水稻种植过程中购买了水稻病虫害防治外包服务，约占全部样本的 35.7%，其他 288 位受访农户未购买水稻病虫害防治外包服务，约占全部样本的 64.3%；受访农户的年龄均值为 54.21 岁，最大值 74 岁；受访农户的受教育程度均值为 7.156 年，最大值为 15 年；仅有 13.4%的受访农户为村干部；受访农户对农药减量增效技术了解程度和农药减量增效技术采用风险认知均值分别为 3.007 和 3.134；共 182 位受访农户的朋友购买了水稻病虫害防治外包服务，约占全部样本的 40.6%，其他 266 位受访农户的朋友没有购买水稻病虫害防治外包服务，约占全部样本的 59.4%。

**表 5-2 变量定义及描述性统计**

| 变量名称 | 变量定义与赋值 | 均值 | 标准差 | 最小值 | 最大值 |
| --- | --- | --- | --- | --- | --- |
| 结果变量 | | | | | |
| 农户农药减量增效技术采纳 | 水稻种植过程中，采纳不同类别农药减量增效技术的数量(项) | 1.964 | 1.444 | 0 | 6 |

续表 5-2

| 变量名称 | 变量定义与赋值 | 均值 | 标准差 | 最小值 | 最大值 |
|---|---|---|---|---|---|
| 处理变量 | | | | | |
| 病虫害防治外包决策 | 水稻种植过程中，是否购买病虫害防治外包服务：是＝1；否＝0 | 0.357 | 0.480 | 0 | 1 |
| 控制变量 | | | | | |
| 性别 | 男性＝1；女性＝0 | 0.779 | 0.415 | 0 | 1 |
| 年龄 | 实际年龄（周岁） | 54.21 | 8.527 | 30 | 74 |
| 受教育程度 | 受教育年限（年） | 7.156 | 2.708 | 1 | 15 |
| 村干部身份 | 是否为村干部：是＝1；否＝0 | 0.134 | 0.341 | 0 | 1 |
| 健康状况 | 同龄人比，健康状况：非常不健康＝1；比较不健康＝2；一般＝3；比较健康＝4；非常健康＝5 | 3.618 | 1.097 | 1 | 5 |
| 非农就业人口比例 | 劳动年龄中非农就业人口比例 | 0.615 | 0.278 | 0 | 1 |
| 邻里关系 | 对亲友邻居的信任程度：很不信任＝1；不太信任＝2；一般＝3；比较信任＝4；非常信任＝5 | 4.132 | 0.722 | 2 | 5 |
| 经营水平 | 水稻面积是否大于样本均值：是＝1；否＝0 | 0.368 | 0.483 | 0 | 1 |
| 土地细碎化程度 | 水稻经营块数/经营面积是否大于样本均值：是＝1；否＝0 | 0.522 | 0.500 | 0 | 1 |
| 农药减量增效技术了解程度 | 农药减量增效技术：非常不了解＝1；不太了解＝2；一般＝3；比较了解＝4；非常了解＝5 | 3.007 | 0.855 | 1 | 5 |
| 农药减量增效技术采用风险认知 | 农药减量增效技术采用风险：非常低＝1；比较低＝2；一般＝3；比较高＝4；非常高＝5 | 3.134 | 0.910 | 1 | 5 |
| 村庄距县城距离 | 村庄距离县城（市/区）的实际距离（公里） | 19.95 | 10.40 | 6 | 50 |
| 地区虚拟变量 | 安徽＝0；江苏＝1 | 0.498 | 0.501 | 0 | 1 |
| 工具变量 | | | | | |
| 朋友病虫害防治外包决策 | 与您年龄相仿、教育水平相近的朋友是否购买水稻病虫害防治外包服务：是＝1；否＝0 | 0.406 | 0.492 | 0 | 1 |

数据来源：根据调研数据整理所得。

表 5-3 报告了所选变量在购买水稻病虫害防治外包服务和未购买水稻病虫害防治外包服务农户之间的差异，其中，第 2 列和第 3 列分别报告处理组和

对照组农户的均值，第 4 列为均值差异。两组样本存在以下差异：首先，购买水稻病虫害防治外包服务农户比未购买水稻病虫害防治外包服务农户的农药减量增效技术采纳强度高；其次，购买水稻病虫害防治外包服务农户比未购买水稻病虫害防治外包服务农户的年龄低，且比未购买水稻病虫害防治外包服务农户的受教育程度高；再次，购买水稻病虫害防治外包服务农户对农药减量增效技术了解程度和农药减量增效技术采用风险认知水平均比未购买水稻病虫害防治外包服务农户高；值得一提的是，购买水稻病虫害防治外包农户的朋友选择水稻病虫害防治外包的比例比未购买水稻病虫害防治外包服务农户的大很多，表明受访者农户外包决策与朋友外包决策之间有较强的相关性，但是尚不能直接说明工具变量的合理性，仍需进行相关检验。综上可知，处理组和对照组农户之间的确存在明显差异，但这些差异是否由水稻病虫害防治外包导致，还需继续进行回归分析。

**表 5-3　病虫害防治外包对农户农药减量增效技术采纳影响的差异性分析**

| 变量名称 | 购买病虫害防治外包 | 未购买病虫害防治未外包 | 均值差异 |
|---|---|---|---|
| 农户农药减量增效技术采纳 | 3.17(0.10) | 1.3(0.06) | 1.874*** |
| 性别 | 0.84(0.03) | 0.75(0.03) | 0.091** |
| 年龄 | 50.12(0.62) | 56.48(0.47) | −6.360*** |
| 受教育程度 | 8.69(0.21) | 6.31(0.14) | 2.382*** |
| 村干部身份 | 0.14(0.03) | 0.13(0.02) | 0.006 |
| 健康状况 | 4.1(0.07) | 3.35(0.07) | 0.749*** |
| 非农就业人口比例 | 0.75(0.02) | 0.54(0.02) | 0.204*** |
| 邻里关系 | 4.17(0.05) | 4.11(0.04) | 0.067 |
| 经营水平 | 0.88(0.03) | 0.09(0.02) | 0.788*** |
| 土地细碎化程度 | 0.09(0.02) | 0.76(0.03) | −0.676*** |
| 农药减量增效技术了解程度 | 3.29(0.06) | 2.85(0.05) | 0.447*** |
| 农药减量增效技术采用风险认知 | 3.34(0.07) | 3.02(0.05) | 0.317*** |
| 村庄距县城距离 | 21.5(1.02) | 19.09(0.51) | 2.410** |
| 地区虚拟变量 | 0.42(0.04) | 0.54(0.03) | −0.113** |
| 朋友病虫害防治外包决策 | 0.83(0.03) | 0.17(0.02) | 0.661*** |
| 样本量 | 160 | 288 | — |

注：**、***分别表示在 5%、1%的显著水平；(　) 内数值为标准误。

## 第四节　实证检验与结果分析

### 一、农户农药减量增效技术采纳的关联效应估计

表5-4的多元Probit（MVP）模型回归方程协方差矩阵汇报了不同农药减量增效技术的关联关系，下方分别汇报不同技术关联效应估计似然比检验值和整体拟合优度的估计结果。其中，似然比检验统计值［$chi^2$（15）＝34.606］通过1%水平下的显著性检验，拒绝了所有方程的误差项之间无相关性的原假设，即各项农药减量增效技术之间是相互关联的（Ehiakpor等，2020），模型整体拟合优度［Wald $chi^2$（78）＝452.94］也通过了1%水平下的显著性检验，拒绝了式（5-8）中所有估计系数均为0的原假设，即各项农药减量增效技术需要同时回归，因此，运用多元Probit（MVP）模型更合理。

在协方差矩阵表中，有8个系数通过显著性检验，其中5个有正效应，3个有负效应。需要指出的是，模型中的正效应和负效应分别表示农药减量增效技术之间存在互补关系和替代关系，即采纳某一项农药减量增效技术会受到其他农药减量增效技术的影响。具体来看，由多元Probit（MVP）模型回归方程的协方差矩阵可知，抗病虫良种技术与种植显花植物技术、种植诱虫植物技术存在替代效应；种植显花植物技术与生物防治技术、种植诱虫植物技术存在互补效应；生物防治技术与无公害农药施用技术存在互补效应；理化诱控技术与抗病虫良种技术、无公害农药施用技术存在互补效应，与种植诱虫植物技术存在替代效应，假说H1得到验证。

**表 5-4 农户农药减量增效技术采纳关联效应的多元 Probit（MVP）模型协方差矩阵估计结果**

| 农药减量增效技术 | 抗病虫良种技术 | 种植显花植物技术 | 生物防治技术 | 种植诱虫植物技术 | 无公害农药施用技术 | 理化诱控技术 |
|---|---|---|---|---|---|---|
| 抗病虫良种技术 | 1 | | | | | |
| 种植显花植物技术 | −0.230**<br>(0.103) | 1 | | | | |
| 生物防治技术 | −0.132<br>(0.110) | 0.258**<br>(0.102) | 1 | | | |
| 种植诱虫植物技术 | −0.282**<br>(0.136) | 0.268**<br>(0.123) | 0.144<br>(0.125) | 1 | | |
| 无公害农药施用技术 | −0.095<br>(0.085) | 0.044<br>(0.098) | 0.165*<br>(0.097) | 0.150<br>(0.112) | 1 | |
| 理化诱控技术 | 0.159*<br>(0.086) | −0.092<br>(0.106) | 0.034<br>(0.107) | −0.275**<br>(0.119) | 0.151*<br>(0.088) | 1 |

*Likelihoodratiotestofrho*21＝*rho*31＝*rho*41＝*rho*51＝*rho*61＝*rho*32＝*rho*42＝*rho*52＝*rho*62＝*rho*43＝*rho*53＝*rho*63＝*rho*54＝*rho*64＝*rho*65＝0：*chi*2（15）＝34.606 *Prob*＞*chi*2＝0.0028

注：*、**分别表示在10%、5%的显著水平；（ ）内数值为标准误。

## 二、病虫害防治外包对农户农药减量增效技术采纳的影响

表5-5下方报告了选择方程和结果方程随机误差项 $\varepsilon_i$ 和 $\mu_i$ 的相关系数 $\rho_{\varepsilon\mu}$ 和 *Wald* 独立性检验的估计结果。结果显示，$\rho_{\varepsilon\mu}$ 为满足1%统计显著性的−1.396，表明结果方程存在由不可观测因素造成的选择性偏误问题。*Wald* 独立性检验值为满足1%统计显著性的10.39，表明选择方程独立于结果方程的假设不成立，应将选择方程和结果方程进行联立估计，采用内生处理效应泊松回归（ETPR）模型是合适和科学的。工具变量检验方面，首先，进行皮尔森相关性分析，处理变量和工具变量的皮尔逊相关系数为满足1%统计显著性的0.645，初步验证两者的相关关系。其次，进行弱工具变量检验，F统计量为59.408（远大于10），表明不存在弱工具变量问题。此外，由表5-5第2列可知，工具变量的估计系数为满足1%统计显著性的1.656，足以说明工具变量的外生性和有效性。

1. 选择方程的内生处理效应泊松回归（ETPR）模型估计结果

表 5-5 的第 2 列汇报了内生处理效应泊松回归（ETPR）模型选择方程的估计结果。可知，年龄对稻农的病虫害防治外包决策产生显著的负向影响。可能的原因是，一方面，年龄较高农户的思想观念较为保守，倾向于采用传统农业生产方式进行自防自治，对水稻病虫害防治外包接受程度较低；另一方面，年龄较高农户外出务工可能性较低，需要农业生产维持生计，在力所能及的病虫害防治环节，更愿意依靠自身力量完成（陆岐楠等，2017）。水稻病虫害防治外包服务的重要作用之一是释放劳动力，通常情况下，水稻种植规模越大的农户家庭需要投入的劳动力更多，因此，规模越大的农户家庭越愿意购买水稻病虫害防治外包服务，以降低劳动力投入成本（Sun 等，2018）。土地细碎化程度对稻农的病虫害防治外包决策产生显著的负向影响。这一结果并不难理解，展进涛等（2016）指出土地细碎化程度主要通过“可行性效应”和“价格效应”2 条路径降低稻农的病虫害防治外包发生概率。具体来看，土地细碎化程度越高，统一作业的难度越大，农户购买水稻病虫害防治外包服务的可行性越低，直接降低了水稻病虫害防治外包服务的发生概率，此外，土地细碎化程度越高，供给方提供水稻病虫害防治外包服务的价格歧视越严重，间接降低了农户购买水稻病虫害防治外包服务的发生概率。村庄距县城距离对稻农的病虫害防治外包决策产生显著的正向影响。通常情况下，相对于居住在县城附近的农户，距县城远的农户可在县城获得非农就业机会的可能性较小，其可能更倾向于外出务工，购买水稻病虫害防治外包服务的可能性也更高。

2. 结果方程的内生处理效应泊松回归（ETPR）模型估计结果

表 5-5 的第 3 列和第 4 列汇报了内生处理效应泊松回归（ETPR）模型结果方程的估计结果。其中，第 3 列为各变量对农户农药减量增效技术采纳的影响系数，而第 4 列为对应的发生率比（Incidence Rate Ratio，IRR），按照陈强（2014）的界定，IRR 为估计系数指数函数值，用以表示处理组农户农药减量增效技术采纳平均数量是对照组农户农药采纳平均数量的多少倍。第 4 列结果显示，水稻病虫害防治外包决策估计系数的 IRR 为满足 1%统计显著性的 1.296，表明购买水稻病虫害防治外包服务农户农药减量增效技术采纳数

量是未购买水稻病虫害防治外包服务农户农药减量增效技术采纳数量的1.296倍。

控制变量方面，年龄对农户农药减量增效技术采纳有显著负向影响。可能的原因在于，一方面，年龄越大的农户从事农业生产的时间越长，思想观念越保守，风险的防范意识更强，更倾向于以劳动投入为主的传统种植模式；另一方面，年龄越大的农户对新技术的理解和接受能力越差，且对新技术的学习动力也不强，因此，采纳农药减量增效技术的可能性越低（杨志海和王洁，2020）。经营水平对农户农药减量增效技术采纳有显著正向影响。这一结果不难理解，农户经营水平越高，农业生产的专业化程度越高，农药减量增效技术采纳能力越强，且更容易从农药减量增效技术的规模效应中获益，采纳农药减量增效技术的可能性更大（Manda 等，2015）。土地细碎化程度对农户农药减量增效技术采纳有显著负向影响。可能的原因在于，土地细碎化程度越高，经营地块越分散，进而增加农药减量增效技术采纳的时间成本和经济成本，因此，经营地块分散程度较高的农户采纳农药减量增效技术采纳的可能性越低（Abebaw 和 Haile，2013）。农药减量增效技术了解程度对农户农药减量增效技术采纳有显著正向影响。这一结果不难理解，与常规的农业生产技术相比，农药减量增效技术采纳需付出更多隐形成本，例如新技术的学习操作和信息搜集等，农户对技术了解程度越高，技术采纳的边际成本就越低，采纳的可能性就越高（苗水清等，2017）。

**表 5-5 病虫害防治外包影响农户农药减量增效技术采纳的 ETPR 模型联合估计结果**

| 变量 | 内生处理效应泊松回归(ETPR)模型 | | |
| --- | --- | --- | --- |
| | 病虫害防治外包决策 | 农户农药减量增效技术采纳(系数) | 农户农药减量增效技术采纳(IRR) |
| 病虫害防治外包决策 | — | 0.260*** (0.085) | 1.296*** (0.111) |
| 性别 | 0.029(0.273) | 0.095(0.059) | 1.100(0.065) |
| 年龄 | −0.029** (0.014) | −0.013*** (0.004) | −0.987*** (0.004) |
| 受教育程度 | 0.045(0.053) | 0.017(0.010) | 1.017(0.011) |
| 村干部身份 | −0.231(0.317) | −0.026(0.072) | −0.974(0.070) |
| 健康状况 | 0.055(0.115) | −0.001(0.028) | −0.999(0.028) |

续表 5-5

| 变量 | 内生处理效应泊松回归(ETPR)模型 | | |
|---|---|---|---|
| | 病虫害防治外包决策 | 农户农药减量增效技术采纳(系数) | 农户农药减量增效技术采纳(IRR) |
| 邻里关系 | 0.127(0.122) | 0.006(0.031) | 1.006(0.032) |
| 经营水平 | 1.952*** (0.364) | 0.340*** (0.100) | 1.404*** (0.141) |
| 土地细碎化程度 | −0.849** (0.406) | −0.301*** (0.096) | −0.740*** (0.071) |
| 农药减量增效技术了解程度 | 0.359(0.256) | 0.132*** (0.045) | 1.141*** (0.051) |
| 农药减量增效技术采用风险认知 | −0.258(0.247) | 0.008(0.041) | 1.008(0.042) |
| 村庄距县城距离 | 0.055*** (0.013) | −0.000(0.002) | −1.000(0.002) |
| 非农就业人口比例 | — | −0.028(0.113) | −0.972(0.109) |
| 地区虚拟变量 | — | 0.193*** (0.046) | 1.213*** (0.056) |
| 朋友病虫害防治外包决策 | 1.656*** (0.250) | — | — |
| 常数 | −2.692** (1.295) | 0.469(0.327) | 1.598(0.523) |
| 检验及其他信息 | | | |
| $\rho_{\varepsilon\mu}$ | | −1.396*** (0.433) | |
| Lnsigma | | −6.564(6.748) | |
| 拟合优度检验 | | 559.58*** | |
| 对数伪似然值 | | −728.088 | |
| Wald 独立性检验 | | $\chi^2(1)=10.39$, Prob $>\chi^2=0.0013$ | |
| 样本量 | | 448 | |

注：**、***分别表示在5%、1%的显著水平；（ ）内数值为标准误。

## 三、稳健性检验

如前所述，内生处理效应泊松回归（ETPR）模型属于参数效应评估方法，对工具变量有较强的依赖性，为保证回归结果的稳健性，本书采用倾向得分匹配法（PSM）、逆概率加权法（IPW）、回归调整法（RA）和逆概率加权回归调整法（IPWRA）4种非参数效应评估方法估计水稻病虫害防治外包服务对农户农药减量增效技术采纳的影响，由表5-6可知，倾向得分匹配法（PSM）、逆概率加权法（IPW）、回归调整法（RA）和逆概率加权回归调整法（IPWRA）的处理组的平均处理效应（ATT）值分别为满足1%显著性水平的 0.938、1.160、0.801 和 0.938，可见，4 种非参数效应评估方法均证实了水稻病虫害防治外包服务对农户农药减量增效技术采纳的正向促进作用，这与前文的研究结果是一致的，表明研究结论具有稳健性。

**表 5-6 稳健性检验估计结果**

| 处理变量 | 模型类型 | 处理组的平均处理效应(ATT) | 标准误 | Z 值 |
|---|---|---|---|---|
| 农户农药减量增效技术采纳 | 倾向得分匹配法(PSM) | 0.938*** | 0.298 | 3.15 |
| | 逆概率加权法(IPW) | 1.160*** | 0.121 | 9.61 |
| | 回归调整法(RA) | 0.801*** | 0.231 | 3.47 |
| | 逆概率加权回归调整法(IPWRA) | 0.938*** | 0.315 | 2.98 |

注：*** 表示在 1%的显著水平。此外，倾向得分匹配法（PSM）汇报的是一对一匹配法的估计结果，一对四匹配、核匹配和半径匹配法的处理组的平均处理效应（ATT）分别为满足 1%统计显著性的 0.902、0.936 和 0.987。

## 本章小结

本章从病虫害防治外包的环境效应角度出发，在构建农药减量增效技术采纳关联效应和病虫害防治外包影响农户农药减量增效技术采纳理论分析框架的基础上，采用微观农户的调研数据，首先，运用多元 Probit（MVP）模型实证检验农户农药减量增效技术采纳的关联效应。其次，运用较前沿的参数效应评估方法内生处理效应泊松回归（ETPR）模型，综合解决由可观测和不可观测因素造成的选择性偏误问题，实证检验病虫害防治外包对农户农药减量增效技术采纳影响的处理效应。最后，运用倾向得分匹配法（PSM）、逆概率加权法（IPW）、回归调整法（RA）和具有双重稳健性的逆概率加权回归调整法（IPWRA）等非参数效应评估方法进行稳健性检验。结果表明：①当前各项农药减量增效技术采纳比例不高，且差异性强，除抗病虫良种技术和无公害农药施用技术以外，其他 4 项农药减量增效技术的采纳比例均低于 30%。此外，农药减量增效技术的采纳强度不高，且与农户数量基本呈现反方向变动趋势，即随着采纳强度增加，对应农户数量逐渐减少。②农户农药减量增效技术采纳不是独立的决策过程，而是相互关联的，不同农药减量增效技术之间存在互补和替代效应。③病虫害防治外包对农药减量增效技术采纳有显著正向影响。此外，经营水平、技术了解程度均对农药减量增效技术采纳有显著正向影响，而户主年龄和土地细碎化程度均对农药减量增效技术采纳有显著负向影响。

# 第六章

# 病虫害防治外包对农户农药施用行为的影响

**引言：**农药过量施用不仅导致生产成本的提高、限制农产品价值的提升空间，而且逐步成为导致生态环境恶化和资源约束趋紧的主要来源之一。病虫害防治外包服务组织通过提供及时有效的病虫害信息和防治技术指导，引导农户科学、规范、安全施用农药，缓解过量施药造成的环境问题，对推进农药减量行为具有非常强的潜在优势。第五章从农户农药减量增效技术采纳角度出发，探究了病虫害防治外包的环境效应。本章将从农户农药施用强度和农户农药施用频次视角出发，在基于损害控制生产函数，构建病虫害防治外包对农户农药施用行为影响理论分析框架的基础上，重点分析病虫害防治外包对农户农药施用行为的影响，进一步阐述病虫害防治外包的环境效应，明确病虫害防治外包对农业绿色发展的促进作用。

# 第一节　研究背景与文献综述

近年来，在“高产稳产”的农业生产目标下，农药投入极大提升了我国粮食产量，无论是传统分散经营小农户，还是新型农业经营主体，均对农药产生极强的依赖性，农药已成为农业生产的必须投入品。然而，农业生产中普遍存在农药实际利用率低、施用量过度等问题（蔡键，2014），过量施用农药借助田间径流、地下渗透等方式对农地、农用水源造成污染，对人类健康和生态环境造成不利影响。为此，国家出台一系列政策推进农药减量化行动，2020 年底，我国三大主粮的农药利用率比 2015 年提高 4%，达到 40.60%①。但相较于欧洲、美国和世界水平，我国农药利用率仍存在较大提升空间。此外，我国农药施用量也远高于世界平均水平，2017 年，农药单位施用量约为同期世界水平的 3.83 倍②。可见，即使各级政府频频发力于推进农药减量化行动，农户过量施用农药问题仍未从根本上得到遏制，重新审视和调整优化农药减量化行动推进方式的必要性和迫切性凸显。

农户作为农药施用的直接决策主体，是实现农药减量化目标的微观基础。通过对农户农药施用行为影响因素相关研究的梳理，可以看出，已有研究较为丰富，但仍然存在有待完善之处。首先，从研究视角看，已有文献缺乏水稻病虫害防治外包影响农户农药施用行为的针对性研究，少数研究关注到社会化服务对农药减量行为的影响，但是直接用购买社会化服务的环节数表示社会化服务程度，过于笼统（杨高第等，2020），抑或未充分考虑环节异质性（郑纪刚和张日新，2022）。其次，从衡量指标看，已有文献尚未达成共识，现有研究主要从相对量和绝对量 2 个层面衡量农药减量施用行为。一是相对量方面，学者们运用类比方式分析农户农药减量施用行为，即通过对比样本农户与周边农户的农药施用强度（蔡荣等，2019；Liu 和 Gang，2021）、样本

① 数据来源：农业农村部网站．http://www.moa.gov.cn/xw/zwdt/202101/t20210117_6360031.htm.2022.11.21.

② 数据来源：联合国粮农组织（FAO）数据库．http://www.fao.org/faostat.2022.11.21.

农户近三年与往年农药施用强度（赵秋倩和夏显力，2020）以及样本农户与农药施用说明书的农药施用强度（田云等，2015）等分析农药减量施用行为；二是绝对量方面，主要通过测算亩均农药投入费用（庄天慧等，2021；王成利和刘同山，2021；Feng 等，2021a）、亩均农药施用量（高晶晶和史清华，2019）、亩均农药施用次数（应瑞瑶和徐斌，2017）来分析农药减量施用行为，此外，也有学者运用其中两个标准分析农药减量施用行为（陈欢等，2017；张倩等，2019；郑淋议等，2021）。再次，从研究方法看，已有研究多忽视回归过程中的内生性问题，部分研究虽考虑了内生性问题，但仅考虑由可观测因素造成的选择性偏误问题，抑或仅通过估计处理组的平均处理效应（ATT）值来进行效应评估，而非估计水稻病虫害防治外包农药减量效应的直接影响系数。

基于此，本章在基于损害控制生产函数，构建水稻病虫害防治外包服务对农户农药施用行为影响理论分析框架的基础上，利用 2020 年 9 月和 2020 年 12 月对安徽省和江苏省 2 省稻农开展的实地调查数据，选取农户农药投入费用和农户农药施用频次 2 个变量代表农户农药施用行为，并采用较前沿的内生处理效应回归（ETR）模型进行回归，整体考察水稻病虫害防治外包服务影响农户农药施用行为的处理效应。需要指出的是，农业生产实践中，大部分农户不了解所施农药折纯量，却对农药投入成本和施用次数的把握更为清晰，故选取这两个变量代表农户农药施用行为，更具合理性。

## 第二节　理论逻辑与研究假说

不同于良种、化肥等具有生产性功能的投入要素，农药多用作保护性投入要素，其主要作用在于降低农作物病虫害可能造成的损失，从而保障农产品产量，而非直接提升潜在产量，Hall 和 Norgaard（1973）以及 Talpaz 和 Borosh（1974）率先将这一类要素导入生产函数中，突出农户农药施用行为理论分析的独立性，并提出损害控制生产函数概念。借鉴已有研究成果（王常伟和顾海英，2013；高晶晶和史清华，2019），本书采用损害控制生产函数构建水稻病虫害防治外包服务影响农户农药施用行为的理论分析框架，该框架构建共包括 3 步：一是构建损害控制生产函数，二是探究农户最优农药施用强度的影响因素，三是厘清水稻病虫害防治外包服务促进农户实现最优农药施用强度的作用机理。具体来看：

第一步，基于农药对农产品产量影响过程，构造损害控制生产函数。以杀虫剂为例，假定农药未控制时害虫数量是 $B_0$，农药以 $K$（$T$）函数形式影响害虫数量，$T$ 是农药施用量，通常情况下，农药对害虫数量的影响会随着农药施用量的增加而增加，故可假定 $\partial K(T)/\partial T>0$，因此，害虫损害控制生产函数为：

$$B = B_0[1-K(T)] \tag{6-1}$$

由式（6-1）可知，当 $K(T)=1$ 时，$B=0$，即当农药施用量足够大时，害虫数量是 0，当 $K(T)=0$ 时，$B=B_0$，即当农药未控制时，害虫数量是 $B_0$。

假定农产品实际产量 $Q$，潜在产量是 $F(q)$，其中，$\delta$ 是害虫导致的产量损失比例，即农药抑制农作物病虫草害，获得潜在产量的范围，$q$ 是资本和劳动力等投入要素，害虫以 $D(B)$ 函数形式影响产量，因此，害虫损害控制生产函数为：

$$Q=(1-\delta)F(q)+\delta F(q)[1-D(B)] \tag{6-2}$$

通常情况下，害虫数量对农产品产量的影响会随害虫数量的增加而增加，故可假定 $\partial D(B)/\partial B>0$，此外，由式（6-2）可知，当害虫数量是 0 时，$D(B)=0$，则 $Q=F(q)$，即农产品实际产量是潜在最大值，当害虫数量足够大时，$D(B)=1$，则 $Q=(1-\delta)F(q)$，即农产品实际产量是最小值。将式（6-1）带入式（6-2），可得含农药投入的害虫损害控制生产函数为：

$$Q=(1-\delta)F(q)+\delta F(q)\{1-D[B_0(1-K(T))]\} \tag{6-3}$$

Fox 和 Weersink（1995）指出相关研究多令 $G(T)=1-D[B_0(1-K(T))]$，但 $G(T)$ 的函数形式设定存在差异，常用函数形式包括：Exponential 形式 $1-\exp(-mT)$、Pareto 形式 $1-(K/T)^2$ 和 Weibull 形式 $1-\exp(-T^m)$ 等。

第二步，基于利润最大化目标，探究农户最优农药施用强度的影响因素。假定农产品销售价格是 $p$，$q$ 的价格是 $\omega$，$T$ 的价格是 $r$，则农户利润函数为式（6-4）。需要指出的是，不同农户对农药抑制虫害能力认知存在差异，$K(T)$和$\delta$的设定必然存在异质性，出于模型合理性，将$K(T)$和$\delta$调整为充分考虑农户特征的$K_i(T)$和$\delta_i$，其中，$i$表示第$i$个农户，故农户利润函数调整为（6-5）式。

$$\pi = pQ - \omega q - rT$$
$$= p[(1-\delta)F(q) + \delta F(q)G(T)] - \omega q - rT \quad (6\text{-}4)$$
$$= p[(1-\delta_i)F(q) + \delta_i F(q)G_i(T)] - \omega q - rT \quad (6\text{-}5)$$

为求解农户最优农药施用量$T^*$，本书假定$G_i(T)$的函数形式为Exponential形式，即$G_i(T)=1-\exp(-m_iT)$，$m_i$是第$i$个农户农药施用效果认可度。将$G_i(T)$代入（6-5）式，并令$\partial\pi/\partial T=0$，即对$T$求偏导，可得最优农药施用量的决策条件，如式（6-6）所示，再对（6-6）式两边取对数，可得农户最优农药施用量，如式（6-7）所示。

$$p\delta_i F(q)\partial G_i(T)/\partial T = r \quad (6\text{-}6)$$

$$T^* = \{\ln[\delta_i m_i pF(q)] - \ln r\}/m_i \quad (6\text{-}7)$$

可见，$T^*$与$\delta_i$、$m_i$、$p$和$r$直接相关。具体来看，由(6-7)式可知，$T^*$与$\delta_i$呈正向变动趋势，即$\delta_i$越大，农户越倾向于增加农药施用量和农药施用次数。此外，由$G_i(T)$的函数形式可知，$T$与$G_i(T)$呈反向变动趋势。对$G_i(T)$求偏导，$\partial G_i(T)/\partial m_i = m_iT/exp\ (m_iT)>0$，则$G_i(T)$与$m_i$呈正向变动趋势，故$T^*$与$m_i$呈反向变动趋势，即$m_i$越小，农户越倾向于增加农药施用量和农药施用次数。值得一提的是，若假定$p$和$r$为外生变量，则农户最优农药施用量$T^*$的关键影响因素为$\delta_i$和$m_i$。因此，影响$\delta_i$和$m_i$的因素均直接影响农户最优农药施用量。

第三步，基于害虫导致产量损失比例$\delta_i$和农户农药施用效果认可度$m_i$的影响因素，厘清水稻病虫害防治外包服务促进农户实现最优农药施用强度的作用机理。当前化学药剂防治仍是农作物害虫治理的主要方式，随之而来的是害虫抗药性增强，给农药种类选择、施药时间和施药方式提出更高要求。然而农户更多的是依赖生产经验进行害虫防治，对症下药的实现程度不高，导致$m_i$降低。此外，害虫防治具有时效性，而害虫侵害具有流动性，周边地块会给害虫提供新的生存空间，导致 $\delta_i$ 增加，并最终导致农户过量施药行为。与未购买水稻病虫害防治外包服务农户相比，购买水稻病虫害防治外包服务农户可获得专业技术指导。服务组织在害虫类型识别、药械使用方式和农药品种选择等方面具有优势，能有效传递相关信息，保障农药的规范施用，提升害虫防治效果。此外，服务组织配备先进的农药减量增效技术，通过提供水稻病虫害防治外包服务，将农药减量增效技术导入农业生产中，不仅降低 $\delta_i$，保证粮食产出，而且提升 $m_i$，减少农药施用量和农药施用次数。因此，本书提出研究假设 H1 和 H2。

H1：病虫害防治外包能够显著负向影响农户农药施用强度。

H2：病虫害防治外包能够显著负向影响农户农药施用频次。

# 第三节　模型构建与变量选择

## 一、模型构建

### 1. 病虫害防治外包影响农户农药施用行为的模型构建

效应评估相关研究方法较为丰富，主要包括参数法和非参数法 2 类。非参数法中最常用的是倾向得分匹配法（PSM），但该方法只适用于处理由可观测因素造成的选择性偏误问题。参数法中常用的是内生转换（ESR）模型，该方法可同时处理由可观测和不可观测因素造成的选择性偏误问题，但与倾向得分匹配法（PSM）一样，内生转换（ESR）模型只能通过估计处理组的平均处理效应（ATT）值进行效应评估（Heckman 等，1998），不能直接估计影响效应。因此，本书采用参数法中较前沿的内生处理效应回归（ETR）模型估计水稻病虫害防治外包服务对农户农药施用行为的影响，该模型兼具内生转换（ESR）模型的特点，又优于内生转换（ESR）模型，可直接估计效应评估结果（Hübler 和 Hartje，2016；Abdul 和 Abdulai，2020；Ma 等，2020；Li 等，2020；Abdul 和 Abdulai，2021；Ma 等，2017；Ma 和 Abdulai，2017；Zhu 等，2021）。

内生处理效应回归（ETR）模型回归分为两个阶段，ETR 模型的第一阶段是选择方程回归，用以识别受访者个人特征变量、家庭生产经营特征变量和地区虚拟变量等对受访者水稻病虫害防治外包决策的影响。ETR 模型的第二阶段是结果方程回归，即农户农药施用行为决定的结果方程，在控制内生性的基础上，估计农户购买水稻病虫害防治外包服务对农药施用行为的直接影响效应。

具体来说，第一阶段和第二阶段分别为：

$$O_i^* = \delta_i X_i + \partial_i I_i + \varepsilon_i,\ O_i = \begin{cases} 1，如果 O_i^* > 0 \\ 0，如果 O_i^* \leqslant 0 \end{cases} \tag{6-8}$$

$$Y_i = \alpha_i O_i + \beta_i X_i + \mu_i \tag{6-9}$$

式（6-8）为选择方程，其中，$O_i$ 表示水稻病虫害防治外包决策，是一个二元选择变量，由随机效用模型 $O_i^*$ 决定，$O_i^*$ 表示购买水稻病虫害防治外包服务农户获得效用（$U_{iU}$）与未购买水稻病虫害防治外包服务农户获得效用（$U_{iN}$）之间的差异，若 $O_i^* = U_{iU} - U_{iN} > 0$，则 $O_i = 1$，表示农户购买了水稻病虫害防治外包服务，若 $O_i^* = U_{iU} - U_{iN} \leqslant 0$，则 $O_i = 0$，表示未购买水稻病虫害防治外包服务。(6-9) 式为结果方程，其中，$Y_i$ 表示农户农药施用行为，包括农户农药施用强度和农药施用频次；$X_i$ 表示水稻病虫害防治外包决策和农户农药施用行为的影响因素；$\delta_i$、$\partial_i$、$\alpha_i$ 和 $\beta_i$ 均为待估参数，其中，$\alpha_i$ 为水稻病虫害防治外包对农户农药施用行为的直接影响效应，$\varepsilon_i$ 和 $\mu_i$ 为随机误差项；$I_i$ 是工具变量。

需要指出的是，内生处理效应回归（ETR）模型通过完全信息极大似然估计法联合估计出误差项 $\varepsilon_i$ 和 $\mu_i$ 的相关系数 $\rho_{\varepsilon\mu}$，将第一阶段的选择性偏误项引入第二阶段中，解决由可观测和不可观测因素共同导致的选择性偏误问题，缓解由此导致的内生性问题。另外，内生处理效应回归（ETR）模型也会汇报 *Wald* 独立性检验值结果，用以测度选择方程和结果方程之间的相关性。

2. 病虫害防治外包影响农户农药施用行为稳健性检验的模型构建

如前所述，效应评估方法非常丰富，为检验内生处理效应回归（ETR）模型回归结果稳健性，本书运用倾向得分匹配法（PSM）等非参数效应评估方法进行稳健性检验。本节重点介绍倾向得分匹配法（PSM）的构造原理。借鉴 Rosenbaum 和 Rubin（1983）的研究，构建反事实框架评估水稻病虫害防治外包服务对农户农药施用行为的影响。倾向得分匹配法（PSM）回归分为两个阶段，第一阶段为倾向得分 $p_i$ 的计算，第二阶段为匹配阶段，并在此基础上计算处理效应。考虑到不同匹配方法的支撑域差异，分别采用一对一匹配法、一对四匹配法、半径匹配法和核匹配法 4 种匹配方法进行样本配对，并测算处理组的平均处理效应（ATT）。

## 二、数据来源

本书数据来源于课题组在 2020 年 9 月和 2020 年 12 月对安徽省合肥市、滁州市和江苏省宿迁市、淮安市 2 省 4 市稻农的问卷调查。调研方式为“一对一”访谈形式，调研设计及基本的样本分布等情况详见第三章第二节，这里不再赘述。

## 三、变量选择

第一，结果变量为农户农药施用行为。如前所述，农户农药施用行为研究较为丰富，不同研究界定方式不同，结论也会产生差异，因此，本书借鉴已有研究成果（陈欢等，2017；张倩等，2019），选取农户农药施用强度和农户农药施用频次 2 个变量代表农户农药施用行为，具体来看，这两个变量分别指的是水稻种植过程中亩均农药支出费用（元/亩）和亩均农药施用次数。

第二，处理变量为病虫害防治外包决策，该变量是一个二元选择变量，借鉴已有研究成果（Sun 等，2018；杨志海，2019；Baiyegunhi 等，2019），本书将其界定为：2019 年，若受访农户在水稻种植过程中购买病虫害防治外包服务，赋值为 1，归为处理组；若未购买病虫害防治外包服务，则赋值为 0，归为对照组。

第三，控制变量。借鉴陈欢等（2017）、应瑞瑶和徐斌（2017）、张倩等（2019）、高晶晶和史清华（2019）、杨高第等（2020）、闫阿倩等（2021）、庄天慧等（2021）、王成利和刘同山（2021）、郑淋议等（2021）、Liu 和 Gang

(2021)、郑纪刚和张日新(2022)以及 Ma 和 Zheng(2021b)等的研究成果，选择以下三类变量为控制变量：一是受访农户个人特征变量，包括年龄、受教育程度、村干部身份 3 个变量。二是受访农户家庭的生产经营特征变量，包括农业培训、水稻种植年限、农业劳动力占比、社会网络、人均水稻经营面积、非农收入占比 6 个变量。此外，为控制不同地区间区域特色、经济水平和文化开发等特征的影响，模型中引入一组地区虚拟变量。

第四，工具变量为朋友病虫害防治外包决策。根据模型设定，实证回归过程中可能存在测量误差或遗漏变量等内生性问题，故需要寻找工具变量。本书选取朋友病虫害防治外包决策为工具变量。该变量指“与您年龄相仿、教育水平相近的朋友是否购买病虫害防治外包服务”，应瑞瑶和徐斌(2014)指出农户水稻病虫害防治外包决策会受到周边其他农户的示范效应影响，因此，该变量会显著影响受访农户水稻病虫害防治外包决策，而对其农药施用强度和农药施用频次而言则为外生变量，借鉴同群效应相关分析，参考 Smith 等(2004)、Ma 和 Abdulai(2016)以及 Ma 和 Wang(2020)的研究，选取此变量为工具变量。

## 四、描述性统计分析

1. 变量定义与描述性统计

表 6-1 汇报了变量名称、变量定义和各变量的描述性统计数据。可知，共 160 位受访农户在水稻种植过程中购买了水稻病虫害防治外包服务，约占总样本的 35.7%，其他 288 位受访农户未购买水稻病虫害防治外包服务，约占 64.3%；受访农户的农药施用强度均值为 92.90 元/亩，最大值为 132 元/亩；受访农户的农药施用频次均值为 4.960 次/亩，最大值为 8 次/亩；受访农户实际年龄的均值为 54.21 岁，最大值为 74 岁；受访农户受教育年限的均值为 7.156 年，最大值为 15 年；受访农户农业培训的均值为 2.542 次，最大值为 6 次；受访农户水稻种植年限的均值为 28.59 年，最大值为 44 年；共 182 位受访农户的朋友购买了水稻病虫害防治外包服务，约占总样本的 40.6%，其他 266 位受访农户的朋友没有购买水稻病虫害防治外包服务，约占 59.4%。

**表 6-1 变量定义及描述性统计**

| 变量名称 | 变量定义 | 均值 | 标准差 | 最小值 | 最大值 |
|---|---|---|---|---|---|
| 结果变量 | | | | | |
| 农药施用强度 | 水稻种植过程中，亩均农药投入费用（元/亩） | 92.90 | 10.53 | 65 | 132 |
| 农药施用频次 | 水稻种植过程中，亩均农药施用次数（次/亩） | 4.960 | 1.489 | 2 | 8 |
| 处理变量 | | | | | |
| 病虫害防治外包决策 | 水稻种植过程中，是否购买病虫害防治外包服务：是＝1；否＝0 | 0.357 | 0.480 | 0 | 1 |
| 控制变量 | | | | | |
| 年龄 | 实际年龄（周岁） | 54.21 | 8.527 | 30 | 74 |
| 受教育程度 | 受教育年限（年） | 7.156 | 2.708 | 1 | 15 |
| 村干部身份 | 是否为村干部：是＝1；否＝0 | 0.134 | 0.341 | 0 | 1 |
| 农业培训 | 家庭成员参加农业培训次数（次） | 2.542 | 1.613 | 0 | 6 |
| 水稻种植年限 | 种植水稻年限（年） | 28.59 | 6.786 | 10 | 44 |
| 农业劳动力占比 | 家庭劳动年龄人口中农业劳动力人口占比 | 0.535 | 0.244 | 0 | 2 |
| 社会网络 | 与农技员/农业专家的交流程度：从来没有＝1；比较少＝2；一般＝3；比较多＝4；经常＝5 | 2.821 | 1.242 | 1 | 5 |
| 人均水稻经营面积 | 家庭人均水稻经营面积（亩/人） | 11.40 | 10.15 | 0.667 | 30 |
| 非农收入占比 | 家庭总收入中非农收入占比 | 0.444 | 0.252 | 0 | 0.916 |
| 地区虚拟变量 | 安徽＝0；江苏＝1 | 0.498 | 0.501 | 0 | 1 |
| 工具变量 | | | | | |
| 朋友病虫害防治外包决策 | 与您年龄相仿、教育水平相近的朋友是否购买水稻病虫害防治外包服务：是＝1；否＝0 | 0.406 | 0.492 | 0 | 1 |

数据来源：根据调研数据整理所得。

### 2. 均值差异性分析

表 6-2 汇报了所选变量在购买水稻病虫害防治外包服务和未购买水稻病虫害防治外包服务农户之间的差异，其中，第 2 列和第 3 列分别报告处理组和对照组农户的均值，第 4 列为均值差异。可以看出，两组样本农户存在明显差异。例如，购买水稻病虫害防治外包服务农户比未购买水稻病虫害防治外包服务的农药施用强度和农药施用频次低。其次，购买水稻病虫害防治外包服务农户比未购买水稻病虫害防治外包服务农户更年轻，且受教育程度更高。除此之外，

与购买水稻病虫害防治外包服务农户相比，未购买水稻病虫害防治外包服务农户的人均水稻经营面积更小。值得一提的是，购买水稻病虫害防治外包服务农户的朋友采纳水稻病虫害防治外包服务比例比未购买水稻病虫害防治外包服务农户的大很多，表明解释变量与工具变量存在较强的相关性，但工具变量有效性尚需进行相关检验。综上可知，两组样本的确存在明显差异，但还不能说明这些差异是由水稻病虫害防治外包服务导致的，要论证水稻病虫害防治外包服务对农户农药施用强度和农户农药施用频次的影响，还需进行实证分析。

**表 6-2　病虫害防治外包对农户农药施用行为影响的差异性分析**

| 变量名称 | 病虫害防治外包 | 病虫害防治未外包 | 均值差异 |
|---|---|---|---|
| 农药施用强度 | 85.44(0.49) | 97.05(0.60) | −11.611*** |
| 农药施用频次 | 3.72(0.07) | 5.65(0.08) | −1.931*** |
| 年龄 | 50.12(0.62) | 56.48(0.47) | −6.360*** |
| 受教育程度 | 8.69(0.21) | 6.31(0.14) | 2.382*** |
| 村干部身份 | 0.14(0.03) | 0.13(0.02) | 0.006 |
| 农业培训 | 3.17(0.11) | 2.19(0.10) | 0.984*** |
| 水稻种植年限 | 27.29(0.48) | 29.32(0.42) | −2.032*** |
| 农业劳动力占比 | 0.53(0.01) | 0.54(0.02) | −0.009 |
| 社会网络 | 3.36(0.09) | 2.52(0.07) | 0.832*** |
| 人均水稻经营面积 | 21.90(0.56) | 5.57(0.36) | 16.330*** |
| 非农收入占比 | 0.31(0.01) | 0.52(0.02) | −0.210*** |
| 地区虚拟变量 | 0.42(0.04) | 0.54(0.03) | −0.113** |
| 朋友病虫害防治外包决策 | 0.83(0.03) | 0.17(0.02) | 0.661*** |
| 样本量 | 160 | 288 | — |

注：*、**、***分别表示在 10%、5%、1%的显著水平；（　）内数值为标准误。

# 第四节　实证检验与结果分析

## 一、病虫害防治外包对农户农药施用行为的影响

表 6-3 的第 2 列、第 3 列的下方和第 4 列、第 5 列的下方分别报告了水稻病虫害防治外包服务对农户农药施用强度和农户农药施用频次影响的相关检

验结果，这里重点汇报选择方程和结果方程随机误差项 $\varepsilon_i$ 和 $\mu_i$ 的相关系数 $\rho_{\varepsilon\mu}$、*Wald* 独立性检验的估计结果和工具变量的有效性检验。

两组回归中的 $\rho_{\varepsilon\mu}$ 分别为满足 5%统计显著性的－0.227 和－0.540，表明在水稻病虫害防治外包服务对农户农药施用强度影响的回归方程中，存在不可观察因素既对水稻病虫害防治外包决策产生显著正向影响，又对农户农药施用强度产生负向影响；在水稻病虫害防治外包服务对农户农药施用频次影响的回归方程中，存在不可观察因素既对水稻病虫害防治外包决策产生显著正向影响，又对农户农药施用频次产生负向影响。即两组回归的结果方程均存在选择性偏误问题，如不控制，影响效应会被低估。两组回归中的 *Wald* 独立性检验值分别为满足 5%统计显著性的 4.27 和 4.06，表明两组回归中的选择方程独立于结果方程的假设均不成立，均应将选择方程和结果方程进行联立估计，因此，两组回归采用内生处理效应回归（ETR）模型是合适和科学的。

工具变量有效性检验方面，首先，对工具变量进行弱工具变量检验，*F* 统计量为 73.77（远大于 10），表明不存在弱工具变量问题。其次，表 6-3 第 2 列和第 4 列中朋友病虫害防治外包决策的估计值分别为满足 1%统计显著性的 2.552 和 2.029，足以说明朋友病虫害防治外包决策对受访者病虫害防治外包决策具有显著影响，因此，工具变量的选择是合适的。

1. 选择方程的内生处理效应回归（ETR）模型估计结果

表 6-3 的第 2 列和第 4 列分别汇报了农户农药施用强度和农户农药施用频次影响因素的内生处理效应回归（ETR）模型选择方程的估计结果。可知，年龄对水稻病虫害防治外包决策产生显著的负向影响。这一结果不难理解，一方面，年龄较高农户的思想观念较为保守，更倾向于采用传统农业生产方式进行自防自治，对水稻病虫害防治外包服务的接受程度较低；另一方面，年龄较高农户外出务工可能性较低，需要农业生产维持生计，在力所能及的病虫害防治环节，更愿意依靠自身力量完成（陆岐楠等，2017）。社会网络对水稻病虫害防治外包决策产生显著的负向影响。表明农户与农技员或农业专家的交流越频繁，越不愿意购买水稻病虫害防治外包服务，可能的原因在于，农户购买水稻病虫害防治外包服务的主要目的在于获取技术指导和施药信息，

但是农技员或农业专家也会为农户提供相关指导，因此，购买水稻病虫害防治外包服务的可能性就降低了。人均水稻经营面积对水稻病虫害防治外包决策产生显著的正向影响。水稻病虫害防治外包服务的重要作用之一是释放劳动力，通常情况下，水稻种植规模越大的农户家庭需要投入的劳动力越多，因此，规模越大的农户家庭越愿意购买水稻病虫害防治外包服务，以降低劳动力投入成本（Sun 等，2018）。除此之外，非农收入占比对水稻病虫害防治外包决策产生显著的正向影响。农户家庭非农收入占比是其兼业化程度的重要体现，非农收入占比越高的农户对农业生产重视程度越低，因此，更愿意通过购买水稻病虫害防治外包服务来完成施药环节（蔡荣和蔡书凯，2014）。

2. 结果方程的内生处理效应回归（ETR）模型估计结果

表 6-3 的第 3 列和第 5 列分别为农户农药施用强度和农户农药施用频次影响因素的内生处理效应回归（ETR）模型结果方程的估计结果。其中，由第 3 列可知，水稻病虫害防治外包决策估计系数为满足 1%统计显著性的 −13.302，表明水稻病虫害防治外包服务有助于减少农户农药施用强度，研究假设 H1 得到验证。此外，由第 5 列可知，水稻病虫害防治外包决策估计系数为满足 10%统计显著性的 −0.435，表明水稻病虫害防治外包服务有助于减少农户农药施用频次，研究假设 H2 得到验证。

控制变量方面，年龄对农户农药施用强度和农户农药施用频次均产生显著的正向影响。通常情况下，农户缺乏专业服务和技术指导，对农业生产经验依赖性更强，而且农户年龄越高，越难做到对症下药，病虫害防治的有效性和时效性不足，导致农药施用强度和农药施用频次的增加（张倩等，2019）。受教育程度对农户农药施用频次产生显著的负向影响。这一结果不难理解，农户的受教育水平越高，对合理施药的认知水平和实施程度越高，有助减少农药施用频次。水稻种植年限对农户农药施用强度和农户农药施用频次均产生显著的负向影响。可能的原因在于，水稻种植年限越高的农户具备充足的水稻生产管理经验，能够有效把握水稻病虫害生长规律，进而减少农药施用强度和降低农药施用频次（Ma 等，2017）。农业劳动力占比对农户农药施用频次产生显著的正向影响。可能的原因在于，农业劳动力占高的家庭以农业收入为家庭主要收入来源，对病虫害防治效果的要求更高，而农业劳动力占比高又消除了劳动力供给约束，因此，相对于农业劳动力占比低的农户，其更倾向于增加农药施用频次（郑淋议等，2021）。社会网络对农户农药施用频次产生显著的负向影响。这一结果表明，农户与农技员或农业专家的交流程度越高，农药施用频次越低。通常情况下，农户缺乏农药施用剂量标准的相关知识，农技员或农业专家具有丰富种植经验，能为农户科学施药提供针对性指导，从而降低农户农药施用频次（赵秋倩和夏显力，2020；Tang 和 Luo，2021）。值得一提的是，人均水稻经营面积对农户农药施用强度产生显著的正向影响，对农户农药施用频次产生显著的负向影响。这一结果虽然超出预期，却也在情理之中，农业生产实践中，病虫害防治不仅费工费时，而且对技术采纳要求也很高，为保证防治效果，同时减少成本，人均水稻经营面积越大农户越倾向减少施药次数，而增加单次施药投入强度（陈欢等，2017；Liu 和 Gang，2021；郑纪刚和张日新，2022）。

**表 6-3　病虫害防治外包对农户农药施用行为影响的 ETR 模型联合估计结果**

| 变量 | 内生处理效应回归(ETR)模型 | | 内生处理效应回归(ETR)模型 | |
|---|---|---|---|---|
| | 病虫害防治外包决策 | 农户农药施用强度 | 病虫害防治外包决策 | 农户农药施用频次 |
| 病虫害防治外包决策 | — | −13.302*** (2.105) | — | −0.435* (0.224) |
| 年龄 | −0.079*** (0.024) | 0.166** (0.068) | −0.095*** (0.027) | 0.043*** (0.006) |
| 受教育程度 | 0.063 (0.067) | 0.022 (0.179) | 0.100 (0.071) | −0.169*** (0.020) |
| 村干部身份 | −0.169 (0.478) | −1.067 (1.371) | −0.566 (0.417) | 0.113 (0.111) |
| 农业培训 | −0.103 (0.118) | −0.069 (0.290) | −0.179 (0.140) | 0.025 (0.030) |
| 水稻种植年限 | −0.017 (0.025) | −0.129* (0.076) | −0.002 (0.028) | −0.014** (0.007) |
| 农业劳动力占比 | 0.501 (0.816) | 0.629 (1.657) | 1.342 (0.843) | 0.922*** (0.198) |
| 社会网络 | −0.349*** (0.152) | 0.015 (0.495) | −0.168 (0.142) | −0.215*** (0.040) |
| 人均水稻经营面积 | 0.431*** (0.049) | 0.234** (0.113) | 0.399*** (0.049) | −0.038*** (0.011) |

续表 6-3

| 变量 | 内生处理效应回归(ETR)模型 | | 内生处理效应回归(ETR)模型 | |
|---|---|---|---|---|
| | 病虫害防治外包决策 | 农户农药施用强度 | 病虫害防治外包决策 | 农户农药施用频次 |
| 非农收入占比 | 10.911***<br>(1.543) | 1.227<br>(2.009) | 10.704***<br>(1.605) | −0.322<br>(0.237) |
| 地区虚拟变量 | −1.372***<br>(0.283) | 4.981***<br>(0.876) | −1.015***<br>(0.267) | 0.206***<br>(0.072) |
| 朋友病虫害防治外包决策 | 2.552***<br>(0.356) | — | 2.029***<br>(0.472) | — |
| 常数 | −6.249***<br>(1.735) | 86.435***<br>(4.315) | −6.332***<br>(1.653) | 4.910***<br>(0.371) |
| 检验及其他信息 | | | | |
| $\rho_{\varepsilon\mu}$ | −0.227** (0.110) | | −0.540** (0.268) | |
| Lnsigma | 2.119*** (0.043) | | −0.282*** (0.033) | |
| 拟合优度检验 | 399.82*** | | 1473.62*** | |
| 对数伪似然值 | −1635.069 | | −555.290 | |
| Wald 独立性检验 | $\chi^2(1)=4.27$,<br>$prob>\chi^2=0.039$ | | $\chi^2(1)=4.06$,<br>$prob>\chi^2=0.044$ | |
| 样本量 | 448 | 448 | 448 | 448 |

注：*、**、***分别表示在10%、5%、1%的显著水平；(　)内数值为标准误。

## 二、群组差异性分析

上述分析已证实水稻病虫害防治外包服务有助于减少农户农药施用强度和施用频次，为进一步分析水稻病虫害防治外包服务对不同要素禀赋农户农药施用行为影响的差异，本节进行群组差异性分析，首先，分别根据受教育年限和人均水稻经营面积等对农户进行分组，按分组变量均值将样本分为“小于均值”和“大于均值”两组。其次，与基准回归一样，采用内生处理效应回归(ETR)模型分别分析水稻病虫害防治外包服务对农户农药施用强度和农户农药施用频次影响的异质性，回归结果如表 6-4 所示，其中，第 3 列和第 5 列分别汇报了水稻病虫害防治外包服务对农户农药施用强度和农户农药施用频次的影响系数。

**表 6-4 病虫害防治外包对农户农药施用行为影响的群组差异性分析回归结果**

| 变量 | | 农户农药施用强度 | | 农户农药施用频次 | |
|---|---|---|---|---|---|
| | | 系数 | 标准误 | 系数 | 标准误 |
| 受教育年限 | 小于均值 | −14.534*** | 3.449 | −1.371*** | 0.287 |
| | 大于均值 | −12.569*** | 3.492 | −0.703** | 0.314 |
| 人均水稻经营面积 | 小于均值 | −9.838*** | 2.206 | −0.832 | 0.625 |
| | 大于均值 | −14.170*** | 3.275 | −0.920*** | 0.224 |

注：*、**、***分别表示在10%、5%、1%的显著水平。

由表 6-4 的回归结果可知，水稻病虫害防治外包服务对受教育年限小于均值农户农药施用强度和农户农药施用频次的负向促进作用高于大于均值农户，可见，水稻病虫害防治外包服务对受教育年限较低农户的促进作用更强。一般情况下，相对于受教育年限较高农户，受教育年限较低农户对农业生产污染状况认知水平较低，在购买水稻病虫害防治外包服务之前，其农药施用强度和农药施用频次均较高。因此，水稻病虫害防治外包服务减少其农药施用强度和农药施用频次的边际作用更大。除此之外，水稻病虫害防治外包服务对人均水稻经营面积小于均值农户农药施用强度和农户农药施用频次的负向促进作用低于大于均值农户，可见，水稻病虫害防治外包服务对人均水稻经营面积较高农户的促进作用更强，这一结果不难理解，人均水稻经营面积较高农户的规模化、专业化程度更高，更易从水稻病虫害防治外包服务中获得规模经济效应。同时，人均水稻经营面积较高农户更关注农业生产成本，因此，水稻病虫害防治外包服务减少其农药施用强度和农药施用频次的促进作用更大，这也证明了未购买水稻病虫害防治外包服务情况下，人均水稻经营面积较低农户比人均水稻经营面积较高农户倾向于施用更多的农药。

## 三、稳健性检验

本节运用倾向得分匹配法（PSM）对基准回归内生处理效应回归（ETR）模型的研究结果进行稳健性检验，并分别采用一对一匹配法、一对四匹配法、半径匹配法和核匹配法 4 种匹配方法评估水稻病虫害防治外包服务对农户农药施用行为的影响，回归结果如表 6-5 所示，其中，表 6-5 上方和表 6-5 下方分别汇报了水稻病虫害防治外包服务对农户农药施用强度和农户农药施用频次的影响。整体来看,倾向得分匹配法(PSM)回归结果与基准回归内生处理效应回归(ETR)模型回归结果是一致的,即水稻病虫害防治外包服务有助减少农户农药施用强度和农户农药施用频次。具体来看,由表6-5上方回归结果可以发现,4种匹配方法均证实水稻病虫害防治外包服务对农户农药施用强度具有显著负向影响,处理组的平均处理效应(ATT)值分别为满足1%显著性水平的−22.019、−18.904、−21.617和−21.310。除此之外,由表6-5下方回归结果可以发现,4种匹配方法均证实水稻病虫害防治外包服务对农户农药施用频次具有显著负向影响,其中,一对一匹配法、一对四匹配法和核匹配法的处理组的平均处理效应(ATT)值分别为满足1%显著性水平的−0.808、−0.880和−0.696,半径匹配法的处理组的平均处理效应(ATT)值为满足10%显著性水平的−0.613,综上可知,即使更换了计量回归方法,研究结果依然稳健。

**表6-5　基于倾向得分匹配法的稳健性检验**

| 结果变量 | 匹配方式 | 控制组 | 处理组的平均处理效应(ATT) | 标准误 |
|---|---|---|---|---|
| 农户农药施用强度 | 一对一匹配法 | 107.163 | −22.019*** | 4.568 |
| | 一对四匹配法 | 104.048 | −18.904*** | 4.472 |
| | 半径匹配法 | 106.889 | −21.617*** | 4.540 |
| | 核匹配法 | 106.310 | −21.310*** | 4.321 |
| 农户农药施用频次 | 一对一匹配法 | 4.577 | −0.808*** | 0.305 |
| | 一对四匹配法 | 4.649 | −0.880*** | 0.296 |
| | 半径匹配法 | 4.577 | −0.613* | 0.318 |
| | 核匹配法 | 4.486 | −0.696*** | 0.264 |

注:*、**、***分别表示在10%、5%、1%的显著水平。

## 本章小结

本章继续从病虫害防治外包的环境效应角度出发,基于损害控制生产函数,构建病虫害防治外包影响农户农药施用行为的理论分析框架,利用2020年9月和2020年12月对安徽省和江苏省2省稻农开展的实地调查数据,选取农户农药施用强度和农户农药施用频次两个变量代表农户农药施用行为，采用较前沿的内生处理效应回归(ETR)模型，在综合考虑由可观测和不可观测因素造成的选择性偏误问题的基础上，整体考察病虫害防治外包影响农户农药施用行为的处理效应，并采用倾向得分匹配法(PSM)进行稳健性检验。结果表明：①病虫害防治外包有助降低农户农药施用强度和农户农药施用频次。②病虫害防治外包对农户农药施用行为的影响存在异质性，具体来说，病虫害防治外包对受教育年限较低农户的促进作用更强，对人均水稻经营面积较高农户的促进作用更强。

# 第七章

# 病虫害防治外包对农业生产技术效率的影响

**引言：**第五章和第六章着重分析病虫害防治外包的环境效应，明确病虫害防治外包对农户农药减量增效技术采纳和施用行为的影响，本章及第八章将聚焦病虫害防治外包的经济效应，重点研究病虫害防治外包对农业生产技术效率和农户家庭收入的影响。具体来看，本章从农业生产技术效率视角出发，在构建病虫害防治外包对农业生产技术效率影响的理论分析框架基础上，着重分析病虫害防治外包对农业生产技术效率的影响及其作用路径，探究病虫害防治外包的经济效应。

# 第一节　研究背景与文献综述

改革开放以来，我国农业生产环节外包服务发展迅速，为农业生产提供源源不断的动力，并成为促进我国农业生产方式转型不可替代的重要影响因素。农业生产环节外包服务是实现小农户与现代农业有机衔接的重要桥梁和纽带，对促进我国农业生产技术效率的提升具有非常强的潜在优势。相关研究已证实农业生产环节外包服务有助提升农业生产技术效率，但是也同样指出不同品种、不同环节的外包服务对农业生产技术效率的影响存在明显差异，尤其是水稻病虫害防治环节（陈超等，2012；孙顶强等，2016；Sun 等，2018；杨子等，2019b；卢华等，2020；陈哲等，2021）。那么，作为农业生产环节外包服务的重要形式之一，水稻病虫害防治外包服务对我国农业生产有怎样的影响？是否及多大程度上有助提升农业生产技术效率？作用路径是什么？分析稻农病虫害防治外包服务对农业生产技术效率的影响及其作用路径，可为我国病虫害防治外包服务体系的不断完善及农业生产效率的全面提升提供经验支撑。

如前所述，现有文献针对农业生产环节外包服务对农业生产技术效率影响进行了广泛研究，但是针对病虫害防治外包服务对农业生产技术效率影响的研究鲜见，多数研究仅在环节异质性中提及，并形成两种截然相反的研究结论。已有研究结论的矛盾之处表明水稻病虫害防治外包服务影响农业生产技术效率的研究仍存在重新审视的必要，需要指出的是，已有研究结论产生矛盾的主要原因在于三个方面：首先，从研究视角看，缺乏水稻病虫害防治外包服务影响农业生产技术效率的针对性研究。农业生产环节外包服务影响农业生产技术效率的研究较多，但是仅在环节异质性部分或者进一步讨论部分，笼统地将病虫害防治划分到技术密集型环节进行分析，缺乏对水稻病虫害防治外包服务影响农业生产技术效率的内在作用路径的分析。其次，从衡量指标看，已有文献主要从两个层面界定水稻病虫害防治外包服务，且衡量指标尚未达成共识。一是通过二元选择变量进行界定，通过询问农户是否购买水稻病虫害防治外包服务来界定水稻病虫害防治外包决策（陈超等，2012；张忠军和易中懿，2015；Sun 等，2018；汪紫钰和蔡荣，2019；卢华等，2020；赵培芳，2021；陈哲等，2021）。二是通过水稻病虫害防治外包服务费用进行界定，通过询问农户亩均病虫害防治外包服务费用来界定水稻病虫害防治外包决策（孙顶强等，2016）。最后，从研究方法看，回归过程中存在选择偏误问题未得到合理解决。通常情况下，农户可自行选择购买或者不购买水稻病虫害防治外包服务，处理组和对照组农户的外包选择并不是随机的，可能存在选择性偏误问题，已有研究大多忽视该问题，抑或仅考虑由可观测变量造成的选择性偏误问题，采用倾向得分匹配法（PSM）等非参数效应评估方法，评估处理变量对农业生产技术效率的影响（蔡荣等，2018；Zhang 等，2020；张复宏等，2021）。

基于此，本书利用 2020 年 9 月和 2020 年 12 月对安徽省和江苏省 2 省稻农开展的实地调查数据，采用随机前沿分析（SFA）方法测算农业生产技术效率，并在此基础上，选取农户是否购买水稻病虫害防治外包服务代表农户病虫害防治外包决策，采用内生转换（ESR）模型进行回归，综合处理由可观测和不可观测因素造成的选择性偏误问题，重点分析水稻病虫害防治外包是否能够提升农业生产技术效率，并采用中介效应模型探究水稻病虫害防治外包服务“增效”作用通过何种路径实现，检验其作用路径，以期为相关政策制定提供理论支撑和政策依据。需要指出的是不同概念界定方式会得到截然不同的结果，农户病虫害防治外包决策更看重的是水稻病虫害防治外包服务对农户家庭福利或者收入的影响。此外，通常情况下，水稻病虫害防治外包服务的服务价格较低，对农户病虫害防治外包决策影响并不大，因此，本书选取大多数学者倾向使用的二元选择变量来代表农户病虫害防治决策。

## 第二节　理论逻辑与研究假说

水稻病虫害防治外包服务的重要作用在于通过更高效的农业生产经营管理方式，提高农户的农业生产能力，弥补劳动力非农就业给农业生产带来的负面影响，水稻病虫害防治外包服务组织技术装备先进，人员配置精良，购买水稻病虫害防治外包服务的农户家庭主要通过专业分工效应、要素替代效应和规模经营效应 3 条路径，提升农业生产技术效率。相关文献已证实农业生产环节外包服务有助提升农业生产技术效率（孙顶强等，2016；汪紫钰和蔡荣，2019；刘爱珍等,2019),本书借鉴 Ma 等(2018b)和 Feng 等(2021b)的理论分析框架,从专业分工效应、要素替代效应和规模经营效应 3 条路径出发,分析水稻病虫害防治外包服务提升农业生产技术效率的作用路径(图 7-1)。

(1)专业分工路径

当前,我国农村拥有专业知识和技能的剩余劳动力依旧较少,在家庭资源配置中,不同农户的能力差异和行为偏好存在较强的异质性,水稻病虫害防治环节的施药方式和施药习惯也存在明显差异。水稻病虫害防治外包服务组织将高效的农业生产技术应用到农业生产实践中,形成专业分工优势,在一定程度上不仅有助规范农户家庭的施药行为,而且显著提升水稻病虫害防治外包服务组织的作业熟练程度,进而减少农药的施用量和施用频率(黄季焜等,2008),提升水稻种植过程的要素利用率。此外,随着水稻病虫害防治环节外包服务交易的深入推进,水稻病虫害防治环节外包服务市场的规模也逐渐扩大,催生出越来越多的市场需求,进一步提升服务组织的作业能力,促进水稻病虫害防治环节外包服务市场专业分工的进一步深化和农业生产技术效率的进一步提升(王玉斌和李乾,2019)。

(2)要素替代路径

随着我国工业城镇化的深入推进,农村劳动力非农就业比例和非农就业时间不断增加,农业剩余劳动力的数量不足且质量较弱,给农业生产带来明显的负面影响,导致农业剩余劳动力机会成本的持续攀升,水稻病虫害防治外包服务组织通过协助或者代替农户完成水稻病虫害防治环节(陈超等,2012;张忠军和易中懿,2015),为农户提供更加省时高效的技术和信息服务,实现家庭劳动力要素有效替代,在一定程度上增加了户主的外出打工时间,降低了其从事农业生产的劳动时间投入,这种要素替代路径有效缓解了农户家庭的劳动力约束,进而提升农业生产技术效率(孙顶强等,2016;唐林等,2021)。

(3)规模经营路径

农业生产环节外包服务已逐步成为推动生产规模经营的重要方式之一(冀名峰和李琳,2020),水稻病虫害防治外包服务作为其中一类重要形式,其对农业生产技术效率影响的规模经营效应主要体现在,水稻病虫害防治外包服务放松了农户自身禀赋弱质性对其农业生产能力的限制。水稻病虫害防治外包服务不仅有助于缓解农业劳动力约束，而且有利于减弱投入资金不足和先进技术缺乏对农业生产的不利影响（戚迪明等，2015；杨子等，2019a）。此外，水稻病虫害防治外包服务的专业分工效应和要素替代效应也会显著提升农户规模经营意愿，进一步促进农业生产技术效率的提升（王志刚等，2011；汪紫钰和蔡荣，2019；陈超和唐若迪，2020）。

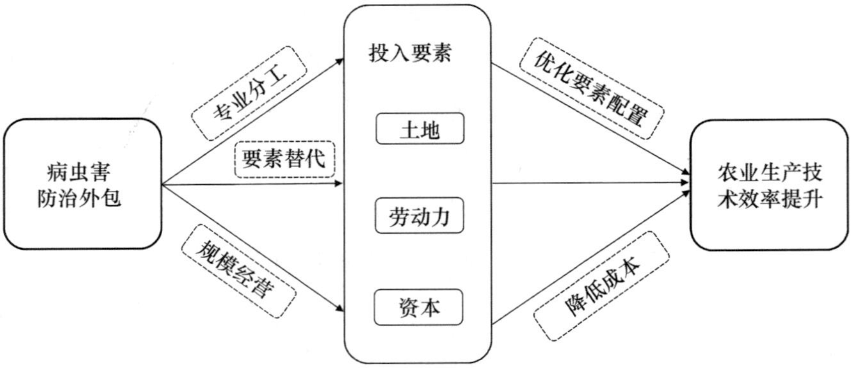


图 7-1　病虫害防治外包提升农业生产技术效率的路径分析

# 第三节　模型构建与变量选择

## 一、模型构建

1. 农业生产技术效率测算：随机前沿分析方法

农业生产效率的测度方法较丰富，主要包括单要素生产率和全要素生产率两种。单要素生产率指的是产出水平与某一生产要素投入量的比值，常用单要素生产率包括劳动生产率（冒佩华等，2015；江鑫和黄乾，2019；郑宏运和李谷成，2021）和土地生产率（范红忠和周启良，2014；杨宗耀等，2020；郑宏运和李谷成，2021）等，这种衡量方式需要假定农户处于要素配置最优的完全要素市场中，要求生产过程中不存在效率损失。全要素生产率则指的农业生产过程中投入转化成产出的总效率水平，剔除了其他因素对产出的影响（郭庆旺和贾俊雪，2005；Sheng 等，2019；龙少波和张梦雪，2021）。其中，农业生产技术效率是全要素生产率的重要构成，农业生产技术效率从投入产出角度衡量配置效率，表现为在既定的农业生产方式和要素投入结构条件下，实际产出与最优产出的比值，这种衡量方式允许农业生产过程中存在效率损失，更能体现农户的农业生产实际（Chavas 等，2005；李谷成等，2010；González-Flores 等，2014；高鸣和宋洪远，2014；Dong 等，2019；Zhou 等，2019；Feng 等，2021a；Zheng 等，2021a；Bravo-Ureta，2021；Mohammed 和 Abdulai，2022；Sadick 和 Abdulai，2022）。基于此，本书选取农业生产技术效率作为农业生产效率的衡量方式。

农业生产技术效率的测算方法主要包括参数法和非参数法两类。非参数法最常用的是数据包络分析法（DEA），参数法最常用的是随机前沿分析（SFA）方法。相较于 DEA 方法（Luo，2003；Sarıca 和 Or，2007；Sözen 等，2010；Boubaker，2012；Widiarto 和 Emrouznejad，2015；Mohseni 等，2018；Peixoto 等，2020），随机前沿分析（SFA）方法的优点主要体现在两个方面：一是随机前沿分析（SFA）方法可以将误差项拆分成非效率项和随机误差项 2 个部分，并在此基础上，实现农业生产投入的准确描述。二是随机前沿分析（SFA）方法估计的农业生产前沿面是随机的，可以有效避免农业生产中自然灾害和天气变化等突发事件对农业生产技术效率估计产生的影响，因此，本书采用随机前沿分析（SFA）方法测算农业生产技术效率。

随机前沿分析（SFA）方法由 Aigner 等（1977）以及 Meeusen 和 Broeck（1977）提出，该方法测算农业生产技术效率的时候，需要设定投入和产出之间的函数关系式，常用的函数关系式是超越对数生产函数和柯布道格拉斯（C-D）生产函数两类。相较于超越对数形式的生产函数，C-D 形式的生产函数更简洁，且经济含义较易理解。此外，本章的重点是农业生产技术效率的测算，而非生产函数形式的考察，根据 Taylor 和 Shonkwiler（1986）的研究，在这种情况下，C-D 生产函数的测算效果优于其他函数形式，因此，借鉴已有研究成果（Greene，2004；Wang 和 Ho，2010；Pattnayak 和 Chadha，2013；黄祖辉等，2014；杨钢桥等，2018；张永强和田媛，2021；陈哲等，2021），本书同样选取 C-D 生产函数形式测算农业生产技术效率，并根据 Battese 和 Coelli（1992）的研究，C-D 形式的随机前沿分析（SFA）方法可设定为：

$$\ln Q_i = \alpha_0 + \alpha_1 \ln L_i + \alpha_2 \ln T_i + \alpha_3 \ln K_i + \upsilon_i - \mu_i \tag{7-1}$$

式(7-1)中，$i$ 表示第 $i$ 个农户，$Q_i$ 为水稻产量，$L_i$、$T_i$ 和 $K_i$ 分别为劳动力、土地和资本等农业生产要素投入情况；$\alpha_0$ 为常数项，$\alpha_1$、$\alpha_2$ 和 $\alpha_3$ 均为待估参数；$\upsilon_i$ 为传统随机误差项，服从对称的正态分布，即 $\upsilon_i \sim N(0,\sigma_\upsilon{}^2)$，$\mu_i$ 为技术非效率损失，服从均值为 $\lambda$ 的指数分布，即 $\mu_i \sim G(\lambda,0)$；随机前沿生产函数模型采用极大似然估计方法(MLE)进行估计，可求得，农业生产技术效率为：

$$TE_i = E(Q_i \mid \mu_i, X_i)/E(Q_i \mid \mu_i = 0, X_i) \tag{7-2}$$

式(7-2)中，$X_i$ 为水稻生产的各项投入要素集合，$E(Q_i \mid \mu_i, X_i)$ 为实际水稻产量的期望值，而 $E(Q_i \mid \mu_i = 0, X_i)$ 为最大水稻产量的期望值，农业生产技术效率 $TE_i$ 为实际水稻产量期望与最大水稻产量期望之间的比值，由农业生产技术效率的定义可知，$TE_i$ 的取值范围是 0 到 1。此外，$TE_i$ 越接近 1，农户越接近完全效率状态，$TE_i$ 越接近 0，农户越接近非效率阶段。

2. 病虫害防治外包服务对农业生产技术效率的处理效应：内生转换（ESB）模型

随机前沿分析（SFA）方法测算出了农户的农业生产技术效率，本章进一步分析水稻病虫害防治外包服务对农业生产技术效率的影响。通常情况下，农户可自行选择购买水稻病虫害防治外包服务或不购买水稻病虫害防治外包服务，处理组和对照组农户的外包服务选择并不是随机的，可能存在选择性偏误问题，已有研究成果大多采用倾向得分匹配法（PSM）来评估处理变量对农业生产技术效率的影响（蔡荣等，2018；Zhang 等，2020；杨思雨和蔡海龙，2021；张复宏等，2021）。但是倾向得分匹配法（PSM）属于非参数效应评估方法，只能处理由可观测因素造成的选择性偏误问题。Maddala（1983）提出的内生转换（ESR）模型可综合处理由可观测和不可观测因素可能导致的选择性偏误问题，因此，借鉴已有研究成果（Abdulai 和 Binder，2006；Abdulai 和 Huffman，2014；Ma 和 Abdulai，2016；Ma 等，2018a；Zheng 等，2020；Liu 等，2021；Zhu 等，2021；陈哲等，2021），本书选取农业生产技术效率为结果变量，水稻病虫害防治外包服务为处理变量，并在此基础上，运用内生转换（ESR）模型，实证检验水稻病虫害防治外包服务对农业生产技术效率的影响。

内生转换（ESR）模型回归分为两个阶段，ESR 模型的第一阶段是选择方程回归，用以识别受访农户个人特征变量、家庭生产经营特征变量和地区虚拟变量等对其病虫害防治外包决策的影响。ESR 模型的第二阶段是结果方程回归，即农业生产技术效率决定的结果方程，在控制内生性问题的基础上，估计水稻病虫害防治外包服务对农业生产技术效率的影响。

具体来说，第一阶段选择方程和第二阶段结果方程分别为：

选择方程 $$O_i^* = \delta X_i + \partial I_i + \varepsilon_i,\ O_i = \begin{cases} 1, & \text{如果} O_i^* > 0 \\ 0, & \text{如果} O_i^* \leqslant 0 \end{cases} \tag{7-3}$$

结果方程

处理组 $$TE_{1i} = \beta_1 X_{1i} + \sigma_1 \lambda_{1i} + {}_{1i} \tag{7-4a}$$

对照组 $$TE_{0i} = \beta_0 X_{0i} + \sigma_0 \lambda_{0i} + {}_{0i} \tag{7-4b}$$

式（7-3）为选择方程，其中，$O_i$ 为农户的水稻病虫害防治外包决策，是一个二元选择变量，由随机效用模型 $O_i^*$ 决定，$O_i^*$ 为购买水稻病虫害防治外包服务获得效用（$U_{iU}$）与未购买水稻病虫害防治外包服务获得效用（$U_{iN}$）的差值，若 $O_i^* = U_{iU} - U_{iN} > 0$，则 $O_i = 1$，表示购买水稻病虫害防治外包服务；若 $O_i^* = U_{iU} - U_{iN} \leqslant 0$，则 $O_i = 0$，表示未购买水稻病虫害防治外包服务。$\delta$ 和 $\partial$ 均为待估参数，$\varepsilon_i$ 为随机误差项，$I_i$ 是工具变量。式（7-4a）和式（7-4b）为结果方程，而 $TE_{1i}$ 和 $TE_{0i}$ 分别为购买水稻病虫害防治外包服务农户和未购买水稻病虫害防治外包服务农户的农业生产技术效率；$X_{1i}$ 和 $X_{0i}$ 是水稻病虫害防治外包服务决策和农业生产技术效率的影响因素；$\tau_{1i}$ 和 $\tau_{0i}$ 为结果方程的随机误差项。$\lambda_{1i}$ 和 $\lambda_{0i}$ 为选择方程回归计算出的逆米尔斯比率，用以处理由不可观测因素造成的选择性偏误问题。$\sigma_1$ 和 $\sigma_0$ 分别为选择方程随机误差项 $\varepsilon_i$ 与结果方程随机误差项 $\tau_{1i}$ 和 $\tau_{0i}$ 的协方差，用以识别水稻病虫害防治外包服务决策与农业生产技术效率的相关关系，如果回归结果显著，则需要纠正选择性偏误问题。此时，$\beta_1$ 和 $\beta_0$ 是一致估计量。

需要指出的是，内生转换（ESR）模型通过完全信息极大似然估计法对选择方程和结果方程进行联合估计，可以求得购买水稻病虫害防治外包服务和未购买水稻病虫害防治外包服务农户的农业生产技术效率分别为式（7-5）和式（7-6），对应的，购买水稻病虫害防治外包服务农户若不购买水稻病虫害防治外包服务和未购买水稻病虫害防治外包服务农户若购买水稻病虫害防治外包服务的农业生产技术效率分别为式（7-7）和式（7-8）：

$$E(TE_{1i} \mid O_i = 1) = X_{1i}\beta_1 + \rho_1\sigma_1\lambda_{1i} \tag{7-5}$$

$$E(TE_{0i} \mid O_i = 0) = X_{0i}\beta_0 + \rho_0\sigma_0\lambda_{0i} \tag{7-6}$$

$$E(TE_{0i} \mid O_i = 1) = X_{1i}\beta_0 + \rho_0\sigma_0\lambda_{1i} \tag{7-7}$$

$$E(TE_{1i} \mid O_i = 0) = X_{0i}\beta_1 + \rho_1\sigma_1\lambda_{0i} \tag{7-8}$$

式（7-5）、式（7-6）、式（7-7）和式（7-8）中，$\rho_1$ 为选择方程随机误差项 $\varepsilon_i$ 与结果方程随机误差项 $\tau_{1i}$ 的相关系数，$\rho_0$ 为选择方程随机误差项 $\varepsilon_i$ 与结果方程随机误差项 $\tau_{0i}$ 的相关系数。根据模型设定，可得处理组的平均处理效应（ATT）和对照组的平均处理效应（ATU）表达式分别为：

$$ATT = E(TE_{1i} \mid O_i = 1) - E(TE_{0i} \mid O_i = 1) \tag{7-9}$$

$$ATU = E(TE_{1i} \mid O_i = 0) - E(TE_{0i} \mid O_i = 0) \tag{7-10}$$

3.病虫害防治外包对农业生产技术效率影响机制分析：中介效应模型

为验证水稻病虫害防治外包服务对农业生产技术效率影响的专业分工路径、要素替代路径和规模经营路径，从而揭示水稻病虫害防治外包服务影响农业生产技术效率的作用路径，本书在前文模型的基础上，继续采用中介效应模型进行分析，根据 Taylor 等(2008)的研究成果，设定水稻病虫害防治外包服务影响农业生产技术效率的中介效应模型为：

$$TE_i = a_0 + \theta_1 O_i + X_i\beta + e_{1i} \tag{7-11}$$

$$MED_i = b_0 + \theta_2 O_i + X_i\beta + e_{2i} \tag{7-12}$$

$$TE_i = c_0 + \theta_3 O_i + \eta MED_i + X_i\beta + e_{3i} \tag{7-13}$$

式（7-11）、式（7-12）和式（7-13）中，$MED_i$ 为中介变量，根据前文的理论分析，选取要素利用率（亩均水稻产量/农药总成本）作为中介变量验证专业分工路径，选取劳动投入量（户主外出务工时间）作为中介变量验证要素替代路径，选取水稻种植平均规模（水稻经营规模/地块数）作为中介变量验证规模经营路径。此外，中介效应模型检验的步骤为：第一，将农业生产技术效率对水稻病虫害防治外包回归［式（7-11）］，检验水稻病虫害防治外包服务对农业生产技术效率影响的总效应；第二，将中介变量对病虫害防治外包回归［式（7-12）］，检验水稻病虫害防治外包服务对中介变量的影响；第三，将农业生产技术效率同时对水稻病虫害防治外包服务和中介变量进行回归［式（7-13）］，检验中介变量在水稻病虫害防治外包服务影响农业生产技术效率的中介效应。$\theta_1$、$\theta_2$、$\theta_3$ 和 $\eta$ 均为待估参数，其中，如果 $\theta_1$、$\theta_2$ 和 $\eta$ 显著，则表明中介效应成立，在此基础上，根据 $\theta_3$ 的显著情况，进一步将中介变量细分为部分和完全中介效应。

## 二、数据来源

本书数据来源于课题组在 2020 年 9 月和 2020 年 12 月对安徽省合肥市、滁州市和江苏省宿迁市、淮安市 2 省 4 市稻农的问卷调查。调研方式为“一对一”访谈形式，调研设计及基本的样本分布等情况详见第三章第二节，这里不再赘述。

## 三、变量选择

第一，投入产出变量。产出变量为水稻种植总收入，该变量由农户水稻种植总产出水平乘以销售价格计算所得。劳动力投入，该变量由农户水稻种植过程中所有环节劳动投工量求和计算所得，包含自家劳动投工量和雇工投工量等。土地投入，该变量为农户水稻种植总面积。资本投入，该变量由农户水稻种植过程中所有生产费用求和计算所得，包含种子/种苗费、农膜费用、机械作业费用、肥料费用、农药费用和水电及灌溉费用等。需要指出的是，投入产出变量主要用于测算农户的农业生产技术效率，本书运用 C-D 生产函数形式的随机前沿生产函数模型测算效率，模型中投入产出变量均采用对数形式，因此，这部分变量的变量定义也采用对数形式。

第二，结果变量为农业生产技术效率。该变量由科布道格拉斯（C-D）生产函数形式的随机前沿生产函数模型测算所得。

第三，处理变量为病虫害防治外包决策。该变量是一个二元选择变量，借鉴已有研究成果（Sun 等，2018；杨志海，2019；Baiyegunhi 等，2019；陈哲等，2021），本书将其界定为：2019 年，若受访农户在水稻种植过程中购买病虫害防治外包服务，赋值为 1，归为处理组；若未购买病虫害防治外包服务，则赋值为 0，归为对照组。

第四，控制变量。借鉴陈超等（2012）、张忠军和易中懿（2015）、孙顶强等（2016）、Sun 等（2018）、Ma 等（2018b）、Abdul 和 Abdulai（2018）、杨子等（2019b）、张永强和田媛（2021）、Feng 等（2021b）和陈哲等（2021）等的研究成果，本书引入以下几类控制变量：其一，受访农户个人特征变量，包括年龄、受教育程度、村干部身份、水稻种植年限 4 个变量；其二，受访农户家庭生产经营特征变量，包括农业培训、老年人比例、少儿比例[①]、人均水稻经营面积、非农就业人口比例和社会网络 6 个变量。此外，为控制不同地区间区域特色、经济水平和文化开发等特征的影响，模型中还引入一组地区虚拟变量。

第五，工具变量。根据模型设定，实证回归过程中可能存在测量误差或遗漏变量等内生性问题，故需要寻找工具变量。本书选取朋友病虫害防治外包决策为工具变量。该变量指“与您年龄相仿、教育水平相近的朋友是否购买病虫害防治外包服务”，应瑞瑶和徐斌（2014）指出农户病虫害防治外包决策会受到周边其他农户的示范效应影响，因此，该变量会显著影响受访农户病虫害防治外包决策，对其农业生产技术效率而言则为外生变量，借鉴同群效应相关分析，参考 Smith 等（2004）、Ma 和 Abdulai（2016）以及 Ma 和 Wang（2020）的研究，选取此变量为工具变量。

## 四、描述性统计分析

表 7-1 汇报了本书实证部分所使用变量的变量名称、变量定义和各变量描述性统计数据。可知，共 160 位受访者在水稻种植过程中购买了水稻病虫害防治外包服务，约占总样本的 35.7%，其他 288 位受访者未购买水稻病虫害防治外包服务，约占 64.3%；受访者水稻种植总收入取对数后的均值为 10.62；投工量取对数后的均值为 4.232；种植面积取对数后的均值为 1.476；生产费用取对数后的均值为 9.729；受访者的农业生产技术效率均值为 0.893，存在 10.7%的效率损失；受访者实际年龄的均值为 54.21 岁；受教育年限的均值为 7.156 年；水稻种植年限的均值为 28.59 年；共 182 位受访者

① 借鉴人口负担系数(也称人口抚养比)的界定，老年人口和少儿人口分别为 65 周岁及以上人口和 14 周岁及以下人口。因此，本书中老年人比例和少儿比例分别为相应人口数占家庭总人口数的比例。

的朋友购买了水稻病虫害防治外包服务，约占总样本的40.6%，其他266位受访者的朋友没有购买水稻病虫害防治外包服务，约占59.4%。

**表7-1 变量定义及描述性统计**

| 变量名称 | 变量定义 | 均值 | 标准差 |
|---|---|---|---|
| 投入产出变量 | | | |
| 总产出 | 2019年,水稻种植总收入(元,对数) | 10.62 | 1.208 |
| 劳动力投入 | 2019年,水稻种植投工量(工日,对数) | 4.232 | 0.981 |
| 土地投入 | 2019年,水稻种植面积(亩,对数) | 1.476 | 0.534 |
| 资本投入 | 2019年,水稻种植生产费用(元,对数) | 9.729 | 1.271 |
| 结果变量 | | | |
| 农业生产技术效率 | 由随机前沿分析(SFA)方法估计得出 | 0.893 | 0.0686 |
| 处理变量 | | | |
| 病虫害防治外包决策 | 水稻种植过程中,是否购买病虫害防治外包服务:是=1;否=0 | 0.357 | 0.480 |
| 控制变量 | | | |
| 年龄 | 实际年龄(周岁) | 54.21 | 8.527 |
| 受教育程度 | 受教育年限(年) | 7.156 | 2.708 |
| 村干部身份 | 是否为村干部:是=1;否=0 | 0.134 | 0.341 |
| 农业培训 | 家庭成员参加农业培训次数(次) | 2.542 | 1.613 |
| 水稻种植年限 | 种植水稻年限(年) | 28.59 | 6.786 |
| 老年人比例 | 家庭65岁及以上人口占比 | 0.172 | 0.203 |
| 少儿比例 | 家庭14岁及以下人口占比 | 0.169 | 0.145 |
| 人均水稻经营面积 | 家庭人均水稻经营面积(亩/人) | 11.40 | 10.15 |
| 非农就业人口比例 | 劳动年龄中非农就业人口占比 | 0.615 | 0.278 |
| 社会网络 | 与农技员/农业专家的交流程度:从来没有=1;比较少=2;一般=3;比较多=4;经常=5 | 2.821 | 1.242 |
| 地区虚拟变量 | 安徽=0;江苏=1 | 0.498 | 0.501 |
| 工具变量 | | | |
| 朋友病虫害防治外包决策 | 与您年龄相仿、教育水平相近的朋友是否购买水稻病虫害防治外包服务:是=1;否=0 | 0.406 | 0.492 |

数据来源：根据调研数据整理所得。

# 第四节　实证检验与结果分析

## 一、农业生产技术效率估计结果

随机前沿函数测算农业生产技术效率的估计结果和农户生产函数普通最小二乘法（OLS）的估计结果，如表 7-2 所示，其中，第 2 列和第 4 列分别汇报了两种回归方式的回归系数。从拟合度来看，随机前沿函数模型中参数 $\sigma_\mu$、$\sigma_\upsilon$、$\lambda$ 和单边广义似然比检验值均在 1%统计水平上显著，表明农户生产函数中存在无效率项，采用随机前沿分析（SFA）方法估计比普通最小二乘法（OLS）估计更具合理性。

**表 7-2　农户农业生产技术效率的估计结果**

| | 普通最小二乘法(OLS)方法 | | 随机前沿分析(SFA)方法 | |
|---|---|---|---|---|
| | 系数 | 标准误 | 系数 | 标准误 |
| 前沿生产函数 | | | | |
| ln 劳动力投入 | 0.032*** | 0.010 | 0.056*** | 0.008 |
| ln 土地投入 | 2.161*** | 0.090 | 2.107*** | 0.081 |
| ln 资本投入 | 0.018 | 0.039 | 0.027 | 0.035 |
| 常数项 | 7.118*** | 0.239 | 7.129*** | 0.218 |
| 检验及其他指标 | | | | |
| $\sigma_\mu$ | — | | 0.147*** | 0.008 |
| $\sigma_\upsilon$ | — | | 0.046*** | 0.005 |
| $\lambda$ | — | | 3.213*** | 0.012 |
| 单边广义 LR 检验 | — | | 35.74*** [0.000] | |
| 样本量 | 448 | | 448 | |

注：*** 分别表示在 1%的显著水平，[ ] 内为相应检验的概率 $p$ 值。

表 7-3 汇报了农业生产技术效率估计结果的总体分布情况以及其在处理组农户和对照组农户之间的分布情况，其中，第 2～3 列、第 4～5 列和第 6～7 列分别报告了总样本、处理组农户和对照组农户的效率分布情况。可以看出，处理组和对照组农户之间存在以下差异：首先，总样本的农业生产技术效率

均值为0.893，存在10.7%效率损失，处理组农户的农业生产技术效率均值为0.900，存在10.0%效率损失，对照组农户的农业生产技术效率均值为0.889，存在11.1%效率损失，表明样本农户的农业生产技术效率仍存在一定提升空间。其次，总样本农户的农业生产技术效率分布在0.644和0.986之间，处理组农户的农业生产技术效率分布在0.698和0.986之间，对照组农户的农业生产技术效率分布在0.644和0.982之间，表明样本农户的农业生产技术效率差别较大。值得一提的是，处理组农户的农业生产技术效率的最大值、最小值和均值均高于对照组，但是还不能说明效率差异是由水稻病虫害防治外包服务导致的，要论证水稻病虫害防治外包服务对农业生产技术效率的影响，还需继续进行实证分析。

**表7-3 农业生产技术效率估计结果的分布情况**

| 效率区间 | 总样本 | | 处理组农户 | | 对照组农户 | |
|---|---|---|---|---|---|---|
| | 样本量 | 占比/% | 样本量 | 占比/% | 样本量 | 占比/% |
| [0.6~0.8) | 48 | 10.72 | 11 | 6.88 | 37 | 12.85 |
| [0.8~0.9) | 141 | 31.47 | 49 | 30.62 | 92 | 31.94 |
| [0.9~1) | 259 | 57.81 | 100 | 62.50 | 159 | 55.21 |
| 最大值 | 0.986 | | 0.986 | | 0.982 | |
| 最小值 | 0.644 | | 0.698 | | 0.644 | |
| 均值 | 0.893 | | 0.900 | | 0.889 | |
| 样本量 | 448 | | 160 | | 288 | |

数据来源：农业生产技术效率值由C-D形式的随机前沿生产函数模型估计所得。

## 二、病虫害防治外包对农业生产技术效率的影响分析

### 1. 病虫害防治外包与农业生产技术效率的ESR联合估计

病虫害防治外包服务与农业生产技术效率联立估计结果如表7-4所示，其中，第2列、第3列为水稻病虫害防治外包影响因素的估计结果，第4列、第5列和第6列、第7列分别为购买水稻病虫害防治外包服务和未购买水稻病虫害防治外包服务农户的影响因素的估计结果。表中，独立模型LR检验值为满足10%统计显著性的3.44，表明选择方程独立于结果方程的假设不成立，应将选择方程和结果方程联立估计，采用内生转换模型（ESR）是合理的。

工具变量检验方面，首先，病虫害防治外包决策与朋友病虫害防治外包决策之间的皮尔逊相关系数为满足1%统计显著性的0.645，证明了病虫害防治外包决策与朋友病虫害防治外包决策之间的相关关系。为进一步验证工具变量的有效性，本书对该工具变量进行弱工具变量检验，得到的$F$统计量为133.756（远大于10），表明不存在弱工具变量问题。此外，表7-4的第2列、第3列中朋友病虫害防治外包决策的估计值为满足1%统计显著性的2.171，足以说明朋友病虫害防治外包决策对受访农户病虫害防治外包决策具有显著影响，因此，工具变量的选择是合适的。

**表7-4　病虫害防治外包对农业生产效率影响的ESR估计结果**

| 变量名称 | 选择方程 | | 结果方程:外包 | | 结果方程:未外包 | |
|---|---|---|---|---|---|---|
| | 系数 | 标准误 | 系数 | 标准误 | 系数 | 标准误 |
| 年龄 | −0.045* | 0.025 | 0.000 | 0.001 | 0.001 | 0.001 |
| 受教育程度 | 0.117 | 0.081 | 0.002 | 0.002 | −0.003 | 0.002 |
| 村干部身份 | −0.454 | 0.532 | −0.007 | 0.013 | −0.000 | 0.011 |
| 农业培训 | −0.128 | 0.123 | 0.004 | 0.004 | 0.001 | 0.003 |
| 水稻种植年限 | −0.015 | 0.035 | −0.001 | 0.001 | 0.001** | 0.001 |
| 老年人比例 | 2.192** | 1.100 | 0.014 | 0.035 | 0.032 | 0.026 |
| 少儿比例 | −1.869 | 1.190 | −0.028 | 0.037 | 0.008 | 0.019 |
| 人均水稻经营面积 | 0.230*** | 0.033 | −0.001 | 0.001 | −0.000 | 0.001 |
| 非农就业人口比例 | 4.872*** | 0.909 | 0.021 | 0.023 | 0.017 | 0.016 |
| 社会网络 | −0.573*** | 0.201 | 0.001 | 0.005 | 0.008** | 0.004 |
| 地区虚拟变量 | −1.299*** | 0.397 | 0.065*** | 0.008 | 0.056*** | 0.010 |
| 朋友病虫害防治外包决策 | 2.171*** | 0.333 | | | | |
| 常数 | −3.063** | 1.360 | 0.864*** | 0.047 | 0.762*** | 0.040 |
| 检验及其他信息 | | | | | | |
| 对数伪似然值 | | | 589.505[0.000] | | | |
| 独立模型LR检验 | | | 3.44[0.064] | | | |
| 样本量 | 448 | | 448 | | 448 | |

注：*、**、***分别表示在10%、5%、1%的显著水平，[ ]内为相应检验的概率$p$值。

（1）选择方程的内生转换（ESR）模型估计结果

表7-4的第2列、第3列汇报了内生转换（ESR）模型选择方程的估计结

果。可知，年龄对病虫害防治外包决策产生显著的负向影响。这一结果不难理解，一方面，年龄较高农户的思想观念较为保守，更倾向于采用传统农业生产方式进行自防自治，对水稻病虫害防治外包服务的接受程度较低。另一方面，年龄较高农户外出务工可能性低，需要农业生产维持生计，在力所能及的病虫害防治环节，更愿意依靠自身力量完成（陆岐楠等，2017）。人均水稻经营面积对水稻病虫害防治外包决策产生显著的正向影响。这一点不难理解，水稻病虫害防治外包的重要作用之一是释放劳动力，通常情况下，人均水稻经营面积越大的农户家庭需要投入的劳动力越多，越愿意购买水稻病虫害防治外包服务，以降低劳动力投入成本（孙顶强等，2019）。非农就业人口比例对水稻病虫害防治外包决策产生显著的正向影响。一般情况下，非农就业人口比例高的农户家庭，从事农业生产的人口较少，较难将更多的时间和精力投入到农业生产中，自我防治的机会成本较高，因此，购买水稻病虫害防治外包服务的意愿更强（蔡荣和蔡书凯，2014）。社会网络对水稻病虫害防治外包决策产生显著的负向影响。表明农户与农技员或农业专家的交流越频繁，越不愿意购买水稻病虫害防治外包服务，可能的原因在于，农户购买水稻病虫害防治外包服务的主要目的在于获取技术指导和施药信息，但是农技员或农业专家同样可以为农户提供相关指导，因此，购买水稻病虫害防治外包服务的可能性降低（陈哲等，2021）。

（2）结果方程的内生转换（ESR）模型估计结果

表 7-4 的第 4 列、第 5 列和第 6 列、第 7 列分别汇报了处理组和对照组农户的内生转换（ESR）模型结果方程估计结果。由回归结果可知，受访者水稻种植年限对农业生产技术效率产生显著的正向影响。这一结果不难理解，农户的水稻种植年限越高，水稻的管理经验越丰富，能够有效避免不必要的要素投入和减少要素浪费，降低要素投入量（陈超等，2012；陈哲等，2021）。此外，水稻种植年限越高的农户越能准确把握水稻生长规律，增加水稻产量（王玉斌和李乾，2019）。因此，水稻种植年限越高的农户农业生产技术效率越高。社会网络对农业生产技术效率产生显著的正向影响，表明农户与农技员或者农业专家交流越频繁，农业生产技术效率越高。通常情况下，农技员或农业专家水稻种植的规范程度较高，可以准确把握施药时间和施药

频率，有利于降低农户水稻种植的要素投入，增加水稻产量和质量（杨子等，2019b；Zheng 等，2021a），因此，农户与农技员或者农业专家交流越频繁，农业生产技术效率越高。

2. 病虫害防治外包对农业生产技术效率影响的处理效应

本节运用式（7-9）和式（7-10）评估水稻病虫害防治外包服务对农业生产技术效率的影响，计量回归结果如表 7-5 所示。需要说明的是，表 7-5 第 2 列第 2 行和第 3 列第 3 行分别表示农户实际购买了水稻病虫害防治外包服务和实际未水稻病虫害防治外包服务时的效率水平；第 3 列第 2 行和第 2 列第 3 行则表示反事实情景，其中，第 3 列第 2 行和第 2 列第 3 行分别表示购买水稻病虫害防治外包服务的农户若未购买水稻病虫害防治外包服务和未购买水稻病虫害防治外包服务的农户若购买水稻病虫害防治外包服务时的效率值。总体来看，水稻病虫害防治外包服务对技术效率有正向促进作用，且在 1%统计水平上显著。其中，处理组的平均处理效应（ATT）值的结果表明，实际购买水稻病虫害防治外包服务的农户若未购买水稻病虫害防治外包服务，农业生产技术效率将下降 2%，即由人均 90%下降至 88%。而 ATU 的结果表明，实际未购买水稻病虫害防治外包服务的农户若购买水稻病虫害防治外包服务，农业生产技术效率将上升 1.5%，即由人均 88.9%上升至 90.4%。综上可知，水稻病虫害防治外包服务有助提升农业生产技术效率。

**表 7-5 病虫害防治外包对农业生产技术效率影响的平均处理效应**

| 农户类型 | 购买病虫害防治外包服务 | 未购买病虫害防治外包服务 | 处理组的平均处理效应（ATT） | 对照组的平均处理效应（ATU） |
|---|---|---|---|---|
| 病虫害防治外包农户 | 0.900 | 0.880 | 0.020*** | |
| 病虫害防治未外包农户 | 0.904 | 0.889 | | 0.015*** |

注：*** 表示在 10%、5%、1%的显著水平，ATT、ATU 分别表示购买水稻病虫害防治外包服务农户、未购买水稻病虫害防治外包服务农户对应的平均处理效应。

## 三、病虫害防治外包对农业生产技术效率的影响机制分析

上述分析已证实水稻病虫害防治外包服务的确有助于提升农业生产技术

效率，本节重点分析水稻病虫害防治外包服务影响农业生产技术效率的作用路径，如理论分析部分所述，水稻病虫害防治外包服务主要通过以下三条路径提升农业生产技术效率：一是通过专业分工路径增加水稻的亩均产出，降低农药投入成本，进而提升农业生产技术效率（杨子等，2019b）；二是通过要素替代路径优化农户的家庭资源配置，增加户主外出务工时间，减少其农业生产时间投入，进而提升农业生产技术效率（Sun 等，2018）；三是通过增加水稻平均种植规模，降低单位面积的劳动力成本和资本投入，进而提升农业生产技术效率（张永强和田媛，2021）。

基于以上讨论，借鉴温忠麟和叶宝娟（2014）的研究思路，本节运用中介效应模型检验上述三条路径：其一，检验水稻病虫害防治外包服务是否能够通过专业分工路径提升农业生产技术效率。被解释变量是农业生产技术效率，解释变量是病虫害防治外包决策，中介变量是要素利用率（亩均水稻产量/农药总成本）。理论上讲，若要素利用率起中介作用，则能够认为水稻病虫害防治外包服务组织协助或代替农户完成水稻生产病虫害防治外包环节，可以增加要素利用率，即专业分工路径存在。其二，检验水稻病虫害防治外包服务是否能够通过要素替代路径提升农业生产技术效率。被解释变量是农业生产技术效率，解释变量是病虫害防治外包决策，中介变量是劳动投入量（户主外出务工时间）。理论上讲，若劳动投入量起中介作用，则能够认为水稻病虫害防治外包服务增加了户主外出务工时间，降低其农业生产劳动投入量，即要素替代路径存在。其三，检验水稻病虫害防治外包服务是否能够通过规模经营路径提升农业生产技术效率。被解释变量是农业生产技术效率，解释变量是病虫害防治外包决策，中介变量是水稻种植平均规模（水稻经营规模/地块数）。理论上讲，若水稻种植平均规模起中介作用，则能够认为水稻病虫害防治外包服务降低了水稻种植细碎化水平，增加水稻种植平均规模，即规模经营路径存在。

1. 专业分工路径

从表 7-6 第 2 列的结果可知，水稻病虫害防治外包服务对农业生产技术效率影响的回归结果为满足 1%统计显著性的 0.038，表明水稻病虫害防治外包服务对农业生产技术效率具有显著正向促进作用。从第 3 列的结果可以看出，水稻病虫害防治外包服务对要素利用率影响的回归结果为满足1%统计显著性的1.467，表明水稻病虫害防治外包服务对要素利用率具有显著正向促进作用。从第4列的结果可以看出，控制水稻病虫害防治外包影响的基础上，要素利用率对农业生产技术效率影响的回归结果为满足1%统计显著性的0.020，但水稻病虫害防治外包服务的回归结果不显著，根据中介效应模型检验的判定原则，可知，专业分工路径的中介效应存在，且为完全的中介效应，这一结果与理论部分的分析是一致的。

2. 要素替代路径

从表7-6第5列的结果可知，水稻病虫害防治外包服务对劳动投入量影响的回归结果为满足1%统计显著性的4.017，表明水稻病虫害防治外包服务对户主外出务工时间具有显著正向促进作用。从第6列的结果可以看出，控制水稻病虫害防治外包影响的基础上，劳动投入量对农业生产技术效率影响的回归结果为满足1%统计显著性的0.009，但是水稻病虫害防治外包服务的回归结果不显著，结合第2列的回归结果，根据中介效应模型检验的判定原则，可知，要素替代路径的中介效应存在，且为完全的中介效应，这一结果也与理论部分的分析是一致的。

3. 规模经营路径

从表7-6第7列的结果可以看出，水稻病虫害防治外包服务对水稻经营平均规模影响的回归结果为满足1%统计显著性的0.953，表明水稻病虫害防治外包服务对水稻经营平均规模具有显著正向促进作用，即水稻病虫害防治外包服务有助降低水稻种植细碎化水平。从第8列的结果可以看出，控制水稻病虫害防治外包影响的基础上，水稻经营平均规模对农业生产技术效率影响的回归结果为满足1%统计显著性的0.025，水稻病虫害防治外包服务的回归结果为满足1%统计显著性的0.005，结合第2列的回归结果，根据中介效应模型检验的判定原则，规模经营路径的中介效应存在，但是为部分中介效应，而不是完全的中介效应，中介效应占总效应的比重为0.1254①。表明水稻病虫害防治外包服务对农业生产技术效率影响约有12.54%是通过规模经营的中

---

① 计算公式为：0.953×0.005/0.038≈0.1254

介作用实现，即水稻病虫害防治外包服务有助提升农户农业生产技术效率。

**表 7-6　病虫害防治外包对农业生产技术效率的影响机制分析**

| 变量名称 | 专业分工路径 | | | 要素替代路径 | | 规模经营路径 | |
|---|---|---|---|---|---|---|---|
| | 效率 | 要素利用率 | 效率 | 劳动投入量 | 效率 | 水稻经营平均规模 | 效率 |
| 病虫害防治外包 | 0.038***<br>(0.010) | 1.467***<br>(0.266) | 0.009<br>(0.009) | 4.017***<br>(0.570) | −0.000<br>(0.009) | 0.953***<br>(0.294) | 0.025**<br>(0.011) |
| 要素利用率 | | | 0.020***<br>(0.002) | | | | |
| 劳动投入量 | | | | | 0.009***<br>(0.001) | | |
| 水稻经营平均规模 | | | | | | | 0.005***<br>(0.002) |
| 控制变量 | 控制 | 控制 | 控制 | 控制 | 控制 | 控制 | 控制 |
| 常数项 | 0.800***<br>(0.030) | 12.694***<br>(0.760) | 0.550***<br>(0.033) | 3.046***<br>(0.410) | 0.783***<br>(0.022) | −0.326<br>(0.841) | 0.808***<br>(0.033) |
| 样本量 | 448 | 448 | 448 | 448 | 448 | 448 | 448 |

注：**、*** 分别表示在 5%、1%的显著水平；（ ）内数值为标准误。

## 四、稳健性检验

如前所述，内生转换（ESR）模型属于参数类效应评估方法，对工具变量有较强的依赖性，为保证回归结果的稳健性，本书采用倾向得分匹配法（PSM）、逆概率加权法（IPW）、回归调整法（RA）和逆概率加权回归调整法（IPWRA）4 种非参数类效应评估方法估计水稻病虫害防治外包服务对农业生产技术效率的影响，由表 7-7 可知，倾向得分匹配法（PSM）、逆概率加权法（IPW）和逆概率加权回归调整法（IPWRA）的处理组的平均处理效应（ATT）值结果分别为满足 5%显著性水平的 0.046、0.022 和 0.020，回归调整法（RA）的处理组的平均处理效应（ATT）值结果为满足 1%显著性水平的 0.020，可见，4 种非参数类效应评估方法均证实了水稻病虫害防治外包服务对农业生产技术效率的正向促进作用，这与前文的研究结果是一致的，可见，基准回归的研究结论具有稳健性。

表 7-7 稳健性检验估计结果

| 处理变量 | 模型类型 | 处理组的平均处理效应(ATT) | 标准误 | Z 值 |
|---|---|---|---|---|
| 农户农业生产技术效率 | 倾向得分匹配法(PSM) | 0.046** | 0.022 | 2.04 |
| | 逆概率加权法(IPW) | 0.022** | 0.010 | 2.34 |
| | 回归调整法(RA) | 0.020*** | 0.008 | 2.62 |
| | 逆概率加权回归调整法(IPWRA) | 0.020** | 0.009 | 2.28 |

注：**、*** 分别表示在 5%、1%的显著水平。此外，倾向得分匹配法（PSM）汇报的是一对四匹配的估计结果。

## 本章小结

本章从病虫害防治外包的经济效应角度出发，构建病虫害防治外包影响农业生产技术效率的理论分析框架，利用 2020 年 9 月和 2020 年 12 月对安徽省和江苏省 2 省稻农开展的实地调查数据，采用内生转换回归（ESR）模型，在综合处理由可观测和不可观测因素造成选择性偏误问题的基础上，实证检验病虫害防治外包对农业生产技术效率的影响，并采用中介效应模型检验其作用路径。结果表明：①病虫害防治外包有助于促进农业生产技术效率提升，具体来看，实际购买病虫害防治外包的农户若未购买病虫害防治外包，农业生产技术效率将下降 2%，而实际未购买病虫害防治外包的农户若购买病虫害防治外包，农业生产技术效率将上升 1.5%。②作用路径分析方面，病虫害防治外包主要通过专业分工路径、要素替代路径和规模经营路径 3 条路径提升农业生产技术效率。其中，专业分工路径和要素替代路径在病虫害防治外包影响农业生产技术效率时表现为完全中介效应，而规模经营路径在病虫害防治外包影响农业生产技术效率时表现为部分中介效应。

# 第八章

# 病虫害防治外包对农户家庭收入的影响①

**引言：** 农户增收问题始终是“三农”工作的核心问题，是政策制定者密切关注的工作重点，也是学术研究者普遍探讨的热点话题。随着农业劳动力向非农产业的不断转移，农户分化的速度持续增快，病虫害防治外包不仅满足了分化后农户的现实需求，而且为提升农户家庭收入拓宽了渠道。第七章从农业生产技术效率角度出发，探讨了病虫害防治外包的经济效应。本章将从农户家庭收入视角出发，在构建相关理论分析框架基础上，重点分析病虫害防治外包对农户家庭收入和家庭收入结构的影响及其异质性，进一步探究病虫害防治外包的经济效应。

① 本章内容以《病虫害防治外包提高了农民收入吗？——基于安徽和江苏两省水稻种植户的实证分析》为题发表在《农业技术经济》2022年第10期，作者为王玉斌、王鹏程，内容略有修改。

# 第一节　研究背景与文献综述

在农村劳动力兼业化和人口老龄化背景下，相对于机械技术水平和土地资源条件，农业劳动力供给水平对农业生产成本和农户家庭资源要素配置的作用越来越突出。同时，由于农业生产具有较强的时间约束性，农户更倾向于波动性低、确定性强的机械服务，农业生产环节外包服务是实现机械服务替代劳动力和缓解农业劳动力供给趋紧问题的重要方式，相关研究已证实了农业生产环节外包服务的增收效应（穆娜娜等，2016；王玉斌和李乾，2019；杨志海，2019；李忠旭和庄健，2021）。此外，2018 年中央一号文件也提出要通过发展农业生产环节外包服务促进农户增收。那么，作为农业生产环节外包服务的一种重要表现形式，水稻病虫害防治外包服务会对农户家庭收入和家庭收入结构产生怎样影响？这种影响在不同收入水平农户之间是否存在异质性？分析病虫害防治外包服务的增收效应及其异质性，有助为农户增收相关政策的制定提供实证依据。

通过对病虫害防治外包服务增收效应相关研究的梳理，可以看出，已有理论研究及实证研究均为本书提供丰富的经验借鉴，但仍存在有待完善之处。首先，从关注焦点看，缺乏水稻病虫害防治外包服务增收效应的针对性研究。生产环节外包服务增收效应的相关研究较多，但未充分考虑环节异质性，仅笼统的将病虫害防治环节划分为技术密集型环节进行分析。其次，从研究方法看，忽视回归过程可能存在的内生性问题。部分研究虽考虑了内生性问题，但仅考虑由可观测因素造成的选择性偏误问题，抑或仅通过估计处理组的平均处理效应（ATT）值来进行效应评估，而非直接估计水稻病虫害防治外包服务的增收效应。最后，从研究思路看，农户自身收入水平差异对水稻病虫害防治外包服务增收效应的影响未得到正视。基于此，本书利用 2020 年 9 月和 2020 年 12 月对安徽省和江苏省 2 省稻农开展的实地调查数据，采用较前沿的内生处理效应回归（ETR）模型和工具变量分位数回归（IVQR）模型进行回归，检验水稻病虫害防治外包服务的增收效应及其异质性。以期为相关政策制定提供理论支撑和政策依据。

# 第二节 理论逻辑与研究假说

## 一、病虫害防治外包对农户家庭收入的影响

根据理性经济人假定，农户行为是在既定约束下实现最大化效用的结果。因此，本书借鉴 Abdulai（2001）的农户行为理论分析框架，在仅考虑农业收入和非农收入的基本假定下，构建水稻病虫害防治外包服务影响农户家庭收入的理论分析框架。基于该基本假定，本书假设农户家庭可配置于农业生产的劳动力为 $l_1$，对应农业收入为 $Y_1$。需要指出的是，本书重点分析水稻病虫害防治外包服务对农户家庭收入的影响，因此，这里农业收入特指水稻种植收入，其他作物生产同样需要配置劳动力，为分析方便，将这部分劳动力纳入非农就业的劳动力中，并假设农户家庭可配置于非农就业的总劳动力为 $l_2$，对应非农收入为 $Y_2$。可得，农户收入构成为：

$$Y = Y_1 + Y_2 \tag{8-1}$$

$$Y_1 = P \cdot Q(A,\ l_1,\ \mathrm{k},\ s) - C(A,\ l_1,\ \mathrm{k},\ \zeta)$$

$$Y_2 = wl_2 \tag{8-2}$$

式（8-1）和式（8-2）中，$P$ 为农产品销售价格，$Q(\cdot)$和 $C(\cdot)$分别为农产品单位面积产量函数和生产成本函数，$A$ 为技术水平，$k$ 为物质资本投入，$\zeta$ 为家庭特征信息，$w$ 为非农收入工资水平。将式（8-2）带入式（8-1），并将水稻病虫害防治外包服务引入该收入函数，可得，关于水稻病虫害防治外包服务的农户收入函数为：

$$Y = P \cdot Q(A, l_1, s, k_u, s) - C(A, l_1, s, k_u, s) + wl_2 \tag{8-3}$$

式（8-3）中，$s$ 为水稻病虫害防治外包，$k_u$ 为除水稻病虫害防治外包以外的其他资本投入，对式（8-3）中 $s$ 求偏导，可得，水稻病虫害防治外包服务影响农户家庭收入的表达式：

$$\frac{\partial Y}{\partial s} = \frac{\partial Q}{\partial s} P - \frac{\partial C}{\partial s} + w\frac{\partial l_2}{\partial s} \tag{8-4}$$

式（8-4）中，等号右边前半部分$(\partial Q/\partial s)P-\partial C/\partial s$为水稻病虫害防治外包服务对农户农业收入的影响，后半部分$(\partial l_2/\partial s)w$为水稻病虫害防治外包服务对农户非农收入的影响。

与其他环节农业生产环节外包服务增收效应的作用路径不完全相同，水稻病虫害防治外包服务主要通过要素替代效应和专业分工效应来影响农户家庭收入，而非产出效应，因此，本书主要从要素替代效应和专业分工效应两方面分析水稻病虫害防治外包服务的增收效应。

首先，专业分工效应方面，水稻病虫害防治外包服务有助规范农户施药行为，减少农药的施用量和施用频率（黄季焜等，2008）。亦可通过规模效应，提高农业生产技术效率，降低农业生产成本，因此，$(\partial Q/\partial s)P>0$，但是在耕地规模不变的前提下，水稻病虫害防治外包的产出效应是不确定的。此外，分散经营的单个农户家庭购买水稻病虫害防治外包会产生交易费用，这部分成本也可能会抵消专业分工效应带来的收益，因此，$\partial C/\partial s>0$的，而$(\partial Q/\partial s)P-\partial Q/\partial s$是否大于0具有不确定性。

其次，要素替代效应方面，根据二元经济理论，当非农收入超过农业收入，并足以克服劳动力转移产生成本时，农户就会选择非农就业，而水稻病虫害防治外包服务可释放大量劳动力，促进农户向投入产出比更高的二、三产业转移，提高家庭非农收入，故$(\partial l_2/\partial s)w>0$，而通常情况下，非农收入在家庭总收入中所占比重较大，因此，$(\partial l_2/\partial s)w$对农户家庭总收入影响远大于$(\partial Q/\partial s)P-\partial Q/\partial s$的不确定性对农户家庭总收入影响，因此，本书提出研究假设H1、H2和H3。

H1：病虫害防治外包能够显著正向影响农户家庭收入。

H2：病虫害防治外包能够显著正向影响农户家庭工资性收入。

H3：病虫害防治外包对农户家庭种植业收入的影响是不确定的。

## 二、病虫害防治外包对农户家庭收入影响的异质性分析

对于异质性农户家庭而言，购买水稻病虫害防治外包服务前的收入水平不同，在全要素框架下，通过水稻病虫害防治外包服务获得的增收效应也必然存在差异。理论上来讲，由于高收入水平农户在经济基础、邻里关系和技

术能力等方面具有优势，水稻病虫害防治外包服务对其增收效应可能会低于低收入水平农户。一方面，高收入水平农户家庭的要素配置效率较高，工资性收入在总收入中所占比例本身就很大，水稻病虫害防治外包服务要素替代效应带来的增收效应对其总收入的影响较小，而低收入水平农户家庭的要素配置效率较低，水稻病虫害防治外包服务显著增加其非农就业时间，更容易从水稻病虫害防治外包服务要素替代效应中获益；另一方面，低收入水平农户家庭本身的专业技能水平不高，水稻病虫害防治外包服务可以弥补其在种植经验和技术采纳等方面的不足，更容易从水稻病虫害防治外包服务专业分工效应中获益。因此，本书提出研究假设 H4。

H4：病虫害防治外包对低收入水平农户的增收效应更强。

## 第三节　模型构建与变量选择

### 一、模型构建

#### 1. 病虫害防治外包增收效应分析的模型构建

效应评估相关研究方法较为丰富，主要包括参数法和非参数法两类。非参数法中最常用的是倾向得分匹配法（PSM），但该方法只适用于处理由可观测因素造成的选择性偏误问题。参数法中常用的是内生转换回归（ESR）模型，该方法可同时处理由可观测和不可观测因素造成的选择性偏误问题，但与倾向得分匹配法（PSM）一样，内生转换（ESR）模型只能通过估计处理组的平均处理效应（ATT）值进行效应评估（Heckman 等，1998），不能直接估计影响效应。因此，本书采用参数法中较前沿的内生处理效应回归（ETR）模型估计水稻病虫害防治外包服务对农户收入的影响，该模型兼具内生转换（ESR）模型的特点，又优于内生转换（ESR）模型，可直接估计效应评估结果（Hübler 和 Hartje，2016；Abdul 和 Abdulai，2020；Ma 等，2020；Li 等，2020；Abdul 和 Abdulai，2021；Ma 等，2017；Ma 和 Abdulai，2017；Zhu 等，2021）。

内生处理效应回归（ETR）模型回归分为两个阶段，ETR 模型的第一阶段是选择方程回归，用以识别受访者个人特征变量、家庭生产经营特征变量和地区虚拟变量等对受访者病虫害防治外包决策的影响。ETR 模型的第二阶段是结果方程回归，即农户收入决定的结果方程，在控制内生性的基础上，估计农户购买水稻病虫害防治外包服务对其收入的直接影响效应。

具体来说，第一阶段和第二阶段分别为：

$$O_i^* = \delta_i X_i + \partial_i I_i + \varepsilon_i, O_i = \begin{cases} 1, \text{如果} O_i^* > 0 \\ 0, \text{如果} O_i^* \leqslant 0 \end{cases} \tag{8-5}$$

$$Y_i = \alpha_i O_i + \beta_i X_i + \mu_i \tag{8-6}$$

式（8-5）为选择方程，其中，$O_i$ 表示病虫害防治外包决策，是一个二元选择变量，由随机效用模型 $O_i^*$ 决定，$O_i^*$ 表示购买水稻病虫害防治外包服务农户获得效用（$U_{iU}$）与未购买水稻病虫害防治外包服务农户获得效用（$U_{iN}$）之间的差异，若 $O_i^* = U_{iU} - U_{iN} > 0$，则 $O_i = 1$，表示农户购买了水稻病虫害防治外包服务，若 $O_i^* = U_{iU} - U_{iN} \leqslant 0$，则 $O_i = 0$，表示未购买水稻病虫害防治外包服务。式（8-6）为结果方程，其中，$Y_i$ 表示农户收入，包括家庭纯收入、种植业净收入和纯工资性收入；$X_i$ 表示病虫害防治外包决策和家庭收入的影响因素；$\delta_i$、$\partial_i$、$\alpha_i$ 和 $\beta_i$ 均为待估参数，其中，$\alpha_i$ 为水稻病虫害防治外包服务对农户收入的直接影响效应，$\varepsilon_i$ 和 $\mu_i$ 为随机误差项；$I_i$ 是工具变量。

需要指出的是，内生处理效应回归（ETR）模型通过完全信息极大似然估计法联合估计出误差项 $\varepsilon_i$ 和 $\mu_i$ 的相关系数 $\rho_{\varepsilon\mu}$，将第一阶段的选择性偏误项引入第二阶段中，解决由可观测和不可观测因素共同导致的选择性偏误问题，缓解由此导致的内生性问题。另外，内生处理效应回归（ETR）模型也会汇报 Wald 独立性检验值结果，用以测度选择方程和结果方程之间的相关性。

2. 病虫害防治外包增收效应异质性分析的模型构建

内生处理效应回归（ETR）模型估计了水稻病虫害防治外包服务的增收效应，但未充分考虑其对不同收入水平农户增收效应差异，分位数回归（QR）模型可以实现这一回归过程（Ma 等，2020；Zhou 等，2020；Nie 等，

2021；Zheng 和 Ma，2021c），但无法解决回归过程可能存在的内生性问题，因此，本书采用工具变量分位数回归（IVQR）模型进一步估计水稻病虫害防治外包服务增收效应的异质性（Chernozhukov 和 Hansen，2008；Autor 等，2012；Sanglestsawai 等，2014；Mitra 等，2015；Bang 等，2016；Chang 等，2018；Lu 和 Kandilov，2021）。

工具变量分位数回归（IVQR）模型目标函数的构建原理分为两步。第一，构建结构方程

$$\begin{cases} Y_i = E_i'\eta_i(U_i) + X_i' + \vartheta_i(U_i) \\ E_i = \rho(X_i, V_i, I_i) \\ \ddot{\tau} \rightarrow E'_i\eta_i(\tau) + X_i'\vartheta_i(\tau) \end{cases} \tag{8-7}$$

式（8-7）中，$Y_i$ 表示农户家庭纯收入，$X_i$ 表示家庭纯收入的影响因素，$U_i$ 为影响家庭纯收入的不可观察因素，$V_i$ 表示其他没有被考虑且独立于 $U_i$ 的影响因素，$I_i$ 是工具变量，$E_i$ 为由 $X_i$，$V_i$ 和 $I_i$ 共同决定的内生变量。$\rho(\cdot)$ 为某一函数形式，$\ddot{\tau}$ 为关于分位数点 $\tau$ 的严格递增函数。

第二，构建方程 $S_{Y_i}(\tau|e_i, x_i) = e'_i\eta_i(\tau) + x_i'\vartheta_i(\tau)$，由结构方程（8-7）可知，$[Y_i \leqslant S_{Y_i}(\tau|E_i, X_i)]$ 等价于 $[U_i \leqslant \tau]$，即 $P[Y_i \leqslant S_{Y_i}(\tau|E_i, X_i)|I_i, X_i] = \tau$ 等价于 $Q_{Y_i - S_{Y_i}(\tau|E_i, X_i)}(\tau|I_i, X_i) = 0$。

参考 Koenker 和 Bassett（1978）的研究，分位数回归的目标函数为：

$$Q_{Y_i}(\tau|W_i) = \arg\min_{\theta(\tau)} E\{\varphi_\tau[Y_i - f(W_i)]\} \tag{8-8}$$

式中，$f(\cdot)$表示参数函数，$W_i$ 表示影响农户家庭纯收入的所有因素，$\theta(\tau)$ 为 $\tau$ 分位点对应的待估参数的组合。将方程（8-8）代入方程 $Q_{Y_i - S_{Y_i}(\tau|E_i, X_i)}(\tau|I_i, X_i) = 0$，可以得出，工具变量分位数回归（IVQR）模型的目标函数为：

$$\arg\min_{\theta(\tau)} E\{\varphi_\tau[Y_i - S_{Y_i}(\tau|E_i, X_i) - f(I_i, X_i)]\} = 0 \tag{8-9}$$

## 二、数据来源

本书数据来源于课题组在 2020 年 9 月和 2020 年 12 月对安徽省合肥市、滁州市和江苏省宿迁市、淮安市 2 省 4 市稻农的问卷调查。调研方式为“一对一”访谈形式，调研设计及基本的样本分布等情况详见第三章第二节，这

里不再赘述。

## 三、变量选择

第一，结果变量为农户家庭人均纯收入。该变量由家庭总收入（包括工资性收入、种植业收入、畜牧渔业收入、家庭自营产业收入和其他收入等）减去总支出（包括种植业支出、畜牧渔业支出、外出务工费用和家庭生活支出等），再除以家庭人口数计算所得。此外，考虑到水稻病虫害防治外包服务与家庭收入结构的匹配情况，本书将农户家庭人均种植业收入和人均工资性收入一同纳入结果变量之中，计算方式与家庭人均纯收入相似，这里不再赘述。

第二，处理变量为病虫害防治外包决策。该变量是一个二元选择变量，借鉴已有研究成果（Sun 等，2018；杨志海，2019；Baiyegunhi 等，2019），本书将其界定为：2019 年，若受访农户在水稻种植过程中购买病虫害防治外包服务，赋值为 1，归为处理组；若未购买病虫害防治外包服务，则赋值为 0，归为对照组。

第三，控制变量。借鉴申红芳等（2015）、Sun 等（2018）、Tang 等（2018）、邱海兰和唐超（2019）、杨志海（2019）、Ma 和 Wang（2020）、刘起林和韩青（2020）以及李忠旭和庄健（2021）等的研究成果，本书引入以下几类控制变量：一是受访农户个人特征变量，包括性别、年龄、受教育程度、健康状况 4 个变量。二是受访农户家庭生产经营特征变量，包括合作社参与、老年人比例、少儿比例、非农就业人口比例、邻里关系、经营规模 6 个变量。三是村庄特征变量，用村庄距县城距离来表示。此外，为控制不同地区间区域特色、经济水平和文化开发等特征的影响，模型中引入一组地区虚拟变量。

第四，工具变量。本书选取的工具变量有两个：①朋友病虫害防治外包决策，该变量指“与您年龄相仿、教育水平相近的朋友是否购买病虫害防治外包服务”，应瑞瑶和徐斌（2014）指出农户病虫害防治外包决策会受到周边其他农户的示范效应影响，因此，该变量会显著影响受访农户病虫害防治外包决策，而对其家庭收入而言则为外生变量，借鉴同群效应相关分析，参考 Smith 等（2004）、Ma 和 Abdulai（2016）和 Ma 和 Wang（2020）的研究，选取此变量为工具变量。②本村病虫害防治外包服务供给。该变量指“本村是否有病虫害防治外包服务的供给方”，本书在稳健性检验部分采用该变量作为替代的工具变量。该变量会显著影响受访者病虫害防治外包决策，而对其家庭收入而言则为外生变量，是比较合适的工具变量。

## 四、描述性统计分析

### 1. 变量定义与描述性统计

表 8-1 汇报了变量名称、变量定义和各变量的描述性统计数据。可知，共 160 位受访者在水稻种植过程中购买了水稻病虫害防治外包服务，约占总样本的 35.7%，其他 288 位受访者未购买水稻病虫害防治外包服务，约占 64.3%；受访者家庭人均纯收入均值为 11 640 元，最大值为 37 910 元；受访者家庭人均种植业净收入均值为 6 011 元，最大值为 28 140 元；受访者家庭人均纯工资性收入均值为 11 430 元，最大值为 27 000 元；受访者实际年龄的均值为 54.21 岁，最大值为 74 岁；受教育年限的均值为 7.156 年，最大值为 15 年；共 197 位受访者家庭加入合作社，约占全部样本的 44%，其他 251 位受访者未加入，约占 56%；距离变量的均值为 19.95 公里，最大值为 50 公里；共 182 位受访者的朋友购买了水稻病虫害防治外包服务，约占总样本的 40.6%，其他 266 位受访者的朋友没有购买水稻病虫害防治外包服务，约占 59.4%；共 222 位受访者所在村内有水稻病虫害防治外包服务供给方，约占总样本的 49.6%，其他 226 位受访者所在村内没有水稻病虫害防治外包服务供给方，约占 50.4%。

**表 8-1　变量定义及描述性统计**

| 变量名称 | 变量定义 | 均值 | 标准差 | 最小值 | 最大值 |
|---|---|---|---|---|---|
| 结果变量 | | | | | |
| 家庭纯收入 | 家庭人均纯收入(千元/年) | 11.640 | 6.613 | 1.413 | 37.910 |
| 家庭种植业净收入 | 家庭人均种植业净收入(千元/年) | 6.011 | 4.371 | 0.517 | 28.140 |
| 家庭纯工资性收入 | 家庭人均纯工资性收入(千元/年) | 11.430 | 5.371 | 0 | 27.000 |

续表 8-1

| 变量名称 | 变量定义 | 均值 | 标准差 | 最小值 | 最大值 |
|---|---|---|---|---|---|
| 处理变量 | | | | | |
| 病虫害防治外包决策 | 水稻种植过程中，是否购买病虫害防治外包服务：是=1；否=0 | 0.357 | 0.480 | 0 | 1 |
| 控制变量 | | | | | |
| 性别 | 男性=1；女性=0 | 0.779 | 0.415 | 0 | 1 |
| 年龄 | 实际年龄（周岁） | 54.21 | 8.527 | 30 | 74 |
| 受教育程度 | 受教育年限（年） | 7.156 | 2.708 | 1 | 15 |
| 健康状况 | 和同龄人比，健康状况：非常不健康=1；比较不健康=2；一般=3；比较健康=4；非常健康=5 | 3.618 | 1.097 | 1 | 5 |
| 合作社参与 | 是否为合作社社员：是=1；否=0 | 0.440 | 0.497 | 0 | 1 |
| 老年人比例 | 家庭 65 岁及以上人口占比 | 0.172 | 0.203 | 0 | 1 |
| 少儿比例 | 家庭 14 岁及以下人口占比 | 0.169 | 0.145 | 0 | 0.667 |
| 非农就业人口比例 | 劳动年龄中非农就业人口占比 | 0.615 | 0.278 | 0 | 1 |
| 邻里关系 | 对亲友邻居的信任程度：很不信任=1；不太信任=2；一般=3；比较信任=4；非常信任=5 | 4.132 | 0.722 | 2 | 5 |
| 经营规模 | 水稻实际经营面积的对数值（亩，对数） | 1.476 | 0.534 | 0.477 | 2.290 |
| 村庄距县城距离 | 村庄距离县城（市/区）的实际距离（公里） | 19.95 | 10.40 | 6.00 | 50.00 |
| 地区虚拟变量 | 安徽=0；江苏=1 | 0.498 | 0.501 | 0 | 1 |
| 工具变量 | | | | | |
| 朋友病虫害防治外包决策 | 与您年龄相仿、教育水平相近的朋友是否购买水稻病虫害防治外包服务：是=1；否=0 | 0.406 | 0.492 | 0 | 1 |
| 本村病虫害防治外包服务供给 | 本村是否有水稻病虫害防治外包服务供给方：是=1；否=0 | 0.496 | 0.501 | 0 | 1 |

数据来源：根据调研数据整理所得。

### 2. 均值差异性分析

表 8-2 汇报了所选变量在购买水稻病虫害防治外包服务农户和未购买水稻病虫害防治外包服务农户之间的差异，其中，第 2 列和第 3 列为所选变量在购买水稻病虫害防治外包服务和未购买水稻病虫害防治外包服务两组农户中

的均值，第 4 列为均值差异。可以看出，两组样本农户存在明显差异。例如，购买水稻病虫害防治外包服务农户比未购买水稻病虫害防治外包服务农户的家庭纯收入、家庭种植业净收入和家庭纯工资性收入高。其次，购买水稻病虫害防治外包服务农户比未购买水稻病虫害防治外包服务农户更年轻，且受教育程度更高。除此之外，与购买水稻病虫害防治外包服务农户相比，未购买水稻病虫害防治外包服务农户的经营规模更小。值得一提的是，购买水稻病虫害防治外包服务农户的朋友采纳水稻病虫害防治外包服务比例比未购买水稻病虫害防治外包服务农户的大很多，而且购买水稻病虫害防治外包服务农户所在村落有水稻病虫害防治外包服务供给方的比例也比未购买农户的大很多，表明解释变量与两个工具变量均存在较强的相关性，但工具变量有效性尚需进行相关检验。综上可知，两组样本的确存在明显差异，但还不能说明这些差异由水稻病虫害防治外包服务导致，要论证水稻病虫害防治外包对农户家庭收入的影响，还需进行实证分析。

**表 8-2　病虫害防治外包对农户收入影响的差异性分析**

| 变量名称 | 病虫害防治外包 | 病虫害防治未外包 | 均值差异 |
|---|---|---|---|
| 家庭纯收入 | 16.25(0.51) | 9.08(0.30) | 7.172*** |
| 家庭种植业净收入 | 8.51(0.35) | 4.62(0.21) | 3.894*** |
| 家庭纯工资性收入 | 13.32(0.33) | 10.38(0.33) | 2.944*** |
| 性别 | 0.84(0.03) | 0.75(0.03) | 0.091** |
| 年龄 | 50.12(0.62) | 56.48(0.47) | −6.360*** |
| 受教育程度 | 8.69(0.21) | 6.31(0.14) | 2.382*** |
| 健康状况 | 4.10(0.07) | 3.35(0.07) | 0.749*** |
| 合作社参与 | 0.70(0.04) | 0.30(0.03) | 0.405*** |
| 老年人比例 | 0.16(0.01) | 0.18(0.01) | −0.014 |
| 少儿比例 | 0.23(0.01) | 0.14(0.01) | 0.088*** |
| 非农就业人口比例 | 0.75(0.02) | 0.54(0.02) | 0.204*** |
| 邻里关系 | 4.17(0.05) | 4.11(0.04) | 0.067 |
| 经营规模 | 2.02(0.02) | 1.17(0.02) | 0.846*** |
| 村庄距县城距离 | 21.50(1.02) | 19.09(0.51) | 2.410** |
| 地区虚拟变量 | 0.42(0.04) | 0.54(0.03) | −0.113** |
| 朋友病虫害防治外包决策 | 0.83(0.03) | 0.17(0.02) | 0.661*** |
| 本村病虫害防治外包服务供给 | 0.88(0.03) | 0.28(0.03) | 0.590*** |
| 样本量 | 160 | 288 | — |

注：**、*** 分别表示在 5%、1%的显著水平；（ ）内数值为标准误。

# 第四节　实证检验与结果分析

## 一、病虫害防治外包对农户家庭收入的影响

表 8-3 下方报告了选择方程和结果方程随机误差项 $\varepsilon_i$ 和 $\mu_i$ 的相关系数 $\rho_{\varepsilon\mu}$ 和 *Wald* 独立性检验的估计结果。结果显示，$\rho_{\varepsilon\mu}$ 为满足 10%统计显著性的－0.282，表明存在不可观察因素既对病虫害防治外包决策产生显著正向影响，又对家庭收入产生负向影响，即结果方程的确存在选择性偏误问题，如不控制，增收效应会被低估。*Wald* 独立性检验值为满足 10%统计显著性的 3.06，表明选择方程独立于结果方程的假设不成立，应将选择方程和结果方程进行联立估计，采用内生处理效应回归（ETR）模型是合适和科学的。工具变量检验方面，首先，病虫害防治外包决策与朋友病虫害防治外包决策之间的皮尔逊相关系数分别为满足 1%统计显著性的 0.645，证明了水稻病虫害防治外包决策与朋友病虫害防治外包决策之间的相关关系。为进一步验证工具变量的有效性，本书对该工具变量进行弱工具变量检验，*F* 统计量为 94.03（远大于 10），表明不存在弱工具变量问题。其次，表 8-3 第 2 列中朋友病虫害防治外包决策的估计值为满足 1%统计显著性的 1.858，足以说明朋友病虫害防治外包决策对受访者病虫害防治外包决策具有显著影响，因此，工具变量的选择是合适的。

1. 选择方程的内生处理效应回归（ETR）模型估计结果

表 8-3 的第 2 列汇报了内生处理效应回归（ETR）模型选择方程的估计结果。可知，非农就业人口比例对水稻病虫害防治外包决策产生显著的正向影响。非农就业人口比例高的家庭，农业人口较少，较难将更多的时间和精力投入到病虫害防治环节，自我防治的机会成本高，购买水稻病虫害防治外包服务的可能性更高（蔡荣和蔡书凯，2014）。经营规模对水稻病虫害防治外包决策产生显著的正向影响。经营规模越大，所需劳动投入就越多，因此，更需要借助水稻病虫害防治外包服务替代自身的劳动投入，缓解劳动力需求，

维持农业生产（申红芳等，2015）。村庄距县城距离对水稻病虫害防治外包决策产生显著的正向影响。相对于居住在县城附近的农户，距县城远的农户可在县城获得非农就业机会的可能性较小，因此，其可能更倾向于外出务工，购买水稻病虫害防治外包服务的可能性也更高。

2. 结果方程的内生处理效应回归（ETR）模型估计结果

表 8-3 第 3 列和第 4 列分别汇报了内生处理效应回归（ETR）模型结果方程的估计结果和家庭纯收入影响因素的估计结果。由第 3 列可知，水稻病虫害防治外包决策的估计系数为满足 1%统计显著性的 3.356，高于第 4 列的 2.349，可见，内生处理效应回归（ETR）模型比普通最小二乘法（OLS）估计结果更加稳健，且回归结果表明水稻病虫害防治外包服务有助提高农户家庭纯收入，研究假设 H1 得到验证。此外，整体来讲，内生处理效应回归（ETR）模型与普通最小二乘法（OLS）的估计结果在显著性和影响方向上很相似，因此，本书主要分析内生处理效应回归（ETR）模型的估计结果。

控制变量方面，家庭基本特征中，受访者年龄对家庭纯收入产生显著的正向影响。受访者年龄估计系数为满足 1%统计显著性的 0.076，表明年龄对家庭纯收入的正向影响作用并不高。一方面，随着年龄增加，非农就业的工作经验和农业生产的种植经验都会增多，有利于农户家庭收入的提升；另一方面，当达到某个年龄段后，思想观念和身体状况会出现“瓶颈期”，随着年龄的继续增加，其决策能力及劳动能力会下降，阻碍农户家庭收入的进一步增加。受教育程度对家庭纯收入产生显著的正向影响。通常情况下，受教育年限越长，农户积累的人力资本和社会资本越多，因此，就业选择能力、工作能力和家庭决策能力均较强，相应的家庭纯收入水平就越高。

家庭生产经营特征中，合作社参与对家庭纯收入产生显著的正向影响。合作社具有较强的市场谈判优势和竞争力，不仅可以通过农资联购，降低农业生产资料的购买成本，而且可以拓宽农产品销售渠道，降低农作物种植风险，保障农产品销售收入，提高农户家庭收入（Ma 和 Abdulai，2016）。少儿比例对家庭纯收入产生显著负向影响。儿童教育投入和生活照料不仅会增加生活支出，而且会对劳动力资源产生一定的约束作用，少儿比例的家庭需要投入的经济成本和时间成本就越多。非农就业人口比例对家庭纯收入产生显著正向影响。当前，非农收入普遍高于农业收入，因此，非农就业人口比例越大，家庭纯收入就越多。经营规模对家庭纯收入产生显著正向影响。对大部分农户来讲，农业收入是家庭收入重要构成。经营规模大的农户在农业生产成本和农产品销售收入方面兼具优势，因此，经营规模增加有助提升农户家庭纯收入（徐玉婷等，2016）。

**表 8-3　病虫害防治外包对农户家庭收入影响的 ETR 模型联合估计结果**

| 变量 | 内生处理效应回归(ETR)模型 | | 普通最小二乘法(OLS) |
|---|---|---|---|
| | 病虫害防治外包决策 | 家庭纯收入 | 家庭纯收入 |
| 病虫害防治外包决策 | — | 3.356*** (0.971) | 2.349*** (0.817) |
| 性别 | 0.016(0.372) | 0.208(0.604) | 0.218(0.613) |
| 年龄 | 0.005(0.022) | 0.076** (0.036) | 0.077** (0.036) |
| 受教育程度 | −0.013(0.071) | 0.514*** (0.108) | 0.518*** (0.109) |
| 健康状况 | 0.033(0.194) | 0.417(0.259) | 0.437* (0.262) |
| 合作社参与 | 0.149(0.318) | 1.229** (0.542) | 1.281** (0.549) |
| 老年人比例 | −2.170* (1.290) | −1.231(1.257) | −1.038(1.270) |
| 少儿比例 | 0.416(1.007) | −8.383*** (1.737) | −8.215*** (1.759) |
| 非农就业人口比例 | 3.373*** (0.736) | 5.939*** (0.994) | 6.245*** (0.994) |
| 邻里关系 | −0.040(0.200) | 0.280(0.327) | 0.287(0.332) |
| 经营规模 | 5.046*** (0.752) | 2.314*** (0.802) | 2.917*** (0.744) |
| 村庄距县城距离 | 0.075*** (0.018) | 0.026(0.024) | 0.032(0.024) |
| 地区虚拟变量 | −1.106*** (0.360) | −0.617(0.497) | −0.669(0.503) |
| 朋友病虫害防治外包决策 | 1.858*** (0.311) | — | — |
| 常数 | −12.981*** (2.364) | −6.344** (3.075) | −7.441** (3.060) |
| 检验及其他信息 | | | |
| $\rho_{\epsilon\mu}$ | −0.282* (0.149) | | — |
| Lnsigma | 1.582*** (0.034) | | — |
| 拟合优度检验 | 382.89*** | | — |
| 对数伪似然值 | −1391.3082 | | — |
| *Wald* 独立性检验 | $\chi^2(1) = 3.06$，$prob > \chi^2 = 0.0804$ | | — |
| 样本量 | 448 | 448 | 448 |

注：*、**、*** 分别表示在 10%、5%、1%的显著水平；(　) 内数值为标准误。

## 二、病虫害防治外包对农户家庭收入结构的影响

为进一步分析水稻病虫害防治外包服务增收效应的内在机理，本书继续采用内生处理效应回归（ETR）模型估计水稻病虫害防治外包服务决策对农户家庭纯工资性收入和种植业净收入的影响。由表 8-4 第 3 列可知，水稻病虫害防治外包决策的估计系数为满足 1%统计显著性的 1.633，表明水稻病虫害防治外包服务有助提高农户家庭纯工资性收入；第 5 列中，病虫害防治外包决策的估计系数的正值 0.042，但不显著，表明水稻病虫害防治外包服务并没有显著提高家庭种植业净收入，可能的原因在于，对于单个农户家庭来讲，水稻病虫害防治外包服务费用可能会抵消专业分工带来的成本降低效应，因此，不能显著提高农户家庭种植业净收入。研究假设 H2 和 H3 得到验证。

**表 8-4　病虫害防治外包对农户家庭收入结构影响的 ETR 模型联合估计结果**

| 变量 | 内生处理效应回归(ETR)模型 | | 内生处理效应回归(ETR)模型 | |
|---|---|---|---|---|
| | 病虫害防治外包决策 | 纯工资性收入 | 病虫害防治外包决策 | 种植业净收入 |
| 病虫害防治外包决策 | — | 1.633** | — | 0.042 |
| | | (0.690) | | (0.607) |
| 性别 | −0.152 | 0.078 | 0.120 | −0.555 |
| | (0.364) | (0.352) | (0.379) | (0.390) |
| 年龄 | 0.006 | 0.011 | −0.002 | 0.035 |
| | (0.021) | (0.021) | (0.022) | (0.023) |
| 受教育程度 | −0.035 | 0.005 | 0.000 | 0.244*** |
| | (0.067) | (0.063) | (0.068) | (0.070) |
| 健康状况 | 0.145 | −0.112 | 0.016 | 0.164 |
| | (0.185) | (0.151) | (0.192) | (0.167) |
| 合作社参与 | 0.151 | −0.272 | 0.137 | −0.238 |
| | (0.298) | (0.316) | (0.315) | (0.350) |
| 老年人比例 | −0.663 | −9.734*** | −2.213* | 1.497* |
| | (1.312) | (0.735) | (1.327) | (0.811) |
| 少儿比例 | 0.203 | −15.915*** | 0.279 | −0.182 |
| | (0.970) | (1.013) | (1.014) | (1.122) |
| 非农就业人口比例 | 2.862*** | 12.782*** | 3.255*** | −3.396*** |
| | (0.689) | (0.591) | (0.707) | (0.640) |

续表 8-4

| 变量 | 内生处理效应回归（ETR）模型 | | 内生处理效应回归（ETR）模型 | |
|---|---|---|---|---|
| | 病虫害防治外包决策 | 纯工资性收入 | 病虫害防治外包决策 | 种植业净收入 |
| 邻里关系 | −0.011<br>(0.192) | 0.438**<br>(0.190) | −0.003<br>(0.206) | −0.304<br>(0.211) |
| 经营规模 | 5.047***<br>(0.728) | −0.292<br>(0.524) | 5.026***<br>(0.762) | 5.347***<br>(0.510) |
| 村庄距县城距离 | 0.078***<br>(0.017) | 0.051***<br>(0.014) | 0.078***<br>(0.018) | −0.017<br>(0.015) |
| 地区虚拟变量 | −1.372***<br>(0.369) | 0.500*<br>(0.290) | −1.189***<br>(0.365) | −0.438<br>(0.321) |
| 朋友病虫害防治外包决策 | 1.667***<br>(0.338) | — | 1.859***<br>(0.307) | — |
| 常数 | −13.086***<br>(2.339) | 4.568**<br>(1.841) | −12.823***<br>(2.395) | −1.898<br>(1.979) |
| 样本量 | 448 | 448 | 448 | 448 |

注：*、**、***分别表示在10%、5%、1%的显著水平；（ ）内数值为标准误。

## 三、异质性分析

上述分析已证实水稻病虫害防治外包服务的增收效应，本节主要进行异质性分析，即考察水稻病虫害防治外包服务对不同收入水平农户增收效应的差异和动态变化。为此，本书继续以朋友病虫害防治外包决策为工具变量，采用工具变量分位数回归（IVQR）模型进行回归，为汇报的完整性，选取分位数点10%、30%、50%、70%和90%，需要指出的是某一分位数点表示被解释变量数值低于该分位数点样本数占总体的比例。由表8-5可知，在10%、30%和50%分位数点，水稻病虫害防治外包决策的估计系数分别为满足1%统计显著性的6.215、4.867和4.893，而在70%分位数点为满足10%统计显著性的1.221，在90%分位数点为不显著的0.624。可见，水稻病虫害防治外包服务对低分位点的影响高于高分位点，即水稻病虫害防治外包服务对低收入水平农户的增收效应大于高收入水平农户，可能的原因在于，高收入水平农户在经济基础、文化素质和技术水平等方面具有优势，水稻病虫害防治外包服务的增收效应在其收入构成中所占的比重较小，而低收入农户获得的水稻病虫害防治外包服务增收效应，在其收入的构成中比重相对较大，因此，水稻病虫害防治外包服务的增收效应更明显，研究假设 H4 得到验证。

**表 8-5　病虫害防治外包对农户家庭收入影响的异质性分析估计结果**

| 变量 | 工具变量分位数回归(IVQR)模型 | | | | |
|---|---|---|---|---|---|
| | 10%分位点 | 30%分位点 | 50%分位点 | 70%分位点 | 90%分位点 |
| 病虫害防治外包决策 | 6.215***<br>(0.999) | 4.867***<br>(0.740) | 4.893***<br>(0.693) | 1.221*<br>(0.728) | 0.624<br>(1.042) |
| 性别 | 0.611<br>(1.114) | 0.094<br>(0.826) | 0.645<br>(0.774) | 0.985<br>(0.813) | 0.381<br>(1.162) |
| 年龄 | 0.025<br>(0.066) | 0.067<br>(0.049) | 0.029<br>(0.046) | 0.039<br>(0.048) | −0.022<br>(0.068) |
| 受教育程度 | 0.138<br>(0.199) | 0.309**<br>(0.147) | 0.535***<br>(0.138) | 0.464***<br>(0.145) | 0.401*<br>(0.207) |
| 健康状况 | −0.030<br>(0.478) | 0.293<br>(0.354) | 0.185<br>(0.332) | 0.715**<br>(0.349) | 1.535***<br>(0.499) |
| 合作社参与 | 0.996<br>(0.997) | 0.651<br>(0.739) | 0.404<br>(0.692) | 1.361*<br>(0.727) | 2.455**<br>(1.040) |
| 老年人比例 | −5.553**<br>(2.315) | −1.779<br>(1.716) | −0.308<br>(1.608) | 0.828<br>(1.688) | 2.841<br>(2.415) |
| 少儿比例 | −8.238**<br>(3.214) | −9.085***<br>(2.382) | −7.705***<br>(2.232) | −6.097***<br>(2.344) | −12.734***<br>(3.353) |
| 非农就业人口比例 | 5.688***<br>(1.752) | 4.249***<br>(1.299) | 3.816***<br>(1.217) | 5.396***<br>(1.278) | 5.998***<br>(1.828) |
| 邻里关系 | 0.186<br>(0.603) | 0.294<br>(0.447) | 0.451<br>(0.419) | 0.680<br>(0.440) | 0.269<br>(0.629) |
| 经营规模 | −0.722<br>(1.068) | 0.960<br>(0.792) | 1.645**<br>(0.742) | 4.390***<br>(0.779) | 5.958***<br>(1.115) |
| 村庄距县城距离 | −0.012<br>(0.042) | 0.047<br>(0.031) | 0.034<br>(0.029) | 0.039<br>(0.031) | 0.023<br>(0.044) |
| 地区虚拟变量 | −0.108<br>(0.912) | 0.034<br>(0.676) | −0.228<br>(0.633) | −1.070<br>(0.665) | −0.431<br>(0.951) |
| 常数 | 0.338<br>(5.370) | −4.550<br>(3.981) | −3.436<br>(3.730) | −8.180**<br>(3.916) | −2.786<br>(5.603) |
| 样本量 | 448 | 448 | 448 | 448 | 448 |

注：*、**、***分别表示在10%、5%、1%的显著水平；( ) 内数值为标准误。

## 四、稳健性检验

本书换用本村病虫害防治外包服务供给为工具变量，继续采用内生处理效应回归（ETR）模型对农户家庭纯收入、种植业净收入和纯工资性收入进行回归，并继续采用工具变量分位数回归（IVQR）模型对水稻病虫害防治外包服务的增收效应进行异质性分析，检验回归结果的稳健性。工具变量检验方面，首先，病虫害防治外包决策与本村病虫害防治外包服务供给之间的皮尔逊相关系数分别为满足1%统计显著性的0.566，证明了水稻病虫害防治外包决策与本村病虫害防治外包服务供给之间的相关关系。为进一步验证工具变量的有效性，本书对该工具变量进行弱工具变量检验，F统计量为135.484（远大于10），表明不存在弱工具变量问题。其次，表8-6第2列、第4列和第6列中本村病虫害防治外包服务供给决策的估计值分别为满足1%统计显著性的2.510、2.217、2.625，足以说明本村病虫害防治外包服务供给对受访者病虫害防治外包决策具有显著影响，因此，工具变量的选择是合适的。

由表8-6第3列和第5列可知，病虫害防治外包决策的估计系数分别为满足1%和5%统计显著性的正值，而第7列的回归结果不显著。此外，由表8-7可知，在10%、30%和50%分位数点，病虫害防治外包决策的估计系数分别为满足1%统计显著性的正值，而在70%和90%分位数点的回归结果不显著。可见，表8-6和表8-7得到的稳健性检验结果与基准回归内生处理效应回归（ETR）模型和工具变量分位数回归（IVQR）模型得到的估计结果是一致的，只是回归系数略有差异，说明本书基准回归结果是稳健的。

**表8-6 基准回归的稳健性检验结果**

| 变量 | 内生处理效应回归(ETR)模型 | | 内生处理效应回归(ETR)模型 | | 内生处理效应回归(ETR)模型 | |
|---|---|---|---|---|---|---|
| | 病虫害防治外包决策 | 家庭纯收入 | 病虫害防治外包决策 | 纯工资性收入 | 病虫害防治外包决策 | 种植业净收入 |
| 病虫害防治外包决策 | — | 3.132***<br>(0.981) | — | 1.735**<br>(0.680) | — | −0.015<br>(0.575) |
| 性别 | −0.297<br>(0.420) | 0.211<br>(0.604) | −0.245<br>(0.369) | 0.077<br>(0.351) | −0.157<br>(0.416) | −0.555<br>(0.390) |
| 年龄 | 0.010<br>(0.028) | 0.076**<br>(0.035) | 0.018<br>(0.027) | 0.011<br>(0.021) | 0.011<br>(0.028) | 0.035<br>(0.023) |

续表 8-4

| 变量 | 内生处理效应回归(ETR)模型 | | 内生处理效应回归(ETR)模型 | | 内生处理效应回归(ETR)模型 | |
|---|---|---|---|---|---|---|
| | 病虫害防治外包决策 | 家庭纯收入 | 病虫害防治外包决策 | 纯工资性收入 | 病虫害防治外包决策 | 种植业净收入 |
| 受教育程度 | −0.065<br>(0.084) | 0.515***<br>(0.108) | −0.068<br>(0.077) | 0.004<br>(0.063) | −0.036<br>(0.082) | 0.244***<br>(0.070) |
| 健康状况 | 0.348<br>(0.226) | 0.421<br>(0.259) | 0.363*<br>(0.217) | −0.114<br>(0.151) | 0.327<br>(0.235) | 0.165<br>(0.167) |
| 合作社参与 | 0.191<br>(0.372) | 1.240**<br>(0.542) | 0.313<br>(0.327) | −0.277<br>(0.316) | 0.316<br>(0.362) | −0.235<br>(0.350) |
| 老年人比例 | −1.880<br>(1.442) | −1.188<br>(1.256) | −0.578<br>(1.396) | −9.754***<br>(0.734) | −2.040<br>(1.464) | 1.508*<br>(0.810) |
| 少儿比例 | 0.336<br>(1.191) | −8.345***<br>(1.736) | 0.005<br>(1.151) | −15.932***<br>(1.012) | 0.078<br>(1.186) | −0.172<br>(1.121) |
| 非农就业人口比例 | 4.304***<br>(0.970) | 6.007***<br>(0.994) | 3.643***<br>(0.936) | 12.751***<br>(0.589) | 3.945***<br>(0.953) | −3.379***<br>(0.637) |
| 邻里关系 | 0.322<br>(0.257) | 0.282<br>(0.327) | 0.372<br>(0.233) | 0.437**<br>(0.190) | 0.396<br>(0.273) | −0.304<br>(0.211) |
| 经营规模 | 5.944***<br>(1.028) | 2.448***<br>(0.806) | 5.975***<br>(1.000) | −0.354<br>(0.519) | 6.101***<br>(1.056) | 5.381***<br>(0.496) |
| 村庄距县城距离 | 0.100***<br>(0.024) | 0.027<br>(0.024) | 0.100***<br>(0.022) | 0.050***<br>(0.014) | 0.103***<br>(0.024) | −0.017<br>(0.015) |
| 地区虚拟变量 | −1.630***<br>(0.483) | −0.629<br>(0.497) | −2.012***<br>(0.498) | 0.505*<br>(0.290) | −1.773***<br>(0.495) | −0.441<br>(0.321) |
| 本村病虫害防治外包服务供给 | 2.510***<br>(0.425) | — | 2.217***<br>(0.463) | — | 2.625***<br>(0.431) | — |
| 常数 | −18.385***<br>(3.463) | −6.588**<br>(3.077) | −18.625***<br>(3.459) | 4.680**<br>(1.835) | −19.055***<br>(3.558) | −1.960<br>(1.967) |
| 样本量 | 448 | 448 | 448 | 448 | 448 | 448 |

注：*、**、***分别表示在10%、5%、1%的显著水平；( )内数值为标准误。

**表 8-7 异质性分析的稳健性检验结果**

| 变量 | 工具变量分位数回归(IVQR)模型 | | | | |
|---|---|---|---|---|---|
| | 10%分位点 | 30%分位点 | 50%分位点 | 70%分位点 | 90%分位点 |
| 病虫害防治外包决策 | 2.668***<br>(0.901) | 3.964***<br>(0.671) | 4.916***<br>(0.636) | 0.326<br>(0.668) | −0.864<br>(0.960) |
| 性别 | 0.766<br>(1.096) | 0.049<br>(0.817) | 0.637<br>(0.774) | 1.028<br>(0.813) | 0.294<br>(1.168) |
| 年龄 | 0.061<br>(0.064) | 0.075<br>(0.048) | 0.030<br>(0.045) | 0.050<br>(0.048) | −0.010<br>(0.069) |

续表 8-7

| 变量 | 工具变量分位数回归(IVQR)模型 | | | | |
|---|---|---|---|---|---|
| | 10%分位点 | 30%分位点 | 50%分位点 | 70%分位点 | 90%分位点 |
| 受教育程度 | 0.180<br>(0.195) | 0.427***<br>(0.145) | 0.534***<br>(0.138) | 0.506***<br>(0.145) | 0.378*<br>(0.208) |
| 健康状况 | 0.192<br>(0.469) | 0.280<br>(0.349) | 0.190<br>(0.331) | 0.631*<br>(0.348) | 1.531***<br>(0.499) |
| 合作社参与 | 1.012<br>(0.983) | 0.774<br>(0.732) | 0.405<br>(0.694) | 1.712**<br>(0.729) | 2.750***<br>(1.048) |
| 老年人比例 | −7.391***<br>(2.272) | −2.971*<br>(1.692) | −0.337<br>(1.604) | 0.400<br>(1.685) | 3.761<br>(2.421) |
| 少儿比例 | −9.280***<br>(3.146) | −8.370***<br>(2.343) | −7.698***<br>(2.221) | −6.871***<br>(2.333) | −11.677***<br>(3.351) |
| 非农就业人口比例 | 6.849***<br>(1.723) | 4.320***<br>(1.283) | 3.794***<br>(1.216) | 5.145***<br>(1.278) | 7.286***<br>(1.835) |
| 邻里关系 | 0.283<br>(0.593) | 0.209<br>(0.442) | 0.444<br>(0.419) | 0.689<br>(0.440) | 0.030<br>(0.632) |
| 经营规模 | 2.042**<br>(1.021) | 1.203<br>(0.761) | 1.636**<br>(0.721) | 4.721***<br>(0.757) | 6.767***<br>(1.088) |
| 村庄距县城距离 | 0.009<br>(0.042) | 0.046<br>(0.031) | 0.034<br>(0.029) | 0.049<br>(0.031) | 0.067<br>(0.044) |
| 地区虚拟变量 | −0.164<br>(0.900) | −0.283<br>(0.670) | −0.234<br>(0.635) | −1.109*<br>(0.668) | −0.560<br>(0.959) |
| 常数 | −6.627<br>(5.238) | −5.299<br>(3.901) | −3.434<br>(3.698) | −8.980**<br>(3.885) | −5.028<br>(5.580) |
| 样本量 | 448 | 448 | 448 | 448 | 448 |

注：*、**、*** 分别表示在 10%、5%、1%的显著水平；（ ）内数值为标准误。

## 本章小结

本章继续从病虫害防治外包的经济效应角度出发，构建病虫害防治外包影响农户家庭收入的理论分析框架，利用 2020 年 9 月和 2020 年 12 月对安徽省和江苏省 2 省稻农开展的实地调查数据，运用内生处理效应回归（ETR）模型和工具变量分位数回归（IVQR）模型，综合处理由可观测和不可观测因素造成的选择性偏误问题，实证检验病虫害防治外包的增收效应及其异质性。结果表明：①病虫害防治外包有助提高农户家庭纯收入。②病虫害防治外包有助提高农户家庭纯工资性收入，但对农户家庭种植业净收入影响不显著。③病虫害防治外包增收效应具有异质性，具体来说，病虫害防治外包对低分位点影响高于高分位点，即病虫害防治外包对低收入水平农户增收效应大于高收入水平农户。

# 第九章

# 研究结论与对策建议

**引言：**“大国小农”背景下推进农业现代化是我国的特殊国情。受小农户分散经营及生产弱质性的制约，我国水稻病虫害防治依旧面临施药技能缺乏、设备落后、方式不规范等问题，导致农药施用强度大、利用率低等现象的普遍发生，给城乡居民的生活环境和生产方式造成威胁。近年来，随着国家政策对农业生产环节外包重视程度和支持力度的不断加大，农业生产环节外包呈现出快速发展态势，作为水稻生产环节外包在病虫害防治环节具体表现，病虫害防治外包在农业生产实践中的重要作用也日益突出。

# 第一节　主要研究结论

第一，通过对新中国成立以来我国病虫害防治外包服务发展历程进行梳理，可以发现，我国病虫害防治外包服务发展受政府引导影响大，从社队病虫害防治模式阶段、病虫害防治外包服务初探阶段到农户自防自治模式阶段、病虫害防治外包服务需求萌发阶段，再到病虫害防治外包服务快速发展阶段，病虫害防治外包服务的市场化程度逐步提升，病虫害防治外包服务的作用也由初期的效率导向逐步向推进实现农业现代化转变。通过分析调研区域内稻农病虫害防治外包服务发展现状，可以发现：从稻农基本特征看，当前我国农村老龄化、兼业化、知识水平低等问题依旧突出，人力资本水平仍有待进一步提升。从农户家庭基本特征看，劳动年龄人口集中在2～4个，有村干部的较少，参与合作社的比例不高，不同经营规模区间内样本分布均匀，呈现出多类种植户协同发展的多元化格局，灌溉条件好，土壤质量一般，且规模化种植意愿不强烈。农户家庭与农技员/农业专家交流程度和亲戚/朋友交流病虫害防治外包服务频繁程度均不高，水稻病虫害防治外包服务认知水平提升仍蕴含较大潜能；从稻农病虫害防治外包服务数据看，农业生产决策者年龄小于50岁、文化程度为初中及以上的稻农选择外包服务比例较高，农业生产决策者外出务工、有村干部、参与合作社、参与农业培训次数更多、种植面积较大的农户家庭更愿意选择外包服务。从稻农农药减量增效技术采纳数据看，农户对农药减量增效技术了解程度不高，且大部分农户认为存在技术采纳风险。农药减量增效技术采纳比例和采纳强度均不高，且采纳比例差异性强，采纳强度与农户数量呈现反方向变动趋势。从稻农农药施用行为数据看，农药投入成本均值为92.9元，施药频次分布较为均匀，且集中在3～6次。从稻农家庭收入数据看，购买水稻病虫害防治外包服务农户的家庭收入均高于全部样本，而未购买水稻病虫害防治外包服务农户的家庭收入均低于全部样本。

第二，稻农病虫害防治外包行为影响因素的研究表明：一是村庄距县城距离、非农就业人口比例、受灾情况、人均水稻经营面积、邻里关系、水稻病虫害防治外包服务交流频繁程度和本村水稻病虫害防治外包服务供给对稻农病虫害防治外包行为具有显著正向影响。年龄和地块质量对稻农病虫害防治外包行为具有显著负向影响。二是层级结构方面，稻农病虫害防治外包行为影响因素可归为“一条路径”和“三个直接驱动因素”。一条路径：年龄、邻里关系、村庄距县城距离、受灾情况→非农就业人口比例→人均水稻经营面积→病虫害防治外包行为。三个直接驱动因素：病虫害防治外包服务交流频繁程度、本村病虫害防治外包服务供给和地块质量。

第三，病虫害防治外包对农户农药减量增效技术采纳影响的研究表明：一是当前各项农药减量增效技术采纳比例不高，且差异性强，除抗病虫良种技术和无公害农药施用技术以外，其他 4 项农药减量增效技术的采纳比例均低于 30%。此外，农药减量增效技术的采纳强度不高，且与农户数量基本呈现反方向变动趋势，即随着采纳强度增加，对应农户数量逐渐减少。二是农户农药减量增效技术采纳行为不是独立的决策过程，而是相互关联的。由多元 Probit（MVP）模型回归方程的协方差矩阵可知，抗病虫良种技术与种植显花植物技术、种植诱虫植物技术存在替代效应；种植显花植物技术与生物防治技术、种植诱虫植物技术存在互补效应；生物防治技术与无公害农药施用技术存在互补效应；理化诱控技术与抗病虫良种技术、无公害农药施用技术存在互补效应，与种植诱虫植物技术存在替代效应。三是水稻病虫害防治外包服务对农药减量增效技术采纳有显著正向影响，购买水稻病虫害防治外包服务农户的农药减量增效技术采纳数量是未购买水稻病虫害防治外包服务农户的 1.296 倍。此外，经营水平、技术了解程度均对农药减量增效技术采纳有显著正向影响，而户主年龄和土地细碎化程度均对农药减量增效技术采纳有显著负向影响。

第四，病虫害防治外包对农户农药施用行为影响的研究表明：一是水稻病虫害防治外包服务有助降低农户农药施用强度和农户农药施用频次。二是水稻病虫害防治外包服务对农户农药施用行为的影响存在异质性，具体来说，水稻病虫害防治外包服务对受教育年限较低农户的促进作用更强，对人均水稻经营面积较高农户的促进作用更强。

第五，病虫害防治外包对农业生产技术效率影响的研究表明：一是水稻病虫害防治外包服务有助于促进农业生产技术效率提升，具体来看，实际购买水稻病虫害防治外包服务的农户若未购买水稻病虫害防治外包服务，农业生产技术效率将下降 2%，而实际未购买水稻病虫害防治外包服务的农户若购买水稻病虫害防治外包服务，农业生产技术效率将上升 1.5%。二是作用路径分析方面，水稻病虫害防治外包服务主要通过专业分工路径、要素替代路径和规模经营路径 3 条路径提升农业生产技术效率。其中，专业分工路径和要素替代路径在水稻病虫害防治外包服务影响农业生产技术效率时表现为完全中介效应，而规模经营路径在水稻病虫害防治外包服务影响农业生产技术效率时表现为部分中介效应。

第六，病虫害防治外包对农户家庭收入影响的研究表明：一是水稻病虫害防治外包服务有助提高农户家庭纯收入。二是水稻病虫害防治外包服务有助提高农户家庭纯工资性收入，但对农户家庭种植业净收入影响不显著。三是水稻病虫害防治外包服务增收效应具有异质性，具体来说，水稻病虫害防治外包服务对低分位点影响高于高分位点，即水稻病虫害防治外包服务对低收入水平农户增收效应大于高收入水平农户。

# 第二节 对策建议

## 一、多渠道协同推进，提升农户外包服务认知水平

根据研究结论，水稻病虫害防治外包服务的购买率仍然较低，为进一步增强农户病虫害防治外包服务的购买积极性，应加大水稻病虫害防治外包服务的宣传力度，提升农户认知水平，进而提高水稻病虫害防治外包服务的购买率，具体来看，可以从以下三方面进行协同推进。首先，应加强农技部门与农户之间的交流与沟通，农技部门可以通过为农户提供及时有效的病虫害信息以及现场展示水稻病虫害防治外包服务的诸多优势等方式，促进农户对其信任程度以及对水稻病虫害防治外包服务了解程度的稳步提升，进而提高水稻病虫害防治外包服务的购买率。以农技部门为核心进行水稻病虫害防治外包服务的宣传与引导，是水稻病虫害防治外包服务的推进措施中极为有效

的推广方式，也是提高水稻病虫害防治外包服务购买率的必然要求。其次，应充分的发挥村干部以及规模户等专业大户的示范带动作用，根据研究结论，村干部身份以及种植规模均对农户病虫害防治外包决策产生显著正向影响，因此，充分发挥这类群体的示范带动效应，有利于提高水稻病虫害防治外包服务的购买率。除此之外，当前农技部门的财政投入不足问题凸显，村干部以及规模户等的带动效应有助于缓解这些问题，并与农技部门的宣传引导形成补充，共同提高病虫害防治水平，因此，发挥村干部以及规模户等的示范带动效应也是水稻病虫害防治外包服务推进措施中不可或缺的重要方式。最后，应合理利用多元化的信息传递渠道。不仅要充分发挥电视、报纸、广播等传统传播媒介的宣传作用，而且还要重视移动互联网、手机短视频、微信公众号等现代传播技术的应用，进一步改善农村信息技术的基础设施建设，多渠道的提高农户的信息可获得性，进而提升农户的病虫害防治外包服务认知水平。

## 二、注重政策引导支持，推进外包服务市场发育

本书发现，水稻病虫害防治外包服务对于促进农户采纳农药减量增效技术、改善农户农药施用行为、提升农业生产技术效率和提高农户家庭收入等均具有重要意义。为进一步提高水稻病虫害防治外包服务的发展水平，充分发挥水稻病虫害防治外包服务的环境效应和经济效应，政府应积极引导促进水稻病虫害防治外包服务市场发育程度的稳步提升，优化资源要素配置，具体来看，可以从以下三个方面展开。首先，应优化水稻病虫害防治外包服务的配套设施，提高水稻病虫害防治外包服务的标准化程度，增强农业的综合生产能力，提升技术效率，降低生产成本，减轻大规模病虫灾害对农户家庭收入造成的负面影响。其次，应加大水稻病虫害防治外包服务项目的专项扶持力度，对相关技术的推广能力强、农药施用方式的规范程度高的水稻病虫害防治外包服务组织，要给予补贴支持或者其他优惠政策，提升水稻病虫害防治外包服务组织对水稻病虫害防治外包服务的供给意愿，进而提高水稻病虫害防治外包服务的覆盖率。最后，要规范水稻病虫害防治外包服务的交易过程，注重对水稻病虫害防治外包服务提供过程的监督与管理，提高水稻病

虫害防治外包服务的供求双方信息的即时性和准确性，同时，明确交易纠纷的处理原则，完善水稻病虫害防治外包服务的交易规则，稳步提升水稻病虫害防治外包的市场发育程度。

## 三、加强服务组织建设，全面提升服务供给能力

为促进水稻病虫害防治外包市场高质量发展，应高度重视水稻病虫害防治外包服务组织建设，加强服务组织的培育与发展，促进新型农业经营主体的水稻病虫害防治外包服务供给能力的稳步提升，具体来看，可以从以下三个方面展开。首先，应为水稻病虫害防治外包服务供给主体提供强有力的技术支持，提高供给主体的管理运营能力以及整体作业水平，提升从业人员的技术水平，从而保障水稻生产的质量安全。其次，构建水稻病虫害防治外包服务的长效培训体系，通过提供长期且稳定的技术培训，强化服务供给主体的自身技术水平，增强服务的供给能力。最后，应制定多元化的水稻病虫害防治外包服务推广模式。病虫害防治外包行为与其所属区域的经济发展条件、劳动力市场发展状况和地势特征等存在“共生”特征，结合不同地区的实际发展情况，因地制宜的探索和推广多元化的水稻病虫害防治外包服务推广模式。例如，将不同水稻病虫害防治外包服务供给主体的发展特色与农户农药减量增效技术采纳行为、农户农药施用行为、农业生产技术效率和农户家庭收入等相结合，针对不同水稻病虫害防治外包服务组织在环境效应和经济效应上的优势，制定和推广不同的水稻病虫害防治外包服务发展模式。

## 四、鼓励农户土地流转，促进农业生产规模经营

集中连片的土地条件和健全完备的基础设施是推进水稻病虫害防治外包服务发展的重要基础，鼓励农户土地流转，推动土地规模经营和服务规模经营协同并进，对提升水稻病虫害防治外包服务市场发育程度具有重要意义，具体来看，可以从以下三个方面展开。首先，提升土地流转市场的发育程度，继续推动产权制度改革，完善流转过程中的纠纷仲裁体系，减少流转过程中的交易成本，适度的扩大经营规模。其次，应发展多种形式的土地规模经营。增强不同经营主体的培育力度，促进不同形式农业生产经营主体之间的协同

发展。此外，应突出土地规模经营的适度与因地制宜发展原则，充分考虑地区差异，尊重农户意愿的基础上，引导农业生产规模经营。最后，鼓励剩余劳动力的非农就业转移，继续推进户籍制度改革，健全农民工的社会保障体系。此外，发展农村第三产业，拓宽剩余劳动力的非农就业渠道，进而促进剩余劳动力的充分就业，并促进农业生产规模经营。

## 第三节　存在不足与未来研究方向

本书运用安徽省和江苏省 2 省 448 户稻农的实地调研数据，深入分析了稻农病虫害防治外包行为的影响因素及其影响效应，并依据主要研究结论提出进一步推动稻农病虫害防治外包行为的相关政策建议，具有重要的理论和现实意义，但是在研究内容、研究数据和研究方法等方面仍存在不足，具体如下：

第一，研究内容方面，本书聚焦稻农病虫害防治外包行为的影响因素及其效应，其中，病虫害防治外包服务的效应分析是最重要构成部分之一，本书的效应分析部分侧重于环境效应和经济效应 2 方面，关注的重点在于如何通过病虫害防治外包服务促进农户采纳农药减量增效技术、改善农户农药施用行为、提升农业生产技术效率和提高农户家庭收入等，未考虑病虫害防治外包服务的社会效应，因此，已有研究结论和对应的政策建议未涵盖病虫害防治外包服务的社会效应，这是本书的不足之处之一。

第二，研究数据方面，本书仅对长江中下游的两个水稻主产区展开实地调研，样本区域覆盖不够广，无法对其他稻作区省份（如东北地区、珠江流域等）、长江流域其他水稻主产区省份（如湖南省、湖北省等）以及水稻非主产区省份（如云南省、贵州省等）稻农的病虫害防治外包行为进行对比分析，这也是未来进一步研究的方向。

第三，研究方法方面，本书核心实证章节（第四章、第五章、第六章、第七章和第八章）运用了较丰富的计量分析方法探讨稻农病虫害防治外包行为的影响因素及其效应，准确的量化和评估了稻农病虫害防治外包行为的影响因素及其环境效应和经济效应，但是缺少稻农病虫害防治外包服务相关典型案例的梳理与挖掘，未来可通过对病虫害防治外包服务供给主体和需求主体展开深入访谈的方式，运用典型案例分析法，进一步分析稻农病虫害防治外包行为背后的深层次原因。

## 本章小结

本书在对已有文献进行梳理综述和理论分析框架构建的基础上，首先对我国病虫害防治外包发展历程和调研区域内病虫害防治外包的基本特征进行归纳，总结了我国农作物病虫害防治模式及病虫害防治外包的演变特征和当前病虫害防治外包发展的主要特点；其次采用微观调研数据，对稻农病虫害防治外包影响因素进行深入探讨，并在此基础上，评估病虫害防治外包的环境效应和经济效应。综合前述研究结果，本章对主要研究结论进行概括和总结，同时提出与主要研究结论相对应的政策建议，以期为进一步推动病虫害防治外包发展提供理论支撑和政策依据。

# 附 录

## 相关政策文件

# 国务院关于加快发展生产性服务业促进产业结构调整升级的指导意见

## 国发〔2014〕26号

各省、自治区、直辖市人民政府，国务院各部委、各直属机构：

国务院高度重视服务业发展。近年来陆续出台了家庭、养老、健康、文化创意等生活性服务业发展指导意见，服务供给规模和质量水平明显提高。与此同时，生产性服务业发展相对滞后、水平不高、结构不合理等问题突出，亟待加快发展。生产性服务业涉及农业、工业等产业的多个环节，具有专业性强、创新活跃、产业融合度高、带动作用显著等特点，是全球产业竞争的战略制高点。加快发展生产性服务业，是向结构调整要动力、促进经济稳定增长的重大措施，既可以有效激发内需潜力、带动扩大社会就业、持续改善人民生活，也有利于引领产业向价值链高端提升。为加快重点领域生产性服务业发展，进一步推动产业结构调整升级，现提出以下意见：

### 一、总体要求

（一）指导思想。

以邓小平理论、“三个代表”重要思想、科学发展观为指导，深入贯彻党的十八大和十八届二中、三中全会精神，全面落实党中央、国务院各项决策部署，科学规划布局，放宽市场准入，完善行业标准，创造环境条件，加快生产性服务业创新发展，实现服务业与农业、工业等在更高水平上有机融合，推动我国产业结构优化调整，促进经济提质增效升级。

（二）基本原则。

坚持市场主导。处理好政府和市场的关系，使市场在资源配置中起决定性作用和更好发挥政府作用，鼓励和支持各种所有制企业根据市场需求，积极发展生产性服务业。

坚持突出重点。以显著提升产业发展整体素质和产品附加值为重点，围绕全产业链的整合优化，充分发挥生产性服务业在研发设计、流程优化、市场营销、物流配送、节能降耗等方面的引领带动作用。

坚持创新驱动。建立与国际接轨的专业化生产性服务业体系，推动云计算、大数据、物联网等在生产性服务业的应用，鼓励企业开展科技创新、产品创新、管理创新、市场创新和商业模式创新，发展新兴生产性服务业态。

坚持集聚发展。适应中国特色新型工业化、信息化、城镇化、农业现代化发展趋势，深入实施区域发展总体战略和主体功能区战略，因地制宜引导生产性服务业在中心城市、制造业集中区域、现代农业产业基地以及有条件的城镇等区域集聚，实现规模效益和特色发展。

## 二、发展导向

以产业转型升级需求为导向，进一步加快生产性服务业发展，引导企业进一步打破“大而全”“小而全”的格局，分离和外包非核心业务，向价值链高端延伸，促进我国产业逐步由生产制造型向生产服务型转变。

（一）鼓励企业向价值链高端发展。

鼓励农业企业和涉农服务机构重点围绕提高科技创新和推广应用能力，加快推进现代种业发展，完善农副产品流通体系。鼓励有能力的工业企业重点围绕提高研发创新和系统集成能力，发展市场调研、产品设计、技术开发、工程总包和系统控制等业务。加快发展专业化设计及相关定制、加工服务，建立健全重大技术装备第三方认证制度。促进专利技术运用和创新成果转化，健全研发设计、试验验证、运行维护和技术产品标准等体系。重点围绕市场营销和品牌服务，发展现代销售体系，增强产业链上下游企业协同能力。强化期货、现货交易平台功能。鼓励分期付款等消费金融服务方式。推进仓储物流、维修维护和回收利用等专业服务的发展。

（二）推进农业生产和工业制造现代化。

搭建各类农业生产服务平台，加强政策法律咨询、市场信息、病虫害防治、测土配方施肥、种养过程监控等服务。健全农业生产资料配送网络，鼓励开展农机跨区作业、承包作业、机具租赁和维修服务。推进面向产业集群和中小企业的基础工艺、基础材料、基础元器件研发和系统集成以及生产、检测、计量等专业化公共服务平台建设，鼓励开展工程项目、工业设计、产品技术研发和检验检测、工艺诊断、流程优化再造、技能培训等服务外包，整合优化生产服务系统。发展技术支持和设备监理、保养、维修、改造、备品备件等专业化服务，提高设备运行质量。鼓励制造业与相关产业协同处置工业“三废”及社会废弃物，发展节能减排投融资、清洁生产审核及咨询等节能环保服务。

（三）加快生产制造与信息技术服务融合。

支持农业生产的信息技术服务创新和应用，发展农作物良种繁育、农业生产动态监测、环境监控等信息技术服务，建立健全农产品质量安全可追溯体系。鼓励将数字技术和智能制造技术广泛应用于产品设计和制造过程，丰富产品功能，提高产品性能。运用互联网、大数据等信息技术，积极发展定制生产，满足多样化、个性化消费需求。促进智能终端与应用服务相融合、数字产品与内容服务相结合，推动产品创新，拓展服务领域。发展服务于产业集群的电子商务、数字内容、数据托管、技术推广、管理咨询等服务平台，提高资源配置效率。

## 三、主要任务

现阶段，我国生产性服务业重点发展研发设计、第三方物流、融资租赁、信息技术服务、节能环保服务、检验检测认证、电子商务、商务咨询、服务外包、售后服务、人力资源服务和品牌建设。

（一）研发设计。

积极开展研发设计服务，加强新材料、新产品、新工艺的研发和推广应用。大力发展工业设计，培育企业品牌、丰富产品品种、提高附加值。促进工业设计向高端综合设计服务转变。支持研发体现中国文化要素的设计产品。整合现有资源，发挥企业创新主体作用，推进产学研用合作，加快创新成果产业化步伐。鼓励建立专业化、开放型的工业设计企业和工业设计服务中心，促进工业企业与工业设计企业合作。完善知识产权交易和中介服务体系，发展研发设计交易市场。开展面向生产性服务业企业的知识产权培训、专利运营、分析评议、专利代理和专利预警等服务。建立主要由市场评价创新成果的机制，加快研发设计创新转化为现实生产力。

（二）第三方物流。

优化物流企业供应链管理服务，提高物流企业配送的信息化、智能化、精准化水平，推广企业零库存管理等现代企业管理模式。加强核心技术开发，发展连锁配送等现代经营方式，重点推进云计算、物联网、北斗导航及地理信息等技术在物流智能化管理方面的应用。引导企业剥离物流业务，积极发展专业化、社会化的大型物流企业。完善物流建设和服务标准，引导物流设施资源集聚集约发展，培育一批具有较强服务能力的生产服务型物流园区和配送中心。加强综合性、专业性物流公共信息平台和货物配载中心建设，衔接货物信息，匹配运载工具，提高物流企业运输工具利用效率，降低运输车辆空驶率。提高物流行业标准化设施、设备和器具应用水平以及托盘标准化水平。继续推进制造业与物流业联动发展示范工作和快递服务制造业工作，加强仓储、冷链物流服务。大力发展铁水联运、江海直达、滚装运输、道路货物甩挂运输等运输方式，推进货运汽车（挂车）、列车标准国际化。优化城市配送网络，鼓励统一配送和共同配送。推动城市配送车辆标准化、标识化，建立健全配送车辆运力调控机制，完善配送车辆便利通行措施。在关系民生的农产品、药品、快速消费品等重点领域开展标准化托盘循环共用示范试点。完善农村物流服务体系，加强产销衔接，扩大农超对接规模，加快农产品批发和零售市场改造升级，拓展农产品加工服务。

（三）融资租赁。

建立完善融资租赁业运营服务和管理信息系统，丰富租赁方式，提升专业水平，形成融资渠道多样、集约发展、监管有效、法律体系健全的融资租赁服务体系。大力推广大型制造设备、施工设备、运输工具、生产线等融资租赁服务，鼓励融资租赁企业支持中小微企业发展。引导企业利用融资租赁方式，进行设备更新和技术改造。鼓励采用融资租赁方式开拓国际市场。紧密联系产业需求，积极开展租赁业务创新和制度创新，拓展厂商租赁的业务范围。引导租赁服务企业加强与商业银行、保险、信托等金融机构合作，充分利用境外资金，多渠道拓展融资空间，实现规模化经营。建设程序标准化、管理规范化、运转高效的租赁物与二手设备流通市场，建立和完善租赁物公示、查询系统和融资租赁资产退出机制。加快研究制定融资租赁行业的法律法规。充分发挥行业协会作用，加强信用体系建设和行业自律。建立系统性行业风险防范机制，以及融资租赁业统计制度和评价指标体系。

（四）信息技术服务。

发展涉及网络新应用的信息技术服务，积极运用云计算、物联网等信息技术，推动制造业的智能化、柔性化和服务化，促进定制生产等模式创新发展。加快面向工业重点行业的知识库建设，创新面向专业领域的信息服务方式，提升服务能力。加强相关软件研发，提高信息技术咨询设计、集成实施、运行维护、测试评估和信息安全服务水平，面向工业行业应用提供系统解决方案，促进工业生产业务流程再造和优化。推动工业企业与软件提供商、信息服务提供商联合提升企业生产经营管理全过程的数字化水平。支持工业企业所属信息服务机构面向行业和社会提供专业化服务。加快农村互联网基础设施建设，推进信息进村入户。

（五）节能环保服务。

健全节能环保法规和标准体系，增强节能环保指标的刚性约束，严格落实奖惩措施。大力发展节能减排投融资、能源审计、清洁生产审核、工程咨询、节能环保产品认证、节能评估等第三方节能环保服务体系。规范引导建材、冶金、能源企业协同开展城市及产业废弃物的资源化处理，建立交易市场。鼓励结合改善环境质量和治理污染的需要，开展环保服务活动。发展系统设计、成套设备、工程施工、调试运行和维护管理等环保服务总承包。鼓励大型重点用能单位依托自身技术优势和管理经验，开展专业化节能环保服务。推广合同能源管理，建设“一站式”合同能源管理综合服务平台，积极探索节能量市场化交易。建设再生资源回收体系和废弃物逆向物流交易平台。积极发展再制造专业技术服务，建立再制造旧件回收、产品营销、溯源等信息化管理系统。推行环境污染第三方治理。

（六）检验检测认证。

加快发展第三方检验检测认证服务，鼓励不同所有制检验检测认证机构平等参与市场竞争，不断增强权威性和公信力，为提高产品质量提供有力的支持保障服务。加强计量、检测技术、检测装备研发等基础能力建设，发展面向设计开发、生产制造、售后服务全过程的分析、测试、计量、检验等服务。建设一批国家产业计量测试中心，构建国家产业计量测试服务体系。加强先进重大装备、新材料、新能源汽车等领域的第三方检验检测服务，加快发展药品检验检测、医疗器械检验、进出口检验检疫、农产品质量安全检验检测、食品安全检验检测等服务，发展在线检测，完善检验检测认证服务体系。开拓电子商务等服务认证领域。优化资源配置，引导检验检测认证机构集聚发展，推进整合业务相同或相近的检验检测认证机构。积极参与制定国际检验检测标准，开展检验检测认证结果和技术能力国际互认。培育一批技术能力强、服务水平高、规模效益好、具有一定国际影响力的检验检测认证集团。加大生产性服务业标准的推广应用力度，深化国家级服务业标准化试点。

（七）电子商务。

深化大中型企业电子商务应用，促进大宗原材料网上交易、工业产品网上定制、上下游关联企业业务协同发展，创新组织结构和经营模式。引导小微企业依托第三方电子商务服务平台开展业务。抓紧研究制定鼓励电子商务创新发展的意见。深化电子商务服务集成创新。加快并规范集交易、电子认证、在线支付、物流、信用评估等服务于一体的第三方电子商务综合服务平台发展。加快推进适应电子合同、电子发票和电子签名发展的制度建设。建设开放式电子商务快递配送信息平台和社会化仓储设施网络，加快布局、规范建设快件处理中心和航空、陆运集散中心。鼓励对现有商业设施、邮政便民服务设施等的整合利用，加强共同配送末端网点建设，推动社区商业电子商务发展。深入推进国家电子商务示范城市、示范基地和示范企业建设，发展电子商务可信交易保障、交易纠纷处理等服务。建立健全促进电子商务发展的工作保障机制。加强网络基础设施建设和电子商务信用体系、统计监测体系建设，不断完善电子商务标准体系和快递服务质量评价体系。推进农村电子商务发展，积极培育农产品电子商务，鼓励网上购销对接等多种交易方式。支持面向跨境贸易的多语种电子商务平台建设、服务创新和应用推广。积极发展移动电子商务，推动移动电子商务应用向工业生产经营和生产性服务业领域延伸。

（八）商务咨询。

提升商务咨询服务专业化、规模化、网络化水平。引导商务咨询企业以促进产业转型升级为重点，大力发展战略规划、营销策划、市场调查、管理咨询等提升产业发展素质的咨询服务，积极发展资产评估、会计、审计、税务、勘察设计、工程咨询等专业咨询服务。发展信息技术咨询服务，开展咨询设计、集成实施、运行维护、测试评估、应用系统解决方案和信息安全服务。加强知识产权咨询服务，发展检索、分析、数据加工等基础服务，培育知识产权转化、投融资等市场化服务。重视培育品牌和商誉，发展无形资产、信用等评估服务。抓紧研究制定咨询服务业发展指导意见。依法健全商务咨询服务的职业评价制度和信用管理体系，加强执业培训和行业自律。开展多种形式的国际合作，推动商务咨询服务国际化发展。

（九）服务外包。

把握全球服务外包发展新趋势，积极承接国际离岸服务外包业务，大力培育在岸服务外包市场。抓紧研究制定在岸与离岸服务外包协调发展政策。适应生产性服务业社会化、专业化发展要求，鼓励服务外包，促进企业突出核心业务、优化生产流程、创新组织结构、提高质量和效率。引导社会资本积极发展信息技术外包、业务流程外包和知识流程外包服务业务，为产业转型升级提供支撑。鼓励政府机构和事业单位购买专业化服务，加强管理创新。支持企业购买专业化服务，构建数字化服务平台，实现包括产品设计、工艺流程、生产规划、生产制造和售后服务在内的全过程管理。

（十）售后服务。

鼓励企业将售后服务作为开拓市场、提高竞争力的重要途径，增强服务功能，健全服务网络，提升服务质量，完善服务体系。完善产品“三包”制度，推动发展产品配送、安装调试、以旧换新等售后服务，积极运用互联网、物联网、大数据等信息技术，发展远程检测诊断、运营维护、技术支持等售后服务新业态。大力发展专业维护维修服务，加快技术研发与应用，促进维护维修服务业务和服务模式创新，鼓励开展设备监理、维护、修理和运行等全生命周期服务。积极发展专业化、社会化的第三方维护维修服务，支持具备条件的工业企业内设机构向专业维护维修公司转变。完善售后服务标准，加强售后服务专业队伍建设，健全售后服务认证制度和质量监测体系，不断提高用户满意度。

（十一）人力资源服务和品牌建设。

以产业引导、政策扶持和环境营造为重点，推进人力资源服务创新，大力开发能满足不同层次、不同群体需求的各类人力资源服务产品。提高人力资源服务水平，促进人力资源服务供求对接，引导各类企业通过专业化的人力资源服务提升人力资源管理开发和使用水平，提升劳动者素质和人力资源配置效率。加快形成一批具有国际竞争力的综合型、专业型人力资源服务机构。统筹利用高等院校、科研院所、职业院校、社会培训机构和企业等各种培训资源，强化生产性服务业所需的创新型、应用型、复合型、技术技能型人才开发培训。加快推广中关村科技园区股权激励试点经验，调动科研人员创新进取的积极性。营造尊重人才、有利于优秀人才脱颖而出和充分发挥作用的社会环境。鼓励具有自主知识产权的知识创新、技术创新和模式创新，积极创建知名品牌，增强独特文化特质，以品牌引领消费，带动生产制造，推动形成具有中国特色的品牌价值评价机制。

## 四、政策措施

从深化改革开放、完善财税政策、强化金融创新、有效供给土地、健全价格机制和加强基础工作等方面，为生产性服务业发展创造良好环境，最大限度地激发企业和市场活力。

（一）进一步扩大开放。

进一步放开生产性服务业领域市场准入，营造公平竞争环境，不得对社会资本设置歧视性障碍，鼓励社会资本以多种方式发展生产性服务业。进一步减少生产性服务业重点领域前置审批和资质认定项目，由先证后照改为先照后证，加快落实注册资本认缴登记制。允许社会资本参与应用型技术研发机构市场化改革。鼓励社会资本参与国家服务业综合改革试点。

引导外资企业来华设立生产性服务业企业、各类功能性总部和分支机构、研发中心、营运基地等。统一内外资法律法规，推进生产性服务业领域有序开放，放开建筑设计、会计审计、商贸物流、电子商务等服务业领域外资准入限制。加快研究制定服务业进一步扩大开放的政策措施，对已经明确的扩大开放要求，要抓紧落实配套措施。探索对外商投资实行准入前国民待遇加负面清单的管理模式。发挥中国（上海）自由贸易试验区在服务业领域先行先试的作用。加强与香港、澳门、台湾地区的服务业合作，加快推进深圳前海、珠海横琴、广州南沙与港澳地区，福建厦门、平潭和江苏昆山与台湾地区的服务业合作试点。

鼓励有条件的企业依托现有产品贸易优势，在境外设立分支机构，大力拓展生产性服务业发展空间。简化境外投资审批程序，进一步提高生产性服务业境外投资的便利化程度。鼓励企业利用电子商务开拓国际营销渠道，积极研究为符合条件的电子商务企业、快递企业提供便利通关措施。加快跨境电子商务通关试点建设。鼓励设立境外投资贸易服务机构，做好境外投资需求的规模、领域和国别研究，提供对外投资准确信息，为企业“走出去”提供咨询服务。

（二）完善财税政策。

尽快将营业税改征增值税试点扩大到服务业全领域。根据生产性服务业产业融合度高的特点，完善促进生产性服务业的税收政策。研发设计、检验检测认证、节能环保等科技型、创新型生产性服务业企业，可申请认定为高新技术企业，享受15%的企业所得税优惠税率。研究适时扩大生产性服务业服务产品出口退税政策范围，制定产品退税目录和具体管理办法。

中央财政和地方财政在各自事权和支出责任范围内，重点支持公共基础设施、市场诚信体系、标准体系建设以及公共服务平台等服务业发展薄弱环节建设，探索完善财政资金投入方式，提高资金使用效率，推动建立统一开放、规范竞争的服务业市场体系。鼓励开发区、产业集群、现代农业产业基地、服务业集聚区和发展示范区积极建设重大服务平台。积极研究自主创新产品首次应用政策，增加对研发设计成果应用的支持。完善政府采购办法，逐步加大政府向社会力量购买服务的力度，凡适合社会力量承担的，都可以通过委托、承包、采购等方式交给社会力量承担。研究制定政府向社会力量购买服务的指导性目录，明确政府购买的服务种类、性质和内容。

（三）创新金融服务。

鼓励商业银行按照风险可控、商业可持续原则，开发适合生产性服务业特点的各类金融产品和服务，积极发展商圈融资、供应链融资等融资方式。支持节能环保服务项目以预期收益质押获得贷款。研究制定利用知识产权质押、仓单质押、信用保险保单质押、股权质押、商业保理等多种方式融资的可行措施。建立生产性服务业重点领域企业信贷风险补偿机制。完善动产抵（质）押登记公示体系，建立健全动产押品管理公司监管制度。支持符合条件的生产性服务业企业通过银行间债券市场发行非金融企业债券融资工具融资，拓宽企业融资渠道。支持商业银行发行专项金融债券，服务小微企业。根据研发、设计、应用的阶段特征和需求，建立完善相应的融资支持体系和产品。搭建方便快捷的融资平台，支持符合条件的生产性服务业企业上市融资、发行债券。对符合条件的中小企业信用担保机构提供担保服务实行免征营业税政策。鼓励融资性担保机构扩大生产性服务业企业担保业务规模。

（四）完善土地和价格政策。

合理安排生产性服务业用地，促进节约集约发展。鼓励工业企业利用自有工业用地兴办促进企业转型升级的自营生产性服务业，经依法批准，对提高自有工业用地容积率用于自营生产性服务业的工业企业，可按新用途办理相关手续。选择具备条件的城市和国家服务业综合改革试点区域，鼓励通过对城镇低效用地的改造发展生产性服务业。加强对服务业发展示范区促进生产性服务业发展与土地利用工作的协同指导。

建立完善主要以市场决定价格的生产性服务业价格形成机制，规范服务价格。建立科学合理的生产性服务业企业贷款定价机制，加大对生产性服务业重点领域企业的支持力度。加快落实生产性服务业用电、用水、用气与工业同价。对工业企业分离出的非核心业务，在水、气方面实行与原企业相同的价格政策。符合条件的生产性服务业重点领域企业，可申请参与电力用户与发电企业直接交易试点。加强对生产性服务业重点领域违规收费项目的清理和监督检查。

（五）加强知识产权保护和人才队伍建设。

鼓励生产性服务业企业创造自主知识产权，加强对服务模式、服务内容等创新的保护。加快数字版权保护技术研发，推进国家版权监管平台建设。扩大知识产权基础信息资源共享范围，促进知识产权协同创新。加强知识产权执法，加大对侵犯知识产权和制售假冒伪劣商品的打击力度，维护市场秩序，保护创新积极性。加强政府引导，及时发布各类人才需求导向等信息。支持生产性服务业创新团队培养，建立创新发展服务平台。研究促进设计、创意人才队伍建设的措施办法，鼓励创新型人才发展。建设大型专业人才服务平台，增强人才供需衔接。

（六）建立健全统计制度。

以国民经济行业分类为基础，抓紧研究制定生产性服务业及重点领域统计分类，完善相关统计制度和指标体系，明确各有关部门相关统计任务。建立健全有关部门信息共享机制，逐步形成年度、季度信息发布机制。

各地区、各部门要充分认识发展生产性服务业的重大意义，把加快发展生产性服务业作为转变经济发展方式、调整产业结构的重要任务，采取有力措施，确保各项政策落到实处、见到实效。地方各级人民政府要加强组织领导，结合本地实际进一步研究制定扶持生产性服务业发展的政策措施。国务院各有关部门要密切协作配合，抓紧制定各项配套政策和落实政策措施分工的具体措施，营造促进生产性服务业发展的良好环境。发展改革委要加强统筹协调，会同有关部门对本意见落实情况进行督促检查和跟踪分析，每半年向国务院报告一次落实情况，重大问题及时报告。

在推进生产性服务业加快发展的同时，要围绕人民群众的迫切需要，继续大力发展生活性服务业，落实和完善生活性服务业支持政策，拓展新领域，不断丰富健康、家庭、养老等服务产品供给；发展新业态，不断提高网络购物、远程教育、旅游等服务层次水平；培育新热点，不断扩大文化创意、数字家庭、信息消费等消费市场规模，做到生产性服务业与生活性服务业并重、现代服务业与传统服务业并举，切实把服务业打造成经济社会可持续发展的新引擎。

国务院

2014 年 7 月 28 日

# 农业部国家发展改革委财政部关于加快发展农业生产性服务业的指导意见

## 农经发〔2017〕6号

各省、自治区、直辖市及计划单列市农业（农牧、农村经济）、农机、畜牧、兽医、农垦、农产品加工、渔业（水利）厅（局、委、办）、发展改革委、财政厅（局），新疆生产建设兵团农业局、发展改革委、财务局：

我国相当长时期内，在各类新型农业经营主体加快发展的同时，以普通农户为主的家庭经营仍是农业的基本经营方式。加快培育各类农业服务组织，大力开展面向广大农户的农业生产性服务，是推进现代农业建设的历史任务。为贯彻中央一号文件和《国务院关于加快发展生产性服务业促进产业结构调整升级的指导意见》（国发〔2014〕26号）精神，加快发展农业生产性服务业，现提出如下意见。

## 一、重要意义

农业生产性服务是指贯穿农业生产作业链条，直接完成或协助完成农业产前、产中、产后各环节作业的社会化服务。加快发展农业生产性服务业，对于培育农业农村经济新业态，构建现代农业产业体系、生产体系、经营体系具有重要意义。

（一）发展农业生产性服务业是将普通农户引入现代农业发展轨道的重要途径。以承包农户为主的家庭经营适合我国国情农情，具有持久生命力。随着现代农业加快发展和农业劳动力减少、老龄化问题日渐突出，普通农户在生产过程中面临许多新问题，一家一户办不了、办不好、办起来不合算的事越来越多。发展农业生产性服务业，解决普通农户在适应市场、采用新机具新技术等方面的困难，有助于将一家一户小生产融入农业现代化大生产之中，构建以家庭经营为基础的现代农业生产经营体系。

（二）发展农业生产性服务业是推进多种形式适度规模经营的迫切需要。通过土地流转扩大土地经营规模，是提高农业劳动生产率，实现农业规模经营的一条重要途径。让农户根据自身状况和需求，选择服务组织提供的专业化服务，既满足农户参与生产、从事家庭经营的愿望，又通过统一服务连接千家万户，连片种植、规模饲养，形成服务型规模经营，也是实现农业规模经营的一条重要途径。发展农业生产性服务业，有助于丰富农业规模经营形式，让广大家庭经营农户充分参与和分享规模经营收益。

（三）发展农业生产性服务业是促进农业增效和农民增收的有效手段。农业增效、农民增收是建设现代农业的重要任务。发展农业生产性服务业，通过服务组织集中采购农业生产资料，积极推广标准化生产，充分发挥农业机械装备的作业能力和分工分业专业化服务的效率，有效降低农业物化成本和生产作业成本，提高单位面积产量和农产品品质，有助于实现农业节本增产增效，促进农民增加收入。

（四）发展农业生产性服务业是建设现代农业的重要组成部分。将现代生产要素引入农业是建设现代农业的本质要求。发展农业生产性服务业，通过服务组织以市场化方式将现代生产要素有效导入农业，实现农户生产与现代生产要素的有机结合，成为转变农业发展方式、提升资源要素配置效率的重要途径，增强农业质量效益和竞争力。

## 二、总体要求

（五）指导思想。全面贯彻党的十八大和十八届三中、四中、五中、六中全会精神，深入贯彻习近平总书记系列重要讲话精神和治国理政新理念新思想新战略，牢固树立新发展理念，以服务农业农民为根本，以推进农业供给侧结构性改革为主线，以培育农业生产性服务战略性产业为目标，大力发展多元化多层次多类型的农业生产性服务，推动多种形式适度规模经营发展，带动更多农户进入现代农业发展轨道，全面推进现代农业建设。

（六）基本原则

坚持市场导向。充分发挥市场配置资源的决定性作用，推动资源要素向生产性服务业优化配置，促进服务供给与服务需求有效对接。政府着力培育、支持、引导服务组织发展，规范市场行为，为农业生产性服务业有序发展创造良好条件。

服务农业农民。聚焦农业生产和农民群众的迫切需要，着力解决农业生产重点领域和关键环节存在的问题，着力解决普通农户依靠自己力量办不了办不好的难题，让农户充分获得农业生产性服务带来的便利和实惠。

创新发展方式。针对不同产业、不同环节、不同主体的特点，因地制宜选择适合本行业、本地区的发展方式。推动信息化和生产性服务业融合发展，把农业生产性服务业作为农村创业创新的重要领域，不断推进业态和模式创新。

注重服务质量。将质量要求贯穿农业生产性服务的全过程，根据市场需求以及生产经营主体的要求，严格服务标准和操作规范，加强服务质量监管，促进农业生产性服务业健康发展。

（七）发展目标。力争通过 5 年的发展，农业生产性服务业产值占农业总产值比重明显提高，服务市场化、专业化、信息化水平显著提升，基本形成服务结构合理、专业水平较高、服务能力较强、服务行为规范、覆盖全产业链的农业生产性服务业，进一步增强生产性服务业对现代农业的全产业链支撑作用，打造要素集聚、主体多元、机制高效、体系完整的农业农村新业态。

## 三、积极拓展服务领域

发展农业生产性服务业，要着眼满足普通农户和新型经营主体的生产经营需要，立足服务农业生产产前、产中、产后全过程，充分发挥公益性服务机构的引领带动作用，重点发展农业经营性服务。

（八）农业市场信息服务。围绕农户生产经营决策需要，健全市场信息采集、分析、发布和服务体系，用市场信息引导农户按市场需求调整优化种养结构、合理安排农业生产。定期发布重要农产品价格信息，增强价格信息的及时性和农民的可及性。加强国内外农产品市场供求形势研判，组织专家解读市场热点问题，充分利用各类媒体手段，及时预警市场运行风险，帮助农民识假辨假，防止生产盲目跟风和市场过度炒作。支持服务组织为农户和新型经营主体提供个性化市场信息定制服务，提高服务的精准性有效性。

（九）农资供应服务。支持服务组织与育繁推一体化种业企业加强合作，在良种研发、展示示范、集中育秧（苗）、标准化供种、用种技术指导等环节向农民和生产者提供全程服务。开发种子供求信息和品种评价、销售网点布局等信息在内的手机客户端，为农民科学选种、正确购种提供服务。支持服务组织开展种子种苗、畜种及水产苗种的保存、运输等物流服务。发展兽药、农药和肥料连锁经营、区域性集中配送等供应模式，方便农民购买。支持服务组织发展青贮饲草料收贮，积极推广优质饲草料收集、精准配方和配送服务。引导服务组织入驻渔港，发展冰、水、油、电等生产补给服务以及冷库、水产品运销等配套服务。

（十）农业绿色生产技术服务。鼓励服务组织开展绿色高效技术服务。支持服务组织开展深翻、深松、秸秆还田等田间作业服务，集成推广绿色高产高效技术模式。指导农户采用测土配方施肥、有机肥替代化肥等减量增效新技术，推进肥料统供统施服务，加快推广喷灌、滴灌、水肥一体化等农业节水技术。大力推广绿色防控产品、高效低风险农药和高效大中型施药机械，以及低容量喷雾、静电喷雾等先进施药技术，推进病虫害统防统治与全程绿色防控有机融合。鼓励动物防疫服务组织、畜禽水产养殖企业、兽药生产企业、动物诊疗机构和相关科研院所等各类主体，积极提供专业化动物疫病防治服务。

（十一）农业废弃物资源化利用服务。鼓励大中城市通过政府购买服务的方式，支持专业服务组织收集处理病死畜禽。在养殖密集区推广分散收集、集中处理利用等模式，推动建立畜禽养殖废弃物收集、转化、利用三级服务网络，探索建立畜禽粪污处理和利用受益者付费机制。加快残膜捡拾、加工机械、残膜分离等技术和装备研发，积极探索生产者责任延伸制度，由地膜生产企业统一供膜、统一回收。推广秸秆青（黄）贮、秸秆膨化、裹包微贮、压块（颗粒）等饲料化技术，采取政府购买服务、政府与社会资本合作等方式，培育一批秸秆收储运社会化服务组织，发展一批生物质供热供汽、颗粒燃料、食用菌等可市场化运行的主体，促进秸秆资源循环利用。

（十二）农机作业及维修服务。推进农机服务领域从粮棉油糖作物向特色作物、养殖业生产配套拓展，服务环节从耕种收为主向专业化植保、秸秆处理、产地烘干等农业生产全过程延伸，形成总量适宜、布局合理、经济便捷、专业高效的农机服务新局面。鼓励服务主体利用全国“农机直通车”信息平台提高跨区作业服务效率，加快推广应用基于北斗系统的作业监测、远程调度、维修诊断等大中型农机物联网技术。鼓励开展农机融资（金融）租赁业务。打造区域农机安全应急救援中心和维修中心，以农机合作社维修间和农机企业“三包”服务网点为重点，推动专业维修网点转型升级。在适宜地区支持农机服务主体以及农村集体经济组织等建设集中育秧、集中烘干、农机具存放等设施。在粮棉油糖作物主产区，依托农机服务主体探索建设一批“全程机械化＋综合农事”服务中心，为农户提供“一站式”田间服务。

（十三）农产品初加工服务。支持农产品加工流通企业和服务组织发展储藏、烘干、清选分级、包装等初加工服务，提高商品化处理能力。加强农产品贮藏保鲜冷链体系建设，支持常温贮藏、机械冷藏、气调贮藏、减压贮藏等多种贮藏保鲜设施集中连片建设。支持服务组织加强贮藏保鲜技术培训，鼓励“一库多用”。因地制宜推广热风干燥、微波干燥及联合干燥等技术和设备，加大对燃煤烘干设施节能减排除尘技术的改造力度。在适宜地区鼓励推广高效节能环保的太阳能干燥、热泵干燥技术和装备，建设区域性智能化大型烘干中心。按照离产业园区近、离农产品交易中心近、离交通主干道近、离电源近的原则，支持有条件的地方集成农产品储藏、烘干、清洗、分等分级、包装等初加工设施，建设粮油烘储中心、果菜茶加工中心，提供优质高效的初加工“一条龙”服务。

（十四）农产品营销服务。鼓励农产品批发市场积极提供农产品预选分级、加工配送、包装仓储、信息服务、标准化交易、电子结算、检验检测等服务。完善农产品物流服务，推进农超对接、农社对接，利用农业展会开展多种形式的产销衔接，拓宽农产品流通渠道。积极发展农产品电子商务，鼓励网上购销对接等多种交易方式，促进农产品流通线上线下有机结合。鼓励具有资质的服务组织开展农产品质量安全检验检测，推动农产品质量安全检测结果互认，为生产者和消费者提供准确、快捷的检测服务。推动基层农产品质量安全监管机构提供追溯服务，指导生产经营主体开展主体注册、信息采集、产品赋码、扫码交易、开具食用农产品合格证等业务。

## 四、大力培育服务组织

（十五）培育多元服务主体。按照主体多元、形式多样、服务专业、竞争充分的原则，加快培育各类服务组织，充分发挥不同服务主体各自的优势和功能。支持农村集体经济组织通过发展农业生产性服务，发挥其统一经营功能；鼓励农民合作社向社员提供各类生产经营服务，发挥其服务成员、引领农民对接市场的纽带作用；引导龙头企业通过基地建设和订单方式为农户提供全程服务，发挥其服务带动作用；支持各类专业服务公司发展，发挥其服务模式成熟、服务机制灵活、服务水平较高的优势。

（十六）推动服务主体联合融合发展。鼓励各类服务组织加强联合合作，推动服务链条横向拓展、纵向延伸，促进各主体多元互动、功能互补、融合发展。引导各类服务主体围绕同一产业或同一产品的生产，以资金、技术、服务等要素为纽带，积极发展服务联合体、服务联盟等新型组织形式，打造一体化的服务组织体系。支持各类服务主体与新型经营主体开展多种形式的合作与联合，建立紧密的利益联结和分享机制，壮大农村一、二、三产业融合主体。引导各类服务主体积极与高等学校、职业院校、科研院所开展科研和人才合作，鼓励银行、保险、邮政等机构与服务主体深度合作。

## 五、不断创新服务方式

（十七）推进专项服务与综合服务协调发展。鼓励各类服务组织围绕农业生产产前、产中、产后各环节，提供专业化的专项服务和全方位的综合服务，促进专项服务与综合服务相互补充、协调发展。积极推行专项服务“约定有合同、内容有标准、过程有记录、人员有培训、质量有保证、产品有监管”的服务模式，不断提高专项服务的标准化水平。统筹和整合基层农业服务资源，搭建集农资供应、技术指导、动植物疫病防控、土地流转、农机作业、农产品营销等服务于一体的区域性综合服务平台，集成应用推广先进适用技术和现代物质装备，不断提升综合服务的集约化水平。

（十八）大力推广农业生产托管。农业生产托管是农户等经营主体在不流转土地经营权的条件下，将农业生产中的耕、种、防、收等全部或部分作业环节委托给服务组织完成或协助完成的农业经营方式，是服务型规模经营的主要形式，有广泛的适应性和发展潜力。要总结推广一些地方探索形成的“土地托管”“代耕代种”“联耕联种”“农业共营制”等农业生产托管形式，把发展农业生产托管作为推进农业生产性服务业、带动普通农户发展适度规模经营的主推服务方式，采取政策扶持、典型引领、项目推动等措施，加大支持推进力度。

（十九）探索创新农业技术推广服务机制。发挥农技推广机构在农技推广服务中的主导作用，推动服务功能从农业技术服务向农业公共服务拓展，强化公益性职能履行，加强对市场化农技推广主体的指导和服务。促进公益性农技推广机构与经营性服务组织融合发展，鼓励基层农技推广机构通过派驻人员、挂职帮扶、共建载体、联合办公等方式，为新型经营主体和服务主体提供全程化、精准化和个性化的指导服务。探索农技人员在履行好岗位职责的前提下，通过提供增值服务获取合理报酬的新机制。健全农技推广绩效考评机制，加强对农技推广机构职责履行情况和公共服务质量效果的考评，建立实际贡献与收入分配相匹配的激励机制。构建农技推广机构、科研教学单位、市场化主体、乡土人才、返乡下乡人员等广泛参与、分工协作的农技推广服务联盟，实现农业技术成果组装集成、试验示范和推广应用的无缝链接。支持有资质的市场化主体从事可量化、易监管的公益性农技推广服务。

## 六、加强指导服务

（二十）健全工作推进机制。各有关部门要充分认识发展农业生产性服务业的重要性、紧迫性，将其作为带动普通农户和新型经营主体建设现代农业的有效举措，作为推进农村创业创新的重要领域，摆上重要工作日程，抓紧制定符合本地实际的实施意见和具体措施，强化工作督导和调研。要明确指导农业生产性服务业的工作牵头部门，加强部门间的沟通协作，落实职责分工，强化工作考核，形成协同推进的工作机制。要深入开展重大问题研究，及时总结宣传和推广好经验好做法，分行业分领域树立一批典型，营造农业生产性服务业发展的良好氛围。

（二十一）建设公共服务平台。搭建统一高效、互联互通的信息服务平台，加快建设和汇集各类农业重要基础性信息系统，为农户和生产主体提供农产品生产状况、市场供求走势、资源环境变化、动植物疫病防控、产品质量安全以及服务组织资信等信息服务。全面实施信息进村入户工程，鼓励和支持各类服务组织积极参与益农信息社建设，共用共享农村各类经营网点资源，就近为农民和新型经营主体提供公益服务、便民服务、电子商务和培训体验等服务。推动“互联网＋政务服务”向乡村延伸，实现涉农服务事项“进一个门、办样样事”。

（二十二）引导服务规范发展。要结合深化“放管服”改革，该放给市场的要放给市场，培育服务市场、扶持服务主体、规范服务行为，不断优化工作指导和服务。建立健全农业生产性服务业标准体系，针对不同行业、不同品种、不同服务环节，制定服务标准和操作规范，加强服务过程监督管理，引导服务主体严格履行服务合同。建立服务质量和绩效评价机制，有效维护服务主体和服务对象的合法权益。建立农业服务领域信用记录，纳入全国信用信息共享平台。对农业服务领域严重违法失信主体，按照有关规定实施联合惩戒。

（二十三）加大政策落实力度。落实农业生产性服务业相关优惠政策，通过财政扶持、信贷支持、税费减免等措施，大力支持各类服务组织发展。进一步加大高标准农田等基础设施建设投入力度，鼓励各地加强集中育秧、粮食烘干、农机作业、预冷贮藏等配套服务设施建设，扩大对农业物联网、大数据等信息化设施建设的投资。鼓励各地通过政府购买服务、以奖代补、先服务后补助等方式，支持服务组织承担农业生产性服务。充分发挥全国农业信贷担保体系的作用，着力解决农资、农机、农技等社会化服务融资难、融资贵的问题。积极推动厂房、生产大棚、渔船、大型农机具、农田水利设施产权抵押贷款和生产订单、农业保单融资。鼓励各地推广农房、农机具、设施农业、渔业、制种保险等业务，有条件的地方可以给予保费补贴。支持易灾地区建设饲草料储备设施，提高饲草料利用效率。落实农机服务税费优惠政策和有关设施农业用地政策，加快解决农机合作社的农机库棚、维修间、烘干间“用地难”问题。各地要从当地实际出发，制定出台配套扶持政策，加强督促检查，推动政策落实，真正发挥政策引导和扶持作用。

农业部 国家发展改革委 财政部

2017 年 8 月 16 日

# 参考文献

[1] 蔡键. 风险偏好、外部信息失效与农药暴露行为[J]. 中国人口·资源与环境，2014,24(9):135-140.

[2] 蔡荣，蔡书凯. 农业生产环节外包实证研究——基于安徽省水稻主产区的调查[J]. 农业技术经济，2014(4):34-42.

[3] 蔡荣，汪紫钰，钱龙，等. 加入合作社促进了家庭农场选择环境友好型生产方式吗？——以化肥，农药减量施用为例[J]. 中国农村观察，2019(1):51-65.

[4] 蔡荣，朱西慧，刘婷，等. 土地流转对农户技术效率的影响[J]. 资源科学，2018,40(4):707-718.

[5] 蔡书凯. 经济结构、耕地特征与病虫害绿色防控技术采纳的实证研究——基于安徽省740个水稻种植户的调查数据[J]. 中国农业大学学报，2013,18(4):208-215.

[6] 曾雄旺，杨亦民. 农业规模经营理论分析和我国的现实选择[J]. 湖南社会科学，2015(3):157-160.

[7] 曾雅婷，吕亚荣，刘文勇. 农地流转提升了粮食生产技术效率吗——来自农户的视角[J]. 农业技术经济，2018(3):41-55.

[8] 曹慧，赵凯. 耕地经营规模对农户亲环境行为的影响[J]. 资源科学，2019,41(4):740-752.

[9] 陈超，李寅秋，廖西元. 水稻生产环节外包的生产率效应分析——基于江苏省三县的面板数据[J]. 中国农村经济，2012(2):86-96.

[10] 陈超，唐若迪. 水稻生产环节外包服务对农户土地转入的影响——基于农户规模分化的视角[J]. 南京农业大学学报(社会科学版)，2020,20(5):156-166.

[11] 陈海磊，史清华，顾海英. 农户土地流转是有效率的吗？——以山西为例[J]. 中国农村经济，2014(7):61-71,96.

[12] 陈宏伟，穆月英. 劳动力转移、技术选择与农户收入不平等[J]. 财经科学，2020(8):106-117.

[13] 陈欢，周宏，吕新业. 农户病虫害统防统治服务采纳行为的影响因素——以江苏省水稻种植为例[J]. 西北农林科技大学学报(社会科学版)，2018,18(5):104-111.

[14] 陈欢，周宏，孙顶强. 信息传递对农户施药行为及水稻产量的影响——江西省水稻种植户的实证分析[J]. 农业技术经济，2017(12):23-31.

[15] 陈欢. 农户对病虫害统防统治服务采纳及其效果研究——以江苏省水稻种植为例[D]. 南京:南京农业大学，2018.

[16] 陈江华，罗明忠，张雪丽. 禀赋特征、外部环境与农业生产环节外包——基于水稻种植户的考察[J]. 新疆农垦经济，2016(11):1-11.

[17] 陈江华，罗明忠. 农地确权对水稻劳动密集型生产环节外包的影响——基于农机投资的中介效应[J]. 广东财经大学学报，2018,33(4):98-111.

[18] 陈科，傅强. 农村劳动力转移决策及其转移收入的影响因素研究——基于2012—2014年四省农户的实证分析[J]. 暨南学报(哲学社会科学版)，2016,38(6):64-72,130-131.

[19] 陈默，韩飞，王一琴，等. 食品质量认证标签的消费者偏好异质性研究:随机n价拍卖实验的证据[J]. 宏观质量研究，2018,6(4):112-121.

[20] 陈强.高级计量经济学及Stata应用[M].2版.北京:高等教育出版社，2014.

[21] 陈素琼，张广胜. 农村劳动力转移对水稻生产技术效率的影响:存在代际差异吗——基于辽宁省的调查[J]. 农业技术经济，2012(12):31-38.

[22] 陈小知，胡新艳. 确权方式、资源属性与农地流转效应——基于IPWRA模型的分析[J]. 学术研究，2018(9):96-103.

[23] 陈秧分，孙炜琳，薛桂霞. 粮食适度经营规模的文献评述与理论思考[J]. 中国土地科学，2015,29(5):8-15.

[24] 陈昭玖，胡雯. 农地确权、交易装置与农户生产环节外包——基于"斯密—杨格"定理的分工演化逻辑[J]. 农业经济问题，2016,37(8):16-24,110.

[25] 陈哲，李晓静，夏显力. 参与环节外包对农户生产效率的影响研究——基于陕西省关中平原887份农户调研数据[J]. 农业技术经济，2022(11):131-144.

[26] 程名望，等. 人力资本积累与农户收入增长[J]. 经济研究，2016,51(1):168-

181,192.

[27] 程名望,等. 农户收入差距及其根源:模型与实证[J]. 管理世界,2015(7):17-28.

[28] 储成兵. 农户病虫害综合防治技术的采纳决策和采纳密度研究——基于Double-Hurdle模型的实证分析[J]. 农业技术经济,2015(9):117-127.

[29] 崔宝玉,谢煜,徐英婷. 土地征用的农户收入效应——基于倾向得分匹配(PSM)的反事实估计[J]. 中国人口·资源与环境,2016,26(2):111-118.

[30] 道格拉斯·C.诺思. 制度、制度变迁与经济绩效 [M]. 杭行,译.上海:格致出版社,2014.

[31] 邓力源,唐代盛,余驰晨. 我国农村居民健康人力资本对其非农就业收入影响的实证研究[J]. 人口学刊,2018,40(1):102-112.

[32] 邓远远,郭焱,朱俊峰. 土地流转、农户增收与收入不平等——基于“反事实”框架的实证分析[J]. 农村经济,2021(6):33-40.

[33] 董欢. 水稻生产环节外包服务行为研究[J]. 华南农业大学学报(社会科学版),2017,16(2):91-101.

[34] 董君. 农业产业特征和农村社会特征视角下的农业技术扩散约束机制——对曼斯菲尔德技术扩散理论的思考[J]. 科技进步与对策,2012,29(10):65-70.

[35] 杜三峡,罗小锋,黄炎忠,等. 风险感知、农业社会化服务与稻农生物农药技术采纳行为[J]. 长江流域资源与环境,2021,30(7):1768-1779.

[36] 段培,王礼力,罗剑朝.种植业技术密集环节外包的个体响应及影响因素研究——以河南和山西631小麦种植户为例[J]. 中国农村经济,2017(9):29-44.

[37] 樊明. 土地流转与适度规模经营[M]. 北京:社会科学文献出版社,2018.

[38] 范红忠,周启良. 农户土地种植面积与土地生产率的关系——基于中西部七县(市)农户的调查数据[J]. 中国人口·资源与环境,2014,24(12):38-45.

[39] 高帆. 分工演进与中国农业发展的路径选择[J]. 学习与探索,2009(1):139-145.

[40] 高晶晶,史清华. 农户生产性特征对农药施用的影响:机制与证据[J]. 中国农村经济,2019(11):83-99.

[41] 高梦滔,姚洋. 健康风险冲击对农户收入的影响[J]. 经济研究,2005(12):

15-25.

[42] 高梦滔，姚洋. 农户收入差距的微观基础：物质资本还是人力资本？[J]. 经济研究，2006(12)：71-80.

[43] 高鸣，宋洪远，Michael C. 补贴减少了粮食生产效率损失吗？——基于动态资产贫困理论的分析[J]. 管理世界. 2017(9)：85-100.

[44] 高鸣，宋洪远. 粮食生产技术效率的空间收敛及功能区差异——兼论技术扩散的空间涟漪效应[J]. 管理世界，2014(7)：83-92.

[45] 高清，靳乐山. 新一轮退耕还林对农户收入影响的机理研究——基于赣南、鄂北农户调查的实证分析[J]. 中国土地科学，2021，35(5)：57-66.

[46] 耿宇宁，郑少锋，陆迁. 经济激励、社会网络对农户绿色防控技术采纳行为的影响——来自陕西猕猴桃主产区的证据[J]. 华中农业大学学报(社会科学版)，2017(6)：59-69，150.

[47] 郭军，纪安，彭超. 农业保险排斥对农民收入的影响：基于倾向值匹配的异质性研究[J]. 华中农业大学学报(社会科学版)，2021(2)：80-89，179.

[48] 郭庆旺，贾俊雪. 中国全要素生产率的估算：1979—2004[J]. 经济研究，2005(6)：51-60.

[49] 国家农委办公厅. 农业集体化重要文件汇编(1949—1957)：上册[M]. 北京：中共中央党校出版社，1981.

[50] 国家农委办公厅. 农业集体化重要文件汇编(1958—1981)：下册[M]. 北京：中共中央党校出版社，1981.

[51] 韩俊. 中国经济改革30年：农村经济卷[M]. 重庆：重庆大学出版社，2008.

[52] 韩青，刘起林，孟婷. 农业生产托管薄弱环节补贴能否提高农户全程托管意愿？——以农业病虫害防治补贴为例[J]. 华中农业大学学报(社会科学版)，2021(2)：71-79，178-179.

[53] 何一鸣，张苇锟，罗必良. 农业分工的制度逻辑——来自广东田野调查的验证[J]. 农村经济，2020(7)：1-13.

[54] 洪炜杰，朱文珏，胡新艳. 自购农机还是服务外包——基于新结构经济学的分析视角[J]. 新疆农垦经济，2017(2)：13-18，49.

[55] 胡新艳，朱文珏，刘恺. 交易特性、生产特性与农业生产环节可分工性——基于专家问卷的分析[J]. 农业技术经济，2015(11)：14-23.

[56] 胡新艳，朱文珏，罗必良. 产权细分、分工深化与农业服务规模经营[J]. 天津社会科学，2016(4):93-98.

[57] 胡逸文，霍学喜. 农户禀赋对粮食生产技术效率的影响分析——基于河南农户粮食生产数据的实证[J]. 经济经纬，2016,33(2):42-47.

[58] 宦梅丽，侯云先. 农业生产环节外包中服务质量控制契约研究[J]. 农林经济管理学报，2020,19(3):288-296.

[59] 黄季焜，齐亮，陈瑞剑. 技术信息知识、风险偏好与农民施用农药[J]. 管理世界，2008(5):71-76.

[60] 黄炎忠，罗小锋，李容容，等. 农户认知、外部环境与绿色农业生产意愿——基于湖北省 632 个农户调研数据[J]. 长江流域资源与环境，2018,27(3):680-687.

[61] 黄宗智. 华北的小农经济与社会变迁[M]. 北京:中华书局，1986.

[62] 黄宗智. 长江三角洲小农家庭与乡村发展[M]. 北京:中华书局，1992.

[63] 黄祖辉，王建英，陈志钢. 非农就业、土地流转与土地细碎化对稻农技术效率的影响[J]. 中国农村经济，2014(11):4-16.

[64] 黄祖辉，钟颖琦，王晓莉. 不同政策对农户农药施用行为的影响[J]. 中国人口·资源与环境，2016,26(8):148-155.

[65] 冀名峰，李琳. 农业生产托管:农业服务规模经营的主要形式[J]. 农业经济问题，2020(1):68-75.

[66] 冀名峰. 农业生产性服务业:我国农业现代化历史上的第三次动能[J]. 农业经济问题，2018(3):9-15.

[67] 冀县卿，钱忠好，李友艺. 土地经营规模扩张有助于提升水稻生产效率吗？——基于上海市松江区家庭农场的分析[J]. 中国农村经济，2019(7):71-88.

[68] 江鑫，黄乾. 耕地规模经营、农户非农兼业和家庭农业劳动生产率——来自湖南省的抽样调查证据[J]. 农业技术经济，2019(12):4-20.

[69] 姜长云，芦千文. 大国小农国情下的农业出路——农业生产性服务业发展研究[M]. 北京:中国财政经济出版社，2020.

[70] 姜长云. 转型中国:农业农村农民[M]. 合肥:安徽人民出版社，2012.

[71] 孔祥智，方松海，庞晓鹏，等. 西部地区农户禀赋对农业技术采纳的影响分析

[J]. 经济研究，2004(12):85-95,122.

[72] 孔祥智，徐珍源. 农业社会化服务供求研究——基于供给主体与需求强度的农户数据分析[J]. 广西社会科学，2010(3):120-125.

[73] 李成龙，周宏. 劳动力禀赋、风险规避与病虫害统防统治技术采纳[J]. 长江流域资源与环境，2020,29(6):1454-1461.

[74] 李谷成，冯中朝，范丽霞. 小农户真的更加具有效率吗？来自湖北省的经验证据[J]. 经济学(季刊)，2010,9(1):95-124.

[75] 李国祥. 农业结构调整对农民增收的效应分析[J]. 中国农村经济，2005(5):12-20.

[76] 李后建，张宗益. 技术采纳对农业生产技术效率的影响效应分析——基于随机前沿分析与分位数回归分解[J]. 统计与信息论坛，2013,28(12):58-65.

[77] 李江一，仇童伟，李涵. 农地确权影响农户收入的内在机制检验——基于中国家庭金融调查的面板证据[J]. 南京农业大学学报(社会科学版)，2021,21(4):103-116.

[78] 李旻，赵连阁. 农业劳动力"女性化"现象及其对农业生产的影响——基于辽宁省的实证分析[J]. 中国农村经济，2009(5):61-69.

[79] 李琪. 水稻化肥农药减量增效技术推广路径分析[D]. 杭州:浙江大学，2018.

[80] 李俏，张波. 农业社会化服务需求的影响因素分析——基于陕西省 74 个村 214 户农户的抽样调查[J]. 农村经济，2011(6):83-87.

[81] 李瑞琴. 耕地可得性、规模经营与农户大田种植收入[J]. 宏观经济研究，2015(1):95-102,108.

[82] 李显戈，姜长云. 农户对农业生产性服务的可得性及影响因素分析——基于1121 个农户的调查[J]. 农业经济与管理，2015(4):21-29.

[83] 李想，穆月英. 农户可持续生产技术采用的关联效应及影响因素——基于辽宁设施蔬菜种植户的实证分析[J].南京农业大学学报(社会科学版)，2013,13(4):62-68.

[84] 李哲，李梦娜. 新一轮农地确权影响农户收入吗？——基于 CHARLS 的实证分析[J]. 经济问题探索，2018(8):182-190.

[85] 李忠旭，庄健. 土地托管对农户家庭经济福利的影响——基于非农就业与农业产出的中介效应[J]. 农业技术经济，2021(1):20-31.

[86] 梁杰，高堃，高强. 交易成本、生产成本与农业生产环节外包——基于农地禀赋效应调节视角[J]. 资源科学，2021,43(8):1589-1604.

[87] 林兰. 技术扩散理论的研究与进展[J]. 经济地理，2010,30(8):1233-1239,1271.

[88] 刘爱珍，漆雁斌，邓鑫. 生产环节外包能提高水稻生产技术效率吗？——来自四川省649户稻农的实证[J]. 南方农村，2019,35(2):4-10.

[89] 刘彬彬，陆迁，李晓平. 社会资本与贫困地区农户收入——基于门槛回归模型的检验[J]. 农业技术经济，2014(11):40-51.

[90] 刘成,等. 湖北省农业结构调整对农民收入的效应分析[J]. 中国农业大学学报，2017,22(9):201-211.

[91] 刘晗，王燕，王钊. 经营效益、交易成本与农户生产分工——基于参数估计和夏普里值分解的分析[J]. 农村经济，2020(2):106-112.

[92] 刘晗，王钊. 农户生产分工差别化影响因素研究——基于种植业调查的实证分析[J]. 农业技术经济，2017(5):67-76.

[93] 刘家成，徐志刚. 农户生产外包联合行动的规模效应、行动逻辑与环节异质性[J]. 农业技术经济，2021(1):4-19.

[94] 刘家成,等. 劳动分工视角下农户生产环节外包行为异质性与成因[J]. 农业技术经济，2019(7):4-14.

[95] 刘俊杰,等. 农村土地产权制度改革对农民收入的影响——来自山东枣庄的初步证据[J]. 农业经济问题，2015,36(6):51-58,111.

[96] 刘明宇. 分工抑制与农民的制度性贫困[J]. 农业经济问题，2004(2):53-57.

[97] 刘起林，韩青. 农业病虫害防治外包的农户增收效应研究——基于湖南、安徽和浙江三省的农户调查[J]. 农村经济，2020(8):118-125.

[98] 刘倩，胡必亮. 社会资本如何影响农户收入,一个中国村庄的视角[J]. 财经问题研究，2017(6):114-123.

[99] 刘强. 中国水稻种植农户土地经营规模与绩效研究[D]. 杭州:浙江大学，2017.

[100] 刘天军，蔡起华. 不同经营规模农户的生产技术效率分析——基于陕西省猕猴桃生产基地县210户农户的数据[J]. 中国农村经济，2013(3):37-46.

[101] 刘玮，孙丽兵，庹国柱. 农业保险对农户收入的影响机制研究——基于有调

节的中介效应[J]. 农业技术经济，2022(6):4-18.
[102] 刘晓倩，韩青. 农村居民互联网使用对收入的影响及其机理——基于中国家庭追踪调查(CFPS)数据[J]. 农业技术经济，2018(9):123-134.
[103] 刘以安，陈海明. 委托代理理论与我国国有企业代理机制述评[J]. 江海学刊，2003(3):194-198.
[104] 刘莹，黄季焜. 农户多目标种植决策模型与目标权重的估计[J]. 经济研究，2010,45(1):148-157,160.
[105] 刘颖，金雅，王嫚嫚. 不同经营规模下稻农生产技术效率分析——以江汉平原为例[J]. 华中农业大学学报(社会科学版)，2016(4):15-21,127.
[106] 刘有贵，蒋年云. 委托代理理论述评[J]. 学术界，2006(1):69-78.
[107] 龙翠红. 教育、配置效应与农户收入增长[J]. 中国农村经济，2008(9):35-43,62.
[108] 龙少波，张梦雪. 中国农业全要素生产率的再测算及影响因素——从传统迈向高质量发展[J]. 财经问题研究，2021(8):40-51.
[109] 卢飞，张建清，刘明辉. 政策性农业保险的农民增收效应研究[J]. 保险研究，2017(12):67-78.
[110] 卢华,等. 农业社会化服务能促进农户采用亲环境农业技术吗？[J]. 农业技术经济，2021(3):36-49.
[111] 卢华，胡浩，耿献辉. 农业社会化服务对农业技术效率的影响[J]. 中南财经政法大学学报，2020(6):69-77,159-160.
[112] 卢华,胡浩. 土地细碎化增加农业生产成本了吗？——来自江苏省的微观调查[J]. 经济评论，2015(5):129-139.
[113] 芦千文. 中国农业生产性服务业的形成和发展[D]. 北京:中国农业大学，2019.
[114] 陆岐楠，张崇尚，仇焕广. 农业劳动力老龄化,非农劳动力兼业化对农业生产环节外包的影响[J]. 农业经济问题，2017,38(10):27-34.
[115] 罗必良. 论服务规模经营——从纵向分工到横向分工及连片专业化[J]. 中国农村经济，2017(11):2-16.
[116] 罗必良. 论农业分工的有限性及其政策含义[J]. 贵州社会科学，2008，217(1):80-87.

[117] 罗杰斯. 创新的扩散[M]. 北京:中央编译出版社, 2002.
[118] 吕丹. 新型农业经营主体电子商务采纳及其增收效应研究:以湖北省为例[D]. 武汉:华中农业大学, 2020.
[119] 吕炜, 高飞. 城镇化、市民化与城乡收入差距——双重二元结构下市民化措施的比较与选择[J]. 财贸经济, 2013(12):38-46,93.
[120] 马克思. 资本论(第3卷)[M]. 北京:人民出版社,2004.
[121] 马乾."三权分置"背景下农村土地流转对农民收入的影响及对策研究[J]. 税务与经济, 2021(6):69-75.
[122] 马宇, 许晓阳, 韩存. 劳动力转移、非农产业投入与农民收入增加[J]. 财贸研究, 2008(2):25-31.
[123] 冒佩华,等. 农地经营权流转与农民劳动生产率提高:理论与实证[J]. 经济研究, 2015,50(11):161-176.
[124] 苗水清, 果文帅, 张银定. 农产品绿色增产增效技术模式研究与示范——基于中国农业科学院的实践探索[J]. 农业经济问题, 2017,38(1):31-38.
[125] 莫亚琳, 黄奕涵, 罗培坤. 社会资本、农村劳动力流动与农户收入——基于CFPS数据的实证研究[J]. 投资研究, 2020,39(6):111-127.
[126] 穆娜娜, 孔祥智, 钟真. 农业社会化服务模式创新与农民增收的长效机制——基于多个案例的实证分析[J]. 江海学刊, 2016(1):65-71.
[127] 彭超, 张琛. 农业机械化对农户粮食生产效率的影响[J]. 华南农业大学学报(社会科学版), 2020,19(5):93-102.
[128] 彭代彦, 文乐. 农村劳动力老龄化、女性化降低了粮食生产效率吗——基于随机前沿的南北方比较分析[J]. 农业技术经济, 2016(2):32-44.
[129] 彭魏倬加. 农村劳动力老龄化对农户技术选择与技术效率的影响[J]. 经济地理, 2021,41(7):155-163.
[130] 戚迪明,等. 生产环节外包对农户土地规模经营的影响分析——基于辽宁省水稻种植户的调查数据[J]. 湖南农业大学学报(社会科学版), 2015,16(3):7-12.
[131] 齐琦, 周静, 王绪龙. 农户风险感知与施药行为的响应关系研究——基于辽宁省菜农数据的实证检验[J]. 农业技术经济, 2020(2):72-82.
[132] 恰亚诺夫. 农民经济组织[M]. 北京:中央编译出版社,1996.

[133] 钱龙，冯永辉，卢华. 地权稳定性对农户耕地质量保护行为的影响——基于新一轮确权颁证调节效应的分析[J]. 南京农业大学学报(社会科学版)，2021,21(2):104-115.

[134] 钱龙，洪名勇. 非农就业、土地流转与农业生产效率变化——基于CFPS的实证分析[J]. 北京:中国农村经济，2016(12):2-16.

[135] 秦诗乐. 稻农施药行为研究[D]. 中国农业科学院，2020.

[136] 邱海兰，唐超. 农业生产性服务能否促进农民收入增长[J]. 广东财经大学学报，2019,34(5):100-112.

[137] 阮贵林，孟卫东. 农业保险、农业贷款与农户人均纯收入——基于中国省际面板数据的实证分析[J]. 当代经济科学，2016,38(5):69-76,98,126.

[138] 申红芳,陈超,廖西元,等. 稻农生产环节外包行为分析——基于7省21县的调查[J]. 中国农村经济，2015(5):44-57.

[139] 沈昱雯，罗小锋，余威震. 激励与约束如何影响农户生物农药施用行为——兼论约束措施的调节作用[J]. 长江流域资源与环境，2020,29(4):1040-1050.

[140] 史常亮,栾江,朱俊峰,等. 土地流转对农户收入增长及收入差距的影响——基于8省农户调查数据的实证分析[J]. 经济评论，2017(5):152-166.

[141] 史常亮，占鹏，朱俊峰. 土地流转、要素配置与农业生产效率改进[J]. 中国土地科学，2020,34(3):49-57.

[142] 舒尔茨. 改造传统农业[M]. 美国:耶鲁大学出版社,1964.

[143] 宋浩楠,栾敬东,张士云,等. 土地细碎化、多样化种植与农业生产技术效率——基于随机前沿生产函数和中介效应模型的实证研究[J]. 农业技术经济，2021(2):18-29.

[144] 宋洪远. 中国农村改革三十年[M]. 北京:中国农业出版社,2008.

[145] 孙顶强,等. 作业质量监督、风险偏好与农户生产外包服务需求的环节异质性[J]. 农业技术经济，2019(4):4-15.

[146] 孙顶强，卢宇桐，田旭. 生产性服务对中国水稻生产技术效率的影响——基于吉、浙、湘、川4省微观调查数据的实证分析[J]. 中国农村经济，2016(8):70-81.

[147] 孙华臣，杨真，张骞. 互联网深化与农户增收:影响机制和经验证据[J]. 宏

观经济研究，2021(5)：104-122，141.
[148] 孙小燕，刘雍．土地托管能否带动农户绿色生产？[J]．中国农村经济，2019(10)：60-80.
[149] 孙晓燕，苏昕．土地托管，总收益与种粮意愿——兼业农户粮食增效与务工增收视角[J]．农业经济问题，2012，33(8)：102-108，112.
[150] 孙学涛．促进还是抑制？——非农就业对农地效率的影响研究[J]．经济与管理研究，2021，42(1)：133-144.
[151] 谈存峰，李双奎，陈强强．欠发达地区农业社会化服务的供给、需求及农户意愿——基于甘肃样本农户的调查分析[J]．华南农业大学学报(社会科学版)，2010(3)：1-8.
[152] 唐林，罗小锋，张俊飚．购买农业机械化服务增加了农户收入吗——基于老龄化视角的检验[J]．农业技术经济，2021(1)：46-60.
[153] 田云，等．农户农业低碳生产行为及其影响因素分析——以化肥施用和农药使用为例[J]．中国农村观察，2015(4)：61-70.
[154] 佟大建，黄武，应瑞瑶．基层公共农技推广对农户技术采纳的影响——以水稻科技示范为例[J]．中国农村观察，2018(4)：59-73.
[155] 童霞，高申荣，吴林海．农户对农药残留的认知与农药施用行为研究——基于江苏、浙江473个农户的调研[J]．农业经济问题，2014，35(1)：79-85，111-112.
[156] 童霞，吴林海，山丽杰．影响农药施用行为的农户特征研究[J]．农业技术经济，2011(11)：71-83.
[157] 汪紫钰，蔡荣．水稻生产环节外包决策及其生产率效应研究[J]．新疆农垦经济，2019(5)：38-49.
[158] 王昌林，陈志昂．服务外包关系质量及其对服务外包企业绩效的影响[J]．经济体制改革，2012(2)：95-99.
[159] 王常伟，顾海英．市场VS政府，什么力量影响了我国菜农农药用量的选择？[J]．管理世界，2013(11)：50-66，187-188.
[160] 王成利，刘同山．农地退出意愿对化肥，农药使用强度的影响——基于鲁、苏、皖三省农户的实证分析[J]．中国人口·资源与环境，2021，31(3)：184-192.

[161] 王春超. 农村土地流转、劳动力资源配置与农民收入增长:基于中国 17 省份农户调查的实证研究[J]. 农业技术经济, 2011(1):93-101.

[162] 王菲菲. 农业生产性服务对粮食生产效率的影响[D]. 北京:中国农业科学院, 2021.

[163] 王建华, 马玉婷, 王晓莉. 农产品安全生产:农户农药施用知识与技能培训[J]. 中国人口·资源与环境, 2014,24(4):54-63.

[164] 王京安, 罗必良. 解决"三农"问题的根本:基于分工理论的思考[J]. 南方经济, 2003(2):60-62.

[165] 王静, 赵凯. 宅基地退出对农户农业生产效率的影响——基于安徽省金寨县 473 份农户样本[J]. 中国土地科学, 2021,35(7):71-80,88.

[166] 王梅, 汪文雄. 农地整治权属调整中农户认知与行为的一致性研究[J]. 资源科学, 2018,40(1): 53-63.

[167] 王秀清, 苏旭霞. 农用地细碎化对农业生产的影响——以山东省莱西市为例[J]. 农业技术经济, 2002(2):2-7.

[168] 王绪龙, 周静. 信息能力、认知与菜农使用农药行为转变——基于山东省菜农数据的实证检验[J]. 农业技术经济, 2016(5):22-31.

[169] 王学婷, 张俊飚, 童庆蒙. 参与农业技术培训能否促进农户实施绿色生产行为?——基于家庭禀赋视角的 ESR 模型分析[J]. 长江流域资源与环境, 2021,30(1):202-211.

[170] 王玉斌, 李乾. 农业生产性服务、粮食增产与农民增收——基于 CHIP 数据的实证分析[J]. 财经科学, 2019(3):92-104.

[171] 王玉斌, 赵培芳. 非农就业、农业生产性服务与农地流转——基于湘皖苏水稻种植户的调查数据[J]. 中国农业资源与区划, 2022, 43(2):113-121.

[172] 王玉龙, 丁文锋. 技术扩散过程中农民经营行为转变的实证分析[J]. 经济经纬, 2010(2):112-116.

[173] 王志刚, 申红芳, 廖西元. 农业规模经营:从生产环节外包开始——以水稻为例[J]. 中国农村经济, 2011(9):4-12.

[174] 危朝安. 专业化统防统治是现代农业发展的重要选择[J]. 中国植保导刊, 2011,31(9):5-8.

[175] 魏佳朔, 高鸣, 宋洪远. 无偿转入土地对粮食生产效率的影响:福利还是负

担？[J]. 华中农业大学学报(社会科学版)，2021(3):83-92,187.

[176] 魏娟，赵佳佳，刘天军. 土地细碎化和劳动力结构对生产技术效率的影响[J]. 西北农林科技大学学报(社会科学版)，2017,17(5):55-64.

[177] 温忠麟，叶宝娟. 中介效应分析:方法和模型发展[J]. 心理科学进展，2014(5):5-19.

[178] 吴比,刘俊杰,徐雪高,等. 农户组织化对农民技术采用的影响研究——基于11省1 022个农户调查数据的实证分析[J]. 农业技术经济，2016(8):25-33.

[179] 吴林海,等. 消费者对不同层次安全信息可追溯猪肉的支付意愿研究[J]. 中国人口·资源与环境，2013,23(8):165-176.

[180] 吴雪莲，张俊飚，丰军辉. 农户绿色农业技术认知影响因素及其层级结构分解[J]. 华中农业大学学报(社会科学版)，2017(5):36-45,145.

[181] 夏秋. 专业化服务对水稻经营规模及经营绩效的影响研究——基于长江中下游流域微观调研的分析[D]. 南京:南京农业大学，2019.

[182] 谢琳，胡新艳，罗必良. 技术进步,信任格局与农业生产环节外包[J]. 农业技术经济，2020(11)：4-16.

[183] 邢钰杰. 病虫害统防统治服务的产出效应与风险效应研究——基于江苏水稻种植户的实证分析[D]. 南京:南京农业大学，2021.

[184] 熊清华,雷良辉,黄玉红,等. 水稻主要病虫害防治农药减量增效技术应用成效[J]. 中国植保导刊，2021,41(4):88-92.

[185] 徐斌，应瑞瑶. 基于委托—代理视角的农业社会化服务满意度评价研究——以病虫害统防统治为例[J]. 中国软科学,2015(5):67-76.

[186] 徐斌. 农户植保专业化服务采纳行为及其效果研究[D]. 南京:南京农业大学，2013.

[187] 徐涵,等. 耕地问题调查:数量正在减少 局部质量也在变差[N/OL]. 经济日报-中国经济网，2022-2-14. http://district.ce.cn/zg/202202/14/t20220214_3732 6981.shtml.

[188] 徐建玲，云佳民，杨波. 农户农业生产环节外包决策行为研究——基于江苏省350个水稻种植户的调查数据[J]. 新疆财经大学学报，2019(2):5-14.

[189] 徐玉婷,黄贤金,陈志刚,等. 农地转入规模扩大有助于农民农业增收吗？——基于中国中部5省农户调查的实证研究[J]. 自然资源学报，2016,

31(10):1624-1636.

[190] 许恒周，牛坤在，王大哲．农地确权的收入效应[J]．中国人口·资源与环境，2020,30(10):165-173.

[191] 许庆，尹荣梁，章辉．规模经济、规模报酬与农业适度规模经营——基于我国粮食生产的实证研究[J]．经济研究，2011,46(3):59-71,94.

[192] 许秀川，李容，李国珍．小规模经营与农户农机服务需求——一个两阶段决策模型的考察[J]．农业技术经济，2017(9):45-57.

[193] 亚当·斯密．国民财富的性质和原因的研究[M]．北京:商务印书馆，1972.

[194] 闫阿倩，罗小锋，黄炎忠．社会化服务对农户农药减量行为的影响研究[J]．干旱区资源与环境，2021,35(10):91-97.

[195] 闫晗，乔均．农业生产性服务业对粮食生产的影响——基于2008—2017年中国省级面板数据的实证研究[J]．商业研究，2020(8):107-118.

[196] 杨彩艳，齐振宇，黄炜红，等．效益认知对农户绿色生产技术采纳行为的影响——基于不同生产环节的异质性分析[J]．长江流域资源与环境，2021,30(2):448-458.

[197] 杨钢桥，张超正，文高辉．耕地流转对农户水稻生产技术效率的影响研究——以武汉都市圈为例[J]．中国人口·资源与环境，2018,28(5):142-151.

[198] 杨高第，张露，岳梦，等．农业社会化服务可否促进农业减量化生产？——基于江汉平原水稻种植农户微观调查数据的实证分析[J]．世界农业，2020(5):85-95.

[199] 杨思雨，蔡海龙．农机社会化服务对小规模农户劳动力转移的影响研究[J]．农业现代化研究，2020,41(3):417-425.

[200] 杨思雨，蔡海龙．农机社会化服务对玉米生产技术效率的影响研究[J]．中国农业资源与区划，2021,42(4):118-125.

[201] 杨万江，李琪．农户兼业、生产性服务与水稻种植面积决策——基于11省1 646户农户的实证研究[J]．中国农业大学学报(社会科学版)，2018,35(1):100-109.

[202] 杨万江，李琪．新型经营主体生产性服务对水稻生产技术效率的影响研究——基于12省1926户农户调研数据[J]．华中农业大学学报(社会科学

版)，2017(5)：12-19，144.

[203] 杨曦. 城市规模与城镇化、农民工市民化的经济效应——基于城市生产率与宜居度差异的定量分析[J]. 经济学(季刊)，2017，16(4)：1601-1620.

[204] 杨小凯. 分工和经济组织：一个新兴古典微观经济学分析框架[M]. 荷兰：北荷兰出版公司，1994.

[205] 杨怡，王钊. 社会资本、制度质量与农民收入——基于 CHFS 数据的微观计量分析[J]. 宏观经济研究，2021(8)：115-127.

[206] 杨印生，郭鸿鹏. 农机作业委托系统中介人问题的制度经济学解说[J]. 农业经济问题，2004 (2)：58-60.

[207] 杨志海，麦尔旦·吐尔孙，王雅鹏. 农村劳动力老龄化对农业技术效率的影响——基于 CHARLS2011 的实证分析[J]. 软科学，2014(10)：130-134.

[208] 杨志海，王洁. 劳动力老龄化对农户粮食绿色生产行为的影响研究——基于长江流域六省农户的调查[J]. 长江流域资源与环境，2020，29(3)：725-737.

[209] 杨志海. 老龄化、社会网络与农户绿色生产技术采纳行为——来自长江流域六省农户数据的验证[J]. 中国农村观察，2018(4)：44-58.

[210] 杨志海. 生产环节外包改善了农户福利吗？——来自长江流域水稻种植农户的证据[J]. 中国农村经济，2019(4)：73-91.

[211] 杨子，马贤磊，诸培新，等. 土地流转与农民收入变化研究[J]. 中国人口·资源与环境，2017，27(5)：111-120.

[212] 杨子，饶芳萍，诸培新. 农业社会化服务对土地规模经营的影响——基于农户土地转入视角的实证分析[J]. 中国农村经济，2019a，(3)：82-95.

[213] 杨子，张建，诸培新. 农业社会化服务能推动小农对接农业现代化吗——基于技术效率视角[J]. 农业技术经济，2019b，(4)：16-26.

[214] 杨宗耀，仇焕广，纪月清. 土地流转背景下农户经营规模与土地生产率关系再审视——来自固定粮农和地块的证据[J]. 农业经济问题，2020(4)：37-48.

[215] 姚寿福. 专业化与农业发展[M]. 成都：西南交通大学出版社，2011.

[216] 应瑞瑶，徐斌. 农户采纳农业社会化服务的示范效应分析——以病虫害统防统治为例[J]. 中国农村经济，2014(8)：30-41.

[217] 应瑞瑶，徐斌. 农作物病虫害专业化防治服务对农药施用强度的影响[J]. 中

国人口·资源与环境，2017,27(8)：90-97.

[218] 应瑞瑶，朱勇. 农业技术培训方式对农户农业化学投入品使用行为的影响——源自实验经济学的证据[J]. 中国农村观察，2015(1):50-58,83,95.

[219] 俞海，黄季焜，Scott Rozelle，等. 地权稳定性、土地流转与农地资源持续利用[J]. 经济研究，2003(9):82-91,95.

[220] 余威震，罗小锋，唐林，等. 土地细碎化视角下种粮目的对稻农生物农药施用行为的影响[J]. 资源科学，2019,41(12):2193-2204.

[221] 展进涛，张燕媛，张忠军. 土地细碎化是否阻碍了水稻生产性环节外包服务的发展？[J]. 南京农业大学学报(社会科学版)，2016，16(2):117-124,155-156.

[222] 张超，孙艺夺，胡瑞法，等. 农户层面的农业耕地规模对生产效率的影响——对我国广东、江西、河北三省142个农户的跟踪调查[J]. 产经评论，2018,9(1):132-143.

[223] 张车伟. 人力资本回报率变化与收入差距:"马太效应"及其政策含义[J]. 经济研究，2006(12):59-70.

[224] 张复宏，宋晓丽，霍明. 苹果种植户采纳测土配方施肥技术的经济效果评价——基于PSM及成本效率模型的实证分析[J]. 农业技术经济，2021(4):59-72.

[225] 张红宇. 农业生产性服务业的历史机遇[J]. 农业经济问题，2019(6):4-9.

[226] 张红宇. 新常态下的农民收入问题[J]. 农业经济问题，2015(5)：4-11.

[227] 张慧仪. 桃种植户施药行为及其影响因素研究——基于损害控制模型的实证分析[D]. 南京:南京农业大学，2020.

[228] 张杰飞. 农村劳动力转移的农户增收效应——基于区域异质性的视角[J]. 社会科学家，2020(4):34-42.

[229] 张利国，吴芝花. 大湖地区种稻户专业化统防统治采纳意愿研究[J]. 经济地理，2019,39(3)：180-186.

[230] 张倩，朱思柱，孙洪武，等. 引致成本视角下不同规模农户施药行为差异的再思考[J]. 农业技术经济，2019(9):48-57.

[231] 张瑞黎，黄明凤. 农业结构调整对农民增收影响的效应分析——以新疆为例[J]. 经济研究导刊，2010(11):27-28.

[232] 张晓敏，姜长云. 不同类型农户对农业生产性服务的供给评价和需求意愿[J]. 经济与管理研究，2015(8):70-76.

[233] 张永强，田媛. 社会化服务模式对农户技术效率的影响[J]. 农业技术经济，2021(6):84-100.

[234] 张占录,张雅婷,张远索,等. 基于计划行为理论的农户主观认知对土地流转行为影响机制研究[J]. 中国土地科学，2021,35(4):53-62.

[235] 张忠军，易中懿. 农业生产性服务外包对水稻生产率的影响研究——基于358个农户的实证分析[J]. 农业经济问题，2015(10):69-76.

[236] 张忠明，钱文荣. 农户土地经营规模与粮食生产效率关系实证研究[J]. 中国土地科学，2010,24(8):52-58.

[237] 赵成柏. 基于委托代理理论的服务外包分析[J]. 商业研究，2010(2):56-61.

[238] 赵丹丹，周宏. 农业生产集聚:如何提高粮食生产效率——基于不同发展路径的再考察[J]. 农业技术经济，2020(8):13-28.

[239] 赵连阁，蔡书凯. 晚稻种植农户 IPM 技术采纳的农药成本节约和粮食增产效果分析[J]. 中国农村经济，2013(5):78-87.

[240] 赵培芳，王玉斌. 农户兼业对农业生产环节外包行为的影响——基于湘皖两省水稻种植户的实证研究[J]. 华中农业大学学报(社会科学版)，2020(1):38-46,163.

[241] 赵培芳. 稻农生产环节外包行为及其效应研究[D]. 北京:中国农业大学，2021.

[242] 赵秋倩，夏显力. 社会规范何以影响农户农药减量化施用——基于道德责任感中介效应与社会经济地位差异的调节效应分析[J]. 农业技术经济，2020(10):61-73.

[243] 赵秋倩. 技术推广对蔬菜种植户农药减量施用行为影响及其效应研究[D]. 咸阳:西北农林科技大学，2021.

[244] 赵伟锋. 健康冲击、家庭支出结构与农户收入[J]. 中南财经政法大学学报，2017(3):115-124.

[245] 赵晓锋，张永辉，霍学喜. 农业结构调整对农户家庭收入影响的实证分析[J]. 中南财经政法大学学报，2012(5):127-133,144.

[246] 赵鑫，张正河，任金政. 农业生产性服务对农户收入有影响吗——基于800

个行政村的倾向得分匹配模型实证分析[J]. 农业技术经济，2021(1)：32-45.

[247] 郑宏运，李谷成. 农业资源再配置的生产率效应评估[J]. 华中农业大学学报(社会科学版)，2021(5)：45-53，193.

[248] 郑纪刚，张日新. 外包服务有助于减少农药过量施用吗——基于经营规模调节作用的分析[J]. 农业技术经济，2022(2)：16-27.

[249] 郑淋议，钱文荣，刘琦，等. 新一轮农地确权对耕地生态保护的影响——以化肥、农药施用为例[J]. 中国农村经济，2021(6)：76-93.

[250] 郑旭媛，林庆林. 生产外包服务发展对农村劳动力非农化配置的影响——基于农户异质性与环节异质性的视角[J]. 农业技术经济，2021(6)：101-114.

[251] 郑旭媛，王芳，应瑞瑶. 农户禀赋约束、技术属性与农业技术选择偏向——基于不完全要素市场条件下的农户技术采用分析框架[J]. 中国农村经济，2018(3)：105-122.

[252] 周宏，王全忠，张倩. 农村劳动力老龄化与水稻生产效率缺失：基于社会化服务的视角[J]. 中国人口科学，2014(3)：53-65，127.

[253] 周建华，杨海余，贺正楚. 资源节约型与环境友好型技术的农户采纳限定因素分析[J]. 中国农村观察，2012(2)：37-43.

[254] 周利平，邓群钊，翁贞林. 农户参与用水协会行为影响因素的实证分析——基于 Logistic-ISM 模型[J]. 华中科技大学学报(社会科学版)，2013，27(5)：107-115.

[255] 周曙东，张宗毅. 农户农药施药效率测算、影响因素及其与农药生产率关系研究——对农药损失控制生产函数的改进[J]. 农业技术经济，2013(3)：4-14.

[256] 周晔馨. 社会资本是穷人的资本吗？——基于中国农户收入的经验证据[J]. 管理世界，2012(7)：83-95.

[257] 朱淀，孔霞，顾建平. 农户过量施用农药的非理性均衡：来自中国苏南地区农户的证据[J]. 中国农村经济，2014(8)：17-29，41.

[258] 诸培新，张建，张志林. 农地流转对农户收入影响研究——对政府主导与农户主导型农地流转的比较分析[J]. 中国土地科学，2015，29(11)：70-77.

[259] 祝华军，田志宏. 低碳农业技术的尴尬：以水稻生产为例[J]. 中国农业大学

学报(社会科学版)，2012,29(4):153-160.

[260] 祝仲坤，陶建平．农业保险对农户收入的影响机理及经验研究[J]．农村经济，2015(2):67-71.

[261] 庄丽娟，贺梅英，张杰．农业生产性服务需求意愿及影响因素分析——以广东省 450 户荔枝生产者的调查为例[J]．中国农村经济，2011(3):70-78.

[262] 庄天慧，刘成，张海霞．农业补贴抑制了农药施用行为吗？[J]．农村经济，2021(7):120-128.

[263] Abdul R A, Abdulai A. Social networks, rice value chain participation and market performance of smallholder farmers in Ghana[J]. African Development Review, 2020, 32(2): 216-227. https://doi.org/10.1111/1467-8268.12429.

[264] Abdul R A, Abdulai A. Do farmer groups impact on farm yield and efficiency of smallholder farmers? Evidence from rice farmers in Northern Ghana [J]. Food Policy, 2018, 81: 95-105. https://doi.org/10.1016/j.foodpol.2018.10.007.

[265] Abdul R A, Abdulai A. Mobile money adoption, input use, and farm output among smallholder rice farmers in Ghana[J]. Agribusiness, 2021. https://doi.org/10.1002/agr.21721.

[266] Abdulai A, Binder C R. Slash-and-burn cultivation practice and agricultural input demand and output supply[J]. Environment and Development Economics, 2006, 11(2): 201-220. https://doi.org/10.1017/S1355770X05002779.

[267] Abdulai A, Crolerees A. Determinants of income diversification amongst rural households in Southern Mali[J]. Food Policy, 2001, 26(4): 437-452. https://doi.org/10.1016/S0306-9192(01)00013-6.

[268] Abdulai A, Huffman W. The adoption and impact of soil and water conservation technology: an endogenous switching regression application[J]. Land economics, 2014, 90(1): 26-43. https://doi.org/10.3368/le.90.1.26.

[269] Abebaw D, Haile M G. The impact of cooperatives on agricultural technology adoption: empirical evidence from Ethiopia[J]. Food Policy, 2013. ht-

tps://doi.org/10.1016/j.foodpol.2012.10.003.

[270] Aigner D, Lovell C A, Schmidt P. Formulation and estimation of stochastic frontier production function models[J]. Journal of Econometrics, 1977, 6 (1): 21-37. https://doi.org/10.1016/0304-4076(77)90052-5.

[271] Autor D, Houseman S N, Kerr S P. The effect of work first job placements on the distribution of earnings: an instrumental variable quantile regression approach[R]. WE Upjohn Institute for Employment Research, 2012. https://ideas.repec.org/p/upj/weupjo/ahk17.html.

[272] Baiyegunhi L J S, Majokweni Z P, Ferrer S R. Impact of outsourced agricultural extension program on smallholder farmers' net farm income in Msinga, KwaZulu-Natal, South Africa[J]. Technology in society, 2019, 57: 1-7. https://doi.org/10.1016/j.techsoc.2018.11.003.

[273] Bang J T, Mitra A, Wunnava P V. Do remittances improve income inequality? An instrumental variable quantile analysis of the Kenyan case[J]. Economic Modelling, 2016, 58: 394-402. https://doi.org/10.1016/j.econmod.2016.04.004.

[274] Battese G, Coelli T J. Frontier production functions, technical efficiency and panel data: with application to paddy farmers in India[J]. Journal of Productivity Analysis, 1992, 3 (1): 153-169. https://doi.org/10.1007/BF00158774.

[275] Benin S. Impact of Ghana's agricultural mechanization services center program[J]. SSRN Electronic Journal, 2014. https://doi.org/10.1111/agec.12201.

[276] Berresaw M K, Jaleta M, Shiferaw B, et al. Adoption of interrelated sustainable agricultural practices in smallholder systems: evidence from rural Tanzania[J]. Technological Forecasting & Social Change, 2013, 80: 525-540. https://doi.org/10.1016/j.techfore.2012.08.007.

[277] Bratti M, Miranda A. Endogenous treatment effects for count data models with endogenous participation or sample selection[J]. Health Economics, 2011. https://doi.org/10.1002/hec.1764.

[278] Bravo-Ureta B E, González-Flores M, Greene W, et al. Technology and technical efficiency change: evidence from a difference in differences selectivity corrected stochastic production frontier model[J]. American Journal of Agricultural Economics, 2021, 103(1): 362-385. https://doi.org/10.1111/ajae.12112.

[279] Boubaker K. Renewable energy in upper North Africa: present versus 2025-horizon perspectives optimization using a Data Envelopment Analysis (DEA) framework[J]. Renewable Energy, 2012, 43: 364-369. https://doi.org/10.1016/j.renene.2011.11.049.

[280] Cappellari L, Jenkins S P. Calculation of multivariate normal probabilities by simulation, with applications to maximum simulated likelihood estimation [J]. The Stata Journal, 2006, 6(2): 156-189. https://doi.org/10.1177/1536867X0600600202.

[281] Chang C P, Wen J, Dong M Y, et al. Does government ideology affect environmental pollutions? New evidence from instrumental variable quantile regression estimations[J]. Energy Policy, 2018, 113: 386-400. https://doi.org/10.1016/j.enpol.2017.11.021.

[282] Chang H H, Mishra A K. Chemical usage in production agriculture: do crop insurance and off-farm work play a part? [J]. Journal of Environmental Management, 2012, 105: 76-82. https://doi.org/10.1016/j.jenvman.2012.03.038.

[283] Chavas J P, Petrie R, Roth M. Farm household production efficiency: evidence from The Gambia[J]. American Journal of Agricultural Economics, 2005, 87(1): 160-179. https://doi.org/10.1111/j.0002-9092.2005.00709.x.

[284] Chernozhukov V, Hansen C B. Instrumental variable quantile regression: a robust inference approach[J]. Journal of Econometrics, 2008, 142(1): 379-398. https://doi.org/10.1016/j.jeconom.2007.06.005.

[285] Deng X, Xu D D, Zeng M, et al. Does outsourcing affect agricultural productivity of farmer households? Evidence from China[J]. China Agricultural Economic Review, 2020, 12(4): 673-688. https://doi.org/10.1108/CAER-

12-2018-0236.

[286] Dong Y, Mu Y, Abler D. Do farmer professional cooperatives improve technical efficiency and income? Evidence from small vegetable farms in China[J]. Journal of Agricultural and Applied Economics, 2019, 51(4): 591-605. https://doi.org/10.1017/aae.2019.22.

[287] D'Souza G, Cyphers D, Phipps T T. Factors affecting the adoption of sustainable agricultural practices[J]. Agricultural and Resource Economics Review, 1993. https://doi.org/10.1017/S1068280500004743.

[288] Ehiakpor D, Danso-Abbeam G, Mubashiru Y. Adoption of interrelated sustainable agricultural practices among smallholder farmers in Ghana[J]. Land Use Policy, 2020, 101. https: // doi. org/10. 1016/j. landusepol. 2020.105142.

[289] Farrell M J. The measurement of productive efficiency[J]. Journal of the Royal Statistical Society: Series A (General). 1657,120(3): 253-281. http: //doi.org/10.2307/2343100.

[290] Feder G, Just R E, Zilberman D. Adoption of agricultural innovations in developing countries: a survey[J]. Economic Development and Cultural Change, 1985,33(2): 255-298. https://www. journals. uchicago. edu/doi/ epdf/10.1086/451461.

[291] Feng S Z, Han Y J, Qiu H G. Does crop insurance reduce pesticide usage? Evidence from China[J]. China Economic Review, 2021a. https://doi.org/ 10.1016/j.chieco.2021.101679.

[292] Feng X L, Ma W L, Liu M Y, et al. Impact of grassland transfer on technical efficiency of livestock production in Northern China[J]. Applied Economics, 2021b. https://doi.org/10.1080/00036846.2021.1967870.

[293] Fox G C, Weersink A. Damage control and increasing returns[J]. American Journal of Agricultural Economics, 1995. https: // doi. org/10. 2307/1243886.

[294] Gonzάlez-Flores M, Bravo-Ureta B E, Solís D, et al. The impact of high value markets on smallholder productivity in the Ecuadorean Sierra: a sto-

chastic production frontier approach correcting for selectivity bias[J]. Food Policy, 2014, 44: 237-247. https://doi.org/10.1016/j.foodpol.2013.09.014.

[295] Goodhue R E, Klonsky K, Mohapatra S. Can an education program be a substitute for a regulatory program that bans pesticides? Evidence from a panel selection model[J]. American Journal of Agricultural Economics, 2010,92(4):956-971. https://doi.org/10.1093/ajae/aaq032.

[296] Greene W. Distinguishing between heterogeneity and inefficiency: stochastic frontier analysis of the World Health Organization's panel data on national health care systems[J]. Health economics, 2004, 13(10): 959-980. https://doi.org/10.1002/hec.938.

[297] Guo M L, Jia X P, Huang J K, et al. Farmer field school and farmer knowledge acquisition in rice production: experimental evaluation in China[J]. Agriculture Ecosystems & Environment, 2015(209):100-107. https://doi.org/10.1016/j.agee.2015.02.011.

[298] Hall D C, Norgaard R B. On the timing and application of pesticides[J]. American Journal of Agricultural Economics, 1973,55(2):198-201. https://doi.org/10.2307/1238437.

[299] Heckman J, Ichimura H, Todd P E. Matching as an econometric evaluation estimator[J]. The Review of Economic Studies Limited, 1998,65:261-294. https://doi.org/10.1111/1467-937X.00044.

[300] Huang J K, Hu R F, Rozelle S, et al. Insect-resistant GM rice in farmers' fields: assessing productivity and health effects in China[J]. Science, 2005, 308(5722):688-690. https://doi.org/10.1126/science.1108972.

[301] Huang J K, Hu R F, Rozelle S, et al. Small holders, transgenic varieties, and production efficiency: the case of cotton farmers in China[J]. Australian Journal of Agricultural and Resource Economics, 2002,46(3):367-387. http://dx.doi.org/10.2139/ssrn.321761.

[302] Hübler M, Hartje R. Are smartphones smart for economic development? [J]. Economics Letters, 2016,141:130-133. https://doi.org/10.1016/j.

econlet.2016.02.001.

[303] Igata M, Hendriksen A, Heijman W J M. Agricultural outsourcing: a comparison between The Netherlands and Japan[J]. Applied Studies in Agribusiness and Commerce, 2008,2(1-2):29-33. https://doi.org/10.19041/Apstract/ 2008/1-2/4.

[304] Isham J T. The effect of social capital on fertiliser adoption: evidence from Rural Tanzania[J]. Journal of African Economies, 2002,11(1):39-60. https://doi.org/10.1093/jae/11.1.39.

[305] Ji C, Guo H D, Jin S Q,et al. Outsourcing agricultural production: evidence from rice farmers in Zhejiang Province[J]. PLoS ONE, 2017. https://doi.org/10.1371/journal.pone.0170861.

[306] Just R E, Zilberman D. The effects of agricultural development policies on income distribution and technological change in agriculture[J]. Journal of Development Economics, 2006,28(2):193-216. https://doi.org/10.1016/0304-3878(88)90058-2.

[307] Koenker R, Bassett G. Regression quantiles[J]. Econometrica, 1978,46(1):33-50. https://www.jstor.org/stable/1913643.

[308] Lee D R. Agricultural sustainability and technology adoption: issues and policies for developing countries[J]. American Journal of Agricultural Economics, 2005,87(5):1325-1334. https://www.jstor.org/stable/3697714.

[309] Leibenstein H. Allocative effieiency vs. "X-efficiency"[J]. The American economic review, 1966, 56(3): 392-415. https://www.jstor.org/stable/1823775.

[310] Li M, Gan C, Ma W L,et al. Impact of cash crop cultivation on household income and migration decisions: evidence from low-income regions in China[J]. Journal of Integrative Agriculture, 2020,19:2-12. https://doi.org/10.1016/S2095-3119(20)63161-6.

[311] Liu E M, Huang J K. Risk preferences and pesticide use by cotton farmers in China[J]. Journal of Development Economics, 2013,103(1):202-215. https://doi.org/10.1016/j.jdeveco.2012.12.005.

[312] Liu M, Min S, Ma W L, et al. The adoption and impact of E-commerce in rural China: application of an endogenous switching regression model[J]. Journal of Rural Studies, 2021, 83: 106-116. https://doi.org/10.1016/j.jrurstud.2021.02.021.

[313] Liu T S, Wu G. Does agricultural cooperative membership help reduce the overuse of chemical fertilizers and pesticides? Evidence from rural China[J]. Environmental Science and Pollution Research, 2022, 29(5): 7972-7983. https://doi.org/10.1007/s11356-021-16277-0.

[314] Liu Y Y, Ma W L, Renwick A, et al. The role of agricultural cooperatives in serving as a marketing channel: evidence from low-income regions of Sichuan province in China[J]. International Food and Agribusiness Management Review, 2019, 22 (2): 265-282. https://doi.org/10.22434/IFAMR2018.0058.

[315] Lu H Y, Kandilov I T. Does mobile internet use affect the subjective well-being of older Chinese adults? An instrumental variable quantile analysis[J]. Journal of Happiness Studies, 2022, 2: 3137-3156. https://doi.org/10.1007/s10902-021-00365-6.

[316] Luo X. Evaluating the profitability and marketability efficiency of large banks: an application of data envelopment analysis[J]. Journal of Business research, 2003, 56(8): 627-635. https://doi.org/10.1016/S0148-2963(01)00293-4.

[317] Ma W L, Abdulai A, Ma C B. The effects of off-farm work on fertilizer and pesticide expenditures in China[J]. Review of Development Economics, 2017. https://doi.org/10.1111/rode.12354.

[318] Ma W L, Abdulai A. Does cooperative membership improve household welfare? Evidence from apple farmers in China[J]. Food Policy, 2016. https://linkinghub.elsevier.com/retrieve/pii/S030691 9215001396.

[319] Ma W L, Abdulai A. The economic impacts of agricultural cooperatives on smallholder farmers in rural China[J]. Agribusiness, 2017, 33(4): 537-551. https://doi.org/10.1002/agr.21522.

[320] Ma W L, Grafton R Q, Renwick A. Smartphone use and income growth in rural China: empirical results and policy implications[J]. Electronic Commerce Research, 2018a, 20(4): 713-736. https://doi.org/10.1007/s10660-018-9323-x.

[321] Ma W L, Nie P, Zhang P, et al. Impact of internet use on economic well-being of rural households: evidence from China[J]. Review of Development Economics, 2020. https://doi.org/10.1111/rode.12645.

[322] Ma W L, Renwick A, Yuan P, et al. Agricultural cooperative membership and technical efficiency of apple farmers in China: an analysis accounting for selectivity bias[J]. Food Policy, 2018b. https://doi.org/10.1016/j.foodpol.2018.10.009.

[323] Ma W L, Wang X B. Internet use, sustainable agricultural practices and rural incomes: evidence from China[J]. Australian Journal of Agricultural and Resource Economics, 2020, 64, 1087-1112. https://doi.org/10.1111/1467-8489.12390.

[324] Ma W L, Zheng H Y. Heterogeneous impacts of information technology adoption on pesticide and fertilizer expenditures: evidence from wheat farmers in China[J]. Australian Journal of Agricultural and Resource Economics, 2021, 66(1): 72-92. https://doi.org/10.1111/1467-8489.12446.

[325] Maddala G S. Limited dependent and qualitative variables in econometrics [M]. Cambridge: Cambridge University Press, 1983.

[326] Manda J, Alene A, Gardebroek C, et al. Adoption and impacts of sustainable agricultural practices on maize yields and incomes: evidence from Rural Zambia[J]. Journal of Agricultural Economics, 2015. https://doi.org/10.1111/1477-9552.12127.

[327] Manda J, Gardebroek C, Kuntashula E, et al. Impact of improved maize varieties on food security in Eastern Zambia: a doubly robust analysis[J]. Review of Development Economics, 2018, 22: 1709-1728. https://doi.org/10.1111/rode.12516.

[328] Manjunatha A V, Anik A R, Speelman S, et al. Impact of land fragmenta-

tion, farm size, land ownership and crop diversity on profit and efficiency of irrigated farms in India[J]. Land Use Policy, 2013(31):397-405. https://doi.org/10.1016/j.landusepol.2012.08.005.

[329] Meeusen W, Broeck J V D. Efficiency estimates from Cobb-Douglas production functions with composed error[J]. International Economic Review, 1977, 18(2):435-444. https://www.jstor.org/stable/2525757.

[330] Midingoyi S, Berresaw M K, Muriithi B, et al. Do farmers and the environment benefit from adopting integrated pest management practices? Evidence from Kenya[J]. Journal of Agricultural Economics, 2019, 70:452-470. https://doi.org/10.1111/1477-9552.12306.

[331] Miranda A, Rabe-Hesketh S. Maximum likelihood estimation of endogenous switching and sample selection models for binary, ordinal, and count variables[J]. The Stata Journal, 2006, 6(3): 285-308. https://doi.org/10.1177/1536867X0600600301.

[332] Mitra A, Bang J T, Biswas A. Media freedom and gender equality: a cross-national instrumental variable quantile analysis[J]. Applied Economics, 2015, 47(22): 2278-2292. https://doi.org/10.1080/00036846.2015.1005822.

[333] Mohammed S, Abdulai A. Heterogeneity in returns to agricultural technologies with incomplete diffusion: evidence from Ghana[J]. Review of Development Economics, 2022, 26(1): 323-353. https://doi.org/10.1111/rode.12837.

[334] Mohamed G, Ridier A, Nguyen G, et al. The role of risk aversion and labor constraints in the adoption of low input practices supported by the cap green payments in cash crop farms[J]. Review of Agricultural and Environmental Studies, 2013(94):195-219. https://doi.org/10.22004/ag.econ.196598.

[335] Mohseni P, Borghei A M, Khanali M. Coupled life cycle assessment and data envelopment analysis for mitigation of environmental impacts and enhancement of energy efficiency in grape production[J]. Journal of cleaner production, 2018, 197: 937-947. https://doi.org/10.1016/j.jclepro.2018.

06.243.

[336] Mulwa C, Marenya P, Kassie M. Response to climate risks among smallholder farmers in Malawi: a multivariate probit assessment of the role of information, household demographics, and farm characteristics[J]. Climate Risk Management, 2017, 16: 208-221. https://doi.org/10.1016/j.crm.2017.01.002.

[337] Musafiri C M, Kiboi M, Macharia J, et al. Adoption of climate-smart agricultural practices among smallholder farmers in Western Kenya: do socioeconomic, institutional, and biophysical factors matter? [J]. Heliyon, 2022. https://doi.org/10.1016/j.heliyon.2021.e08677.

[338] Nie P, Ma W L, Sousa-Poza A. The relationship between smartphone use and subjective well-being in rural China[J]. Electronic Commerce Research, 2021, 21(4): 983-1009. https://doi.org/10.1007/s10660-020-09397-1.

[339] Owusu V, Abdulai A. Examining the economic impacts of integrated pest management among vegetable farmers in Southern Ghana[J]. Journal of Environmental Planning and Management, 2019, 62(11): 1886-1907. https://doi.org/10.1080/09640568.2018.1517085.

[340] Panda S. Farmer education and household agricultural income in rural India [J]. International Journal of Social Economics, 2015,42(6):514-529. https://doi.org/10.1108/IJSE-12-2013-0278.

[341] Pattnayak S S, Chadha A. Technical efficiency of Indian pharmaceutical firms: a stochastic frontier function approach[J]. Productivity, 2013, 54(1):54. https://conference.iza.org/conference_files/pada2009/pattnayak_s5193.pdf.

[342] Peixoto M G M, Musetti M A, de Mendonça M C A. Performance management in hospital organizations from the perspective of principal component analysis and data envelopment analysis: the case of Federal University Hospitals in Brazil[J]. Computers & Industrial Engineering, 2020. https://doi.org/10.1016/j.cie.2020.106873.

[343] Picazo-Tadeo A J, Reig E. Outsourcing and efficiency: the case of Spanish citrus farming[J]. Agricultural Economics, 2006, 35:213-222. https://doi.org/10.1111/j.1574-0862.2006.00154.x.

[344] Robison L J. An appraisal of expected utility hypothesis tests constructed from responses to hypothetical questions and experimental choices[J]. American Journal of Agricultural Economics, 1982, 64(2):367-375. https://www.jstor.org/stable/1241151.

[345] Rosenbaum P R, Rubin D B. The central role of the propensity score in observational studies for causal effects[J]. Biometrika, 1983, 70(1): 41-55. https://doi.org/10.1093/biomet/70.1.41.

[346] Sadick M, Abdulai A. Do egocentric information networks influence technical efficiency of farmers? Empirical evidence from Ghana[J]. Journal of Productivity Analysis, 2022. https://doi.org/ 10.1007/s11123-022-00643-2.

[347] Sagheer S, Yadav S S, Deshmukh S. An application of interpretative structural modeling of the compliance to food standards[J]. International Journal of Productivity and Performance Management, 2009, 58(2):136-159. https://doi.org/10.1108/17410400910928734.

[348] Sanglestsawai S, Rejesus R M, Yorobe J. Do lower yielding farmers benefit from Bt corn? Evidence from instrumental variable quantile regressions[J]. Food Policy, 2014, 44:285-296. https://doi.org/10.1016/j.foodpol.2013.09.011.

[349] Sarıca K, Or I. Efficiency assessment of Turkish power plants using data envelopment analysis[J]. Energy, 2007, 32(8): 1484-1499. https://doi.org/10.1016/j.energy.2006.10.016.

[350] Schreinemachers P, Chen H P, Nguyen T T L, et al. Too much to handle? Pesticide dependence of smallholder vegetable farmers in Southeast Asia[J]. Science of The Total Environment, 2017, S593-594:470-477. https://doi.org/10.1016/j.scitotenv.2017.03.181.

[351] Schreinemachers P, Tipraqsa P. Agricultural pesticides and land use intensification in high, middle and low income countries[J]. Food Policy, 2012, 37

(6):616-626. https://doi.org/10.1016/j.foodpol.2012.06.003.

[352] Sheng Y, Tian X H, Qiao W Q, et al. Measuring agricultural total factor productivity in China: pattern and drivers over the period of 1978—2016 [J]. Australian Journal of Agricultural and Resource Economics, 2020, 64 (1):82-103. https://doi.org/10.1111/1467-8489.12327.

[353] Smith A, Goe W R, Kemey M. et al. Computer and internet use by great plains farmers[J]. Working Papers, 2004. https://doi.org/10.2139/ssrn.711262.

[354] Sözen A, Alp I, Özdemir A. Assessment of operational and environmental performance of the thermal power plants in Turkey by using data envelopment analysis[J]. Energy Policy, 2010, 38(10): 6194-6203. https://doi.org/10.1016/j.enpol.2010.06.005.

[355] Stark O, Taylor J E. Relative deprivation and migration: theory, evidence, and policy implications[R]. World Bank, 1991:20-25.

[356] Sun D Q, Rickaille M, Xu Z G. Determinants and impacts of outsourcing pest and disease management: evidence from China's rice production[J]. China Agricultural Economic Review, 2018, 10(3):443-461. https://doi.org/10.1108/CAER-01-2017-0011.

[357] Talpaz H, Borosh I. Strategy for pesticide use: frequency and applications [J]. American Journal of Agricultural Economics, 1974, 56(4):769-775. https://doi.org/10.2307/1239306.

[358] Tambo J A, Mockshell J. Differential impacts of conservation agriculture technology options on household income in Sub-Saharan Africa[J]. Ecological Economics, 2018, 151: 95-105. https://doi.org/10.1016/j.ecolecon.2018.05.005.

[359] Tang L Q, Liu Q, Yang W J, et al. Do agricultural services contribute to cost saving? Evidence from Chinese rice farmers[J]. China Agricultural Economic Review, 2018, 10(2):323-337. https://doi.org/10.1108/CAER-06-2016-0082.

[360] Tang L, Luo X F. Can agricultural insurance encourage farmers to apply bi-

ological pesticides? Evidence from rural China[J]. Food Policy，2021. https://doi.org/10.1016/j.foodpol.2021.102174.

[361] Taylor A B，Mackinnon D，Tein J Y. Tests of the three-path mediated effect[J]. Organizational Research Methods，2008,11(2):241-269. https://doi.org/10.1177/1094428107300344.

[362] Taylor T G，Shonkwiler J S. Alternative stochastic specifications of the frontier production function in the analysis of agricultural credit programs and technical efficiency[J]. Journal of Development Economics，1986,21(1):149-160. https://doi.org/10.1016/0304-3878(86)90044-1.

[363] Terza J V. Estimating count data models with endogenous switching：sample selection and endogenous treatment effects[J]. Journal of econometrics，1998，84(1)：129-154. https://doi.org/10.1016/S0304-4076(97)00082-1.

[364] Wang H J，Ho C W. Estimating fixed-effect panel stochastic frontier models by model transformation[J]. Journal of Econometrics，2010，157(2)：286-296. https://doi.org/10.1016/j.jeconom.2009.12.006.

[365] Warfield J N. Implication structures for system interconnection matrices[J]. IEEE Transactions on Systems，Man，and Cybernetics，1976(1):18-24. https://doi.org/10.1109/TSMC.1976.5408393.

[366] Widiarto I，Emrouznejad A. Social and financial efficiency of Islamic microfinance institutions：a data envelopment analysis application[J]. Socio-Economic Planning Sciences，2015，50:1-17. https://doi.org/10.1016/j.seps.2014.12.001.

[367] Wooldridge J M. Econometric analysis of cross section and panel data[M]. 2nd edition. Cambridge，MA：MIT Press，2010.

[368] Yamauchi F. Rising real wages，mechanization and growing advantage of large farms：evidence from Indonesia[J]. Food Policy，2016,58:62-69. https://doi.org/10.1016/j.foodpol.2015.11.004.

[369] Zeweld W，Huylenbroeck G V，Tesfay G，et al. Smallholder farmers' behavioural intentions towards sustainable agricultural practices[J]. Journal of Environmental Management，2017,187:71-81. https://doi.org/10.1016/j.

jenvman.2016.11.014.

[370] Zhang J, Mishra A K, Zhu P X, et al. Land rental market and agricultural labor productivity in rural China: a mediation analysis[J]. World Development, 2020. https://doi.org/10.1016/j.worlddev.2020.105089.

[371] Zhang S C, Wei C F, Shao J A, et al. Technical efficiency and its determinants of the various cropping systems in the purple-soiled, hilly region of Southwestern China[J]. Journal of Mountain Science, 2016, 13(12): 2205-2223. https://doi.org/10.1007/s10499-011-9491-3.

[372] Zhang S M, Sun Z L, Ma W L, et al. The effect of cooperative membership on agricultural technology adoption in Sichuan, China[J]. China Economic Review, 2019, 62: 101334. https://doi.org/10.1016/j.chieco.2019.101334.

[373] Zhang X B, Yang J, Reardon T. Mechanization outsourcing clusters and division of labor in Chinese agriculture[J]. China Economic Review, 2017, 43: 184-195. https://doi.org/10.1016/j.chieco.2017.01.012.

[374] Zheng H Y, Ma W L, Li G C. Adoption of organic soil amendments and its impact on farm performance: evidence from wheat farmers in China[J]. Australian Journal of Agricultural and Resource Economics, 2021, 65(2): 367-390. https://doi.org/10.1111/1467-8489.12406.

[375] Zheng H Y, Ma W L, Wang F, et al. Does internet use improve technical efficiency of banana production in China? Evidence from a selectivity-corrected analysis[J]. Food Policy, 2021a, 102: 102044. https://doi.org/10.1016 /j.foodpol.2021.102044.

[376] Zheng H Y, Ma W L, Zhou X S. Renting-in cropland, machinery use intensity, and land productivity in rural China [J]. Applied Economics, 2021b, 53 (47): 5503-5517. https://doi.org/10.1080/00036846.2021.1923642.

[377] Zheng H Y, Ma W L. Impact of ICT adoption on cosmetic expenditure of Chinese residents: an exploration accounting for urban-rural differentials [J]. Applied Economics Letters, 2021a: 1-6. https://doi.org/10.1080/

13504851.2021.1927953.

[378] Zheng H Y, Ma W L. Smartphone-based information acquisition and wheat farm performance: insights from a doubly robust IPWRA estimator[J]. Electronic Commerce Research, 2021b: 1-26. https://doi.org/10.1007/s10660-021-09481-0.

[379] Zheng H Y, Ma W L. The role of resource reallocation in promoting total factor productivity growth: insights from China's agricultural sector[J]. Review of Development Economics, 2021c, 25(4): 2350-2371. https://doi.org/10.1111/rode.12826.

[380] Zhou X S, Ma W L, Li G C, et al. Farm machinery use and maize yields in China: an analysis accounting for selection bias and heterogeneity[J]. Australian Journal of Agricultural and Resource Economics, 2020, 64(4): 1282-1307. https://doi.org/10.1111/1467-8489.12395.

[381] Zhou Y, Shi X, Heerink N, et al. The effect of land tenure governance on technical efficiency: evidence from three provinces in eastern China[J]. Applied Economics, 2019, 51(22): 2337-2354. https://doi.org/10.1080/00036846.2018.1543941.

[382] Zhu X K, Hu R F, Zhang C, et al. Does Internet use improve technical efficiency? Evidence from apple production in China[J]. Technological Forecasting and Social Change, 2021. https://doi.org/10.1016/j.techfore.2021.120662.

[383] Zhu Z K, Ma W L, Leng C X. ICT adoption and tourism consumption among rural residents in China[J]. Tourism Economics, 2021:1-21. https://doi.org/10.1177/13548166211000478.